PowerShell
流程自動化攻略

PowerShell for Sysadmins

Adam Bertram 著／林班侯 譯

no starch
press

謹以本書，向那些勇於質疑現狀，並挺身與

「我們從以前就只需如此這般」的公司陋習對抗，

同時總是能提出更好的點子來解決問題的人致敬。

關於作者

Adam Bertram 是業界經歷逾廿載的 IT 界老兵，同時也是經驗豐富的線上業務專員。他既是企業家、也是 IT 紅人、微軟 MVP、部落客、講師、作者，還是多家科技公司的行銷內容寫手。Adam 也創立了備受尊崇的 IT 職涯發展平台 TechSnips（*https://techsnips.io/*）。

關於技術審閱

Jeffery Hicks 是一位具有近卅年經歷的 IT 沙場老將，其中大多數時間都是擔任以微軟伺服器技術為主的 IT 基礎設施顧問，尤其專注在自動化與效率方面。曾多次獲得微軟 MVP 的殊榮。他曾經為全球的 IT 專員們開班傳授 PowerShell、並多次宣揚自動化的優點。如今的 Jeffery 身兼獨立作者、教師及顧問等多重身分。

目錄

11　ACTIVE DIRECTORY 的自動化

12　處理 AZURE

13　處理 AWS

14　建立伺服器盤點指令碼

PART III　建置自己的模組

15　開通一套虛擬環境

16　安裝作業系統

17　部署 ACTIVE DIRECTORY

鳴謝

如果不是內人 Miranda 的支持，我不可能完成本書、也無法達成這一切成就。人人都說時間就是金錢，而我的賢內助讓我擁有比他人更多的空閒時間。Miranda 是 Bertram 家的執行長，這些年來，當我汲汲於事業和養家時，她總有辦法帶好兩個女兒、保持家裡井井有條、還讓大家都吃得好。如果沒有她持家，我不可能完成手邊所有的工作。

我還要感謝 PowerShell 指令稿語言的創始人 Jeffrey Snover，這個產品徹底改變了我的生活；同時也要感謝 Jeff Hicks、Don Jones 和 Jason Helmick 的啟發，讓我能深入參與社群運作；此外也要感謝微軟，以 MVP 計畫及其他活動支持我們這些瘋狂追求新知的傢伙們。

簡介

綜觀我的 IT 生涯，可以說是多采多姿：我做過各式各樣的工作，從待在 help desk 的火線上接聽使用者求助的電話，到親自造訪現場、以技師的身分告訴他們要重新開機，也擔任過要讓伺服器保持運作的系統管理員，還有設計與建構解決方案的系統工程師，甚至還要客串網路工程師、想辦法搞懂 OSPF 跟 RIP 路由的差異何在。

直到我接觸到 PowerShell，我才真正體會到自己對一項技術能癡迷到何種程度。PowerShell 在很多方面都改變了我的生活，也讓我的職涯發生了最戲劇化的轉變。這個語言讓我學到如何省下無數個小時的團隊苦工、進而讓我成為工作中最關鍵的要角，也幫我贏得第一份六位數的年薪。PowerShell 是這般地了不起，因此我決定要跟全世界分享它的傑出之處，自此而始，我也連續五年獲得 Microsoft MVP 的殊榮。

本書將會告訴大家如何用 PowerShell 將數千種任務自動化、如何建置自有工具而不必仰賴大把銀子買來的現成產品、同時把各種不同的工具兜在一起。或許你無意成為 PowerShell 社群中的活躍份子，但我跟你保證，學會 PowerShell，絕對會讓你成為企業的搶手人才。

為何要 PowerShell ?

微軟的 PowerShell 在問世前，曾以 *Monad* 為產品代碼（參閱 *https://www.jsnover.com/Docs/MonadManifesto.pdf*），相較於 2003 年的 VBScript，PowerShell 將任務自動化的方式顯然更為直接了當，它是一種兼具自動化、指令稿撰寫和開發用的程式語言。PowerShell 的問世，主要是希望能填補位於撰寫指令稿、自動化和維運等人員之間的鴻溝。其用意在於，就算使用者不曾事先學習撰寫電腦程式的知識，也能以指令稿將任務自動化。這對於缺乏軟體開發背景的系統管理員來說尤為有用。如果你就是那個無暇完成所有瑣事的系統管理員，PowerShell 就是你的最佳幫手。

PowerShell 現已成為開放原始碼、無處不在的跨平台指令稿語言和開發用語言。各位不但可以用 PowerShell 來管理伺服器群，同時也可以用來產生文字檔案、或是設定登錄檔機碼。有數千種軟體產品和服務支援 PowerShell，這都要歸功於 IT 專業人員、開發人員、DevOps 工程師、資料庫管理員和系統工程師之間日益增加的使用率。

本書的對象

對於那些必須在同一個畫面四處東拉西點、才能完成一年中第 500 次重複性任務的 IT 人員和系統管理員來說，這本書就是為你們寫的。對於正掙扎著要自動化建置新伺服器環境、執行自動化測試、或是必須把整個持續整合／持續交付（CI/CD）的建置管線都自動化的 DevOps 工程師而言，本書也是你的良伴。

很難指出哪個領域在 PowerShell 上的獲益最多。傳統上會使用 PowerShell 的工作角色，是所謂的微軟 Windows 系統管理員，但是 PowerShell 其實也非常適於作為 IT 維運的工具。如果你身處 IT 這一行、而且覺得自己不算是開發人員，你就可以試閱這本書。

關於本書

在本書中，筆者會以大量的範例和現實中的運用案例來告訴大家如何實作。我不會只是告訴各位何謂變數，而是讓大家看到變數是何模樣。如果你想看的是傳統的教科書，請把本書放回書架上。

筆者不會把 PowerShell 拆解成各部份再一一說明其用途，因為在現實中你不會這樣使用 PowerShell。舉例來說，我不會指望各位會知道如何為函式或 *for* 迴圈撰寫定義，我只會在必要時把這些功能組合起來，讓大家可以對手上的問題及如何解決有更全面的了解。

本書共分成三個部份：**Part I：基礎篇**，這是為了要提供必要的知識給 PowerShell 的初入門者，以便與資深的老鳥們溝通。如果你已經具備中等或更高階的 PowerShell 技能，可以直接從第 8 章開始閱讀。

> **第 1 ～ 7 章** 談的是 PowerShell 語言本身。大家會學到所有的基礎知識，包括如何尋求協助、如何找出新指令、以及若干在其他程式語言中也常見的程式撰寫觀念，像是變數、物件、函式、模組、以及錯誤處理基礎等等。

> **第 8 章** 說明了如何以 PowerShell 的遠端功能連接遠端的電腦，並在彼端執行指令。

> **第 9 章** 介紹的是廣受歡迎的 PowerShell 測試框架 Pester，各位在本書中隨處都會用到它。

在 **Part II：把每日任務自動化**當中，各位可以把第一篇中學到的內容派上用場，開始將日常任務自動化。

> **第 10 ～ 13 章** 談到如何剖析結構化資料，同時也提及許多 IT 管理員必須面對的共同領域，如 Active Directory、Azure、以及 Amazon Web Services（AWS）。

> **第 14 章** 會教大家如何建立自己的工具，以便在自己的環境中用來盤點伺服器。

在 **Part III：建置你自己的模組**當中，各位要專注於打造名為 PowerLab 的單一 PowerShell 模組，以便展示 PowerShell 的威力。我們會介紹何謂良好的模組設計、以及函式的最佳實務做法。即使你自認為已經是 PowerShell 指令稿老手，也還是可以在這裡學到一些東西。

第 15 ～ 20 章 透過 Hyper-V 虛擬主機的籌設、作業系統的安裝、以及 IIS 與 SQL 伺服器的部署和設定等過程，說明如何以 PowerShell 自動化建置整套的實驗用或測試用環境。

筆者希望本書能協助大家動手接觸 PowerShell。如果你是初入門者，我希望本書可以讓你鼓起勇氣著手自動化；如果你已是指令稿老手，那我希望本書能告訴你一些你也許還不熟悉的竅門。

我們來寫指令稿吧！

PART I

基礎知識

俗話說得好，要先學爬才能學會走。這話放到 PowerShell 和工具建置上再合適不過。在本書的第二和第三兩篇當中，讀者們會學到如何打造強大的工具。但是在走到那一步之前，各位得先學會這項語言的基礎知識。如果你有中等的程度，甚至已經是 PowerShell 老手，大可跳過第一篇。雖說你還是有可能在第一篇中學到一些先前並不知道的零星知識，但對於已有相當程度的你，也許並無必要花時間細細讀完第一篇。

但如果你還是 PowerShell 的新手，就該好好讀完第一篇。我們會帶著大家認識 PowerShell 語言，同時學習若干會經常用到的結構。我們會介紹的內容，從變數和函式這種基本程式語言概念，到如何撰寫指令稿並從遠端執行它們，以及如何利用 Pester 來測試它們。由於我們只會介紹基礎知識，這裡我們還不會建置什麼工具，那是第二和第三篇的目標。這一篇只會以簡單的小例子來說明如何掌握這門語言。各位馬上就會初次領教到 PowerShell 真正的能耐。讓我們開始吧！

1

入門

說起 *PowerShell* 這個詞,其實涵蓋兩個部份。其一是命令列殼層(command line shell),是所有近代版本的 Windows(嚴格說是從 Windows 7 開始)就會預設安裝的介面,最近也開始在 Linux 和 macOS 等作業系統上安裝使用(PowerShell Core)。其二就是一種指令碼(scripting)語言。

結合上述兩個部份,就構成了一個可以用來自動化各種事物的框架,從一口氣重啟 100 台伺服器、到建置可以控制整個資料中心的完整自動化系統,無所不能。

在本書開頭的幾章裡,大家會利用 PowerShell 主控台(console)來熟悉 PowerShell 的基本概念。一旦掌握了基礎,就可以進階到更高階的題材,例如撰寫指令碼(scripts)、函式(functions)和自訂模組(custom modules)等等。

本章所談的是基本概念:包括一些基礎的命令,以及如何尋找及閱讀說明(help)頁面。

開啟 PowerShell 主控台

本書範例採用的都是 5.1 版的 PowerShell，這是 Windows 10 內建的版本。新版本 PowerShell 的功能當然更多、也會修復一些問題，但 PowerShell 的基本語法和核心功能都不會有多大改變，從第 2 版以來皆是如此。

要開啟 Windows 10 裡的 PowerShell，請在開始功能表中輸入 **PowerShell**。這時你應該會馬上看到 Windows PowerShell option front and center [譯註 1]。點選該選項，就會出現一個帶有閃爍游標的藍色主控台，如圖 1-1 所示。

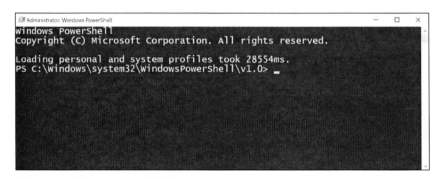

圖 1-1：一個 PowerShell 主控台

閃爍的游標代表 PowerShell 已經準備好等待輸入。注意你的提示（也就是以 PS> 開頭的那一行），也許會跟範例圖不同；提示中的檔案路徑代表你目前在系統中的位置。各位也看到我的主控台標題，因為我在執行 PowerShell 圖示時，是以滑鼠右鍵點選、然後選取以系統管理員身分執行（run it as administrator）的。這樣就能擁有全部的權限，同時也把我帶到 *C:\Windows\system32\WindowsPowerShell\v1.0* 目錄作為起始位置。

譯註 1　一般的 windows 10 只要輸入完 powershell 字樣，索引應該就會替我們找到 powershell 桌面應用程式了。

使用 DOS 命令

開啟 PowerShell 之後，就可以四下探索一番。如果你曾經使用過 Windows 命令列工具 *cmd.exe*，那麼你會很高興知道這件事：所有舊命令列工具使用的命令（如 cd、dir 和 cls），在 PowerShell 中都可以沿用。但是，其實這些看似 DOS「命令」的文字，骨子裡已經不是原本的命令，而是所謂的命令別名、或者說是假名（pseudonyms），它們把你熟知的命令轉譯為 PowerShell 的命令。但是此時你毋需細究其間異同，只要記得它們跟你熟識的 DOS 老朋友長得很像就好！

我們來試用幾種命令。如果你正在看著 PS> 提示，想要知道某個特定目錄的內容，只需用 cd 切換到該目錄，這個命令其實是 *change directory*（更換目錄）的縮寫。下述指令就會切換至 *Windows* 目錄：

```
PS> cd .\Windows\
PS C:\Windows>
```

利用 TAB 鍵補齊命令

注意到了嗎？我在指定 *Windows* 目錄時，使用了句點和字串前後兩側的反斜線字元：.\Windows\。事實上，你根本不需要打這麼多字，因為 PowerShell 主控台有非常完善的 tab 自動補齊功能，你只需按幾次 tab 鍵，就可以循環選出合適的命令，把你輸入的部份命令補齊成完整的命令。

舉例來說，如果你輸入 Get- 再按一次 tab 鍵，就可以開始依序捲動檢視所有以 Get- 字樣開頭的命令。一直多按幾次 tab 鍵，就可以一直切換命令；如果改按 shift-tab 就會反向往前倒回去找。在參數部份也可以沿用 tab 鍵補齊功能，稍後在第 7 頁的「探索 PowerShell 命令」一節中就會談到，只需輸入 Get-Content – 再按一下 tab 鍵，就可以知道效果。這一次 PowerShell 不再是循環比對開頭字串相同的命令，而是循環列舉 Get-Content 命令的可用參數。所以只要不確定該怎麼繼續下去時，就按下 tab 鍵吧！

一旦進入 *C:\Windows* 資料夾，就可以用 **dir** 命令列舉現行目錄下的內容，如清單 1-1 所示。

```
PS C:\Windows> dir


    Directory: C:\Windows


Mode                 LastWriteTime         Length Name
----                 -------------         ------ ----
d-----         3/18/2019     4:03 PM              addins
d-----          8/9/2019    10:28 AM              ADFS
d-----         7/24/2019     5:39 PM              appcompat
d-----         8/19/2019    12:33 AM              AppPatch
d-----         9/16/2019    10:25 AM              AppReadiness
--snip--
```

清單 1-1：以 dir 命令顯示現行目錄下的內容

輸入 **cls**，就會清除主控台畫面，重新顯示一個空白的主控台。如果你還記得 *cmd.exe* 裡的其他命令，不妨逐一試試，看看是否還能沿用。注意，雖說大部份的 DOS 命令都能沿用，但也不是照單全收。如果你想知道有哪些 *cmd.exe* 的命令可以在 PowerShell 中沿用，只要在開啟 PowerShell 主控台後輸入 Get-Alias，就會收到一大串曾經用過的古早 *cmd.exe* 命令比對清單，就像這樣：

```
PS> Get-Alias
```

這樣就可以比對所有內建的命令別名、以及它們對應的 PowerShell 命令。

探索 PowerShell 命令

跟所有程式語言一樣，PowerShell 也有自己的命令，亦即我們對於具名可執行運算式的一般稱呼。一個命令可以有各種形式，從舊有的 *ping.exe* 工具、到剛剛才介紹過的 Get-Alias 命令都是。甚至你還可以自行建置自己的命令。但是如果你嘗試使用一個不存在的命令，就會領教到惡名昭彰的大紅字警告，如清單 1-2 所示。

```
PS> foo
foo : The term 'foo' is not recognized as the name of a cmdlet, function,
script file, or operable program. Check the spelling of the name, or if a
path was included, verify that the path is correct and try again.
At line:1 char:1
+ foo
+ ~~~
    + CategoryInfo          : ObjectNotFound: (foo:String) [], CommandNotFoundException
    + FullyQualifiedErrorId : CommandNotFoundException
```

清單 1-2：輸入無法辨識的命令後，就會顯示以上的錯誤訊息。

各位也可以試著執行 Get-Command，觀看 PowerShell 預設的所有命令清單。你也許會注意到一個共通的模式。大多數的命令名稱都有相同的格式：動詞 - 名詞。這是 PowerShell 獨有的特徵。為了讓這種語言儘量直覺化，微軟為命令的命名訂出了方針。雖說是否要遵循這個命名慣例全看自己，我們還是鄭重建議以這個慣例來創建你自己的命令。

PowerShell 的命令分成這幾種：cmdlets、函式、別名、有時還有外來的指令碼。大部份來自微軟的內建命令都是 *cmdlets*，這些命令通常係以 C# 之類的其他語言撰寫而成。若是執行 Get-Command 命令，如清單 1-3 所示，就會看到 CommandType 這個欄位。

```
PS> Get-Command -Name Get-Alias

CommandType     Name                Version    Source
-----------     ----                -------    ------
Cmdlet          Get-Alias           3.1.0.0    Microsoft.PowerShell.Utility
```

清單 1-3：顯示 Get-Alias 命令的類型

另一方面，函式則是以 PowerShell 寫好的命令。你可以撰寫函式以便完成自己的工作；把 cmdlets 留給專職的軟體開發人員去寫。在使用 PowerShell 時，Cmdlets 和函式這兩種命令會是各位最常見到的命令類型。

各位可以用 Get-Command 這個命令來探索 PowerShell 裡大量的 cmdlets 和函式。但各位或許有注意到，輸入 Get-Command 卻不加上參數，就得動手指按上好一陣子，才能讓主控台把所有可以顯示的命令全部捲動顯示完畢。

PowerShell 裡的很多命令都是有參數的，所謂參數，就是你可以提供（或者說是傳遞）一連串的資料值給某個命令，以便改變其行為。舉例來說，Get-Command 就有各式各樣的參數，可以讓你只傳回特定的命令，而不是一股腦地全部顯示。觀察一下 Get-Command，或許各位已經注意到有常見的動詞，如 Get、Set、Update 和 Remove 等等。如果你猜想所有的 Get 系命令都是用來取得資訊，其他則是用來修改資訊用的命令，恭喜你猜對了。在 PowerShell 裡，你看到的指令內容就等於其字面上的涵義。命令的名稱都是簡單易懂的，而且其功能大致上都能呼應其名稱。

既然各位才剛起步而已，自然還不能更改系統上的任何事物。但你一定會想從不同的來源取得資訊。在使用 Get-Command 命令時加上參數 Verb，就可以限制只調閱帶有動詞 Get 的命令，不必再顯示大量的全部命令。作法就像以下的命令：

```
PS> Get-Command -Verb Get
```

這是你會想，好吧，顯示的命令清單是短了些，可是好像還是太長，所以你可以再加上參數 Noun，以便把要搜尋的命令的名詞部份指定為 Content，如清單 1-4 所示。

```
PS> Get-Command -Verb Get -Noun Content

CommandType     Name              Version    Source
-----------     ----              -------    ------
Cmdlet          Get-Content       3.1.0.0    Microsoft.PowerShell.Management
```

清單 1-4：只顯示含有動詞 Get 和名詞 Content 的命令

如果搜尋結果好像又太狹隘了，可以捨棄參數 Verb、只保留參數 Noun，如清單 1-5 所示。

```
PS> Get-Command -Noun Content

CommandType      Name            Version     Source
-----------      ----            -------     ------
Cmdlet           Add-Content     3.1.0.0     Microsoft.PowerShell.Management
Cmdlet           Clear-Content   3.1.0.0     Microsoft.PowerShell.Management
Cmdlet           Get-Content     3.1.0.0     Microsoft.PowerShell.Management
Cmdlet           Set-Content     3.1.0.0     Microsoft.PowerShell.Management
```

清單 1-5：只顯示帶有名詞 Content 的命令

大家現在已經發現，Get-Command 允許你分別使用動詞和名詞做顯示篩選。如果你指定搜尋的是命令整體，可以改用 Name 參數，同時指定要搜尋的完整命令名稱，如清單 1-6 所示。

```
PS> Get-Command -Name Get-Content

CommandType      Name            Version     Source
-----------      ----            -------     ------
Cmdlet           Get-Content     3.1.0.0     Microsoft.PowerShell.Management
```

清單 1-6：以命令名稱找出 Get-Content 這個 cmdlet

先前我已說過，很多 PowerShell 命令都有參數可以調節其行為。各位可以透過強大的 PowerShell 說明系統來了解有那些命令參數可用。

取得說明

PowerShell 的文件並非絕對獨一無二的，但是將文件和說明內容整合在 PowerShell 語言當中，確實是件創舉。在這一小節裡，大家會學到如何在提示視窗中顯示命令的說明頁面、或是透過關於（About）特定題材的說明取得更一般性的 PowerShell 語言資訊，甚至用 Update-Help 更新你自己的文件。

顯示文件

就像 Linux 裡的 man 命令一樣，PowerShell 也有一個 help 命令和 Get-Help 這個 cmdlet。如果你想知道上例中的那些 Content 相關的 cmdlets 是做什麼用的，可以把該命令名稱傳給 Get-Help 命令當成引數，以便取得相關的標準 SYNOPSIS、SYNTAX、DESCRIPTION、RELATED LINKS 和 REMARKS 的說明段落。這些段落分門別類地說明了命令的作用，以及可以在何處找到該命令的更多資訊，甚至還提供一些有關係的命令。清單 1-7 顯示的就是 Add-Content 命令的文件內容。

PS> Get-Help Add-Content

NAME
    Add-Content

SYNOPSIS
    Appends content, such as words or data, to a file.

--snip--

清單 1-7：Add-Content 命令的說明頁面

只把命令名稱傳給 Get-Help 確實很有用，但最有用的部份，是 Examples 這個參數。這個參數能夠顯示該命令在現實中各種場合的運用範例。請用任何一個命令名稱去試試 Get-Help *CommmandName* -Examples，而且請注意，幾乎所有內建的命令都會有範例可以協助你了解其作用。舉例來說，你可以對 Add-Content 這個 cmdlet 執行說明命令試試，如清單 1-8 所示。

PS> Get-Help Add-Content -Examples

NAME
    Add-Content

SYNOPSIS
    Appends content, such as words or data, to a file.

    -------------------------- EXAMPLE 1 --------------------------

    C:\PS>Add-Content -Path *.txt -Exclude help* -Value "END"

```
Description

-----------

This command adds "END" to all text files in the current directory,
except for those with file names that begin with "help."
```
--snip--

清單 1-8：取得 Add-Content 命令的使用範例

如果你還想知道更多資訊，**Get-Help** 這個 cmdlet 還有兩個參數，叫做 **Detailed** 和 **Full**，它們會呈現更詳盡的說明內容。

學會用 About（關於）來閱覽更一般化的題材

除了個別指令的說明內容之外，PowerShell 的說明系統還支援一種 *About topics*（關於某題材的說明），其用途在於對更廣泛的主題、以及特定的命令來進行說明。舉例來說，從本章中各位可以學到若干 PowerShell 的核心命令。而微軟也製作了一份關於該題材的說明，其中解釋了核心指令的整體內容。如果想體驗一下，請比照清單 1-9 執行 **Get-Help about_Core_Commands** 試試。

```
PS> Get-Help about_Core_Commands
TOPIC
    about_Core_Commands

SHORT DESCRIPTION
    Lists the cmdlets that are designed for use with Windows PowerShell
    providers.

LONG DESCRIPTION
    Windows PowerShell includes a set of cmdlets that are specifically
    designed to manage the items in the data stores that are exposed by Windows
    PowerShell providers. You can use these cmdlets in the same ways to manage
    all the different types of data that the providers make available to you.
    For more information about providers, type "get-help about_providers".


    For example, you can use the Get-ChildItem cmdlet to list the files in a
    file system directory, the keys under a registry key, or the items that
    are exposed by a provider that you write or download.
```

The following is a list of the Windows PowerShell cmdlets that are designed
for use with providers:

--snip--

清單 1-9：關於 PowerShell 核心指令的題材說明

如果想要看看總共有哪些「關於」的題材可以查閱，只需以萬用字元
（wildcard）作為 Name 參數的引數即可。在 PowerShell 中，所謂的萬用
字元就是星號（*），將其代入查詢字串，就可以代表零或更多個字元。
只需以萬用字元搭配 Get-Help 指令的 Name 參數就可以了，就像清單 1-10
這樣。

PS> Get-Help -Name About*

清單 1-10：在 Get-Help 命令的 Name 參數中使用萬用字元

在 About 字樣後面附上萬用字元，就可以要求 PowerShell 找出所有開頭
有 *About* 字樣的題材。如果符合的不只一個，PowerShell 就會以清單全數
列出，然後每一項都會附上簡要資訊。如果想取得單一符合項目的完整
資訊，只需將完整名稱當成引數直接傳給 Get-Help，如清單 1-9 所示。

雖說 Get-Help 命令有 Name 這個參數，你未必要像清單 1-10 那樣以 -Name
才能把參數 Name 的引數（即查詢名稱）直接傳給 Get-Help 處理，而是
可以省略參數名稱 -Name、只打引數內容。這種參數叫做位置參數，亦即
它是按照傳入資料值的位置來判斷的。很多 PowerShell 命令都有類似的
位置參數，這樣你就可以少打好幾個字。

更新文件

對於任何想要更深入理解 PowerShell 這種語言的人來說，PowerShell 的
說明系統是無上的寶藏，但還有一個關鍵功能讓這套說明系統更上一層
樓：它不是一成不變、而是會動態更新的！文件放久了資訊就會過期。
產品出貨時都會附帶文件，然而隨著臭蟲逐漸浮現，然後又推出了新的
功能，但文件卻仍不動如山。PowerShell 的解決方式，是製作一套可以
更新內容的說明系統，讓 PowerShell 內建的 cmdlets 及其他種 cmdlets

（或是他人製作的函式）可以轉向網際網路的 URI 取得更新的文件。只需鍵入 Update-Help，那麼 PowerShell 就會開始讀取系統中的說明內容，然後與線上位置的內容比對。

要注意的是，雖說所有 PowerShell 的內建 cmdlets 都有可以更新的說明內容，卻不代表任何第三方提供的命令都是如此。此外，文件最多也只能追溯到開發人員撰寫的最後時間點為止。PowerShell 確實也為開發人員準備了工具，以便寫出更詳實的說明內容，但要持續更新儲存庫中的說明文件，則是開發人員自己的責任。最後要注意的是，如果儲存說明文件的位置已經不復存在，你可能會經常在執行 Update-Help 時看到錯誤訊息。換句話說，不要以為 Update-Help 每次都能取得 PowerShell 中所有命令的最新說明內容。

以管理員身分執行 POWERSHELL

有時候你必須以管理員身分執行 PowerShell 主控台。通常發生在你需要更改檔案、登錄檔、或任何不屬於你的使用者設定檔的內容的時候。舉例來說，剛剛介紹的 Update-Help 命令就需要更動到系統層級的檔案，因此若不具管理員身分或同等權限，就不能正確執行該項命令。

如果要以管理員身分執行 PowerShell，只需以滑鼠右鍵點選 Windows PowerShell、再選取「以系統管理員身分執行」（**Run as Administrator**）即可，就像圖 1-2 那樣。

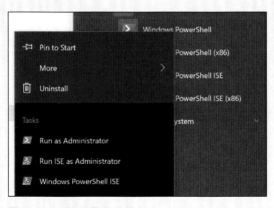

圖 1-2：以管理員身分執行 PowerShell

總結

在本章中，大家都學到了幾個入門的命令。在起步的階段，你不見得會理解那些還未熟悉的事物。這時只需一點知識的種子，協助你自行深入探索。藉由了解 PowerShell 命令的基礎知識，以及如何使用 Get-Command 和 Get-Help，你就有了可以繼續學習 PowerShell 的工具。眼前正有一場不得了的冒險等著你呢！

2

POWERSHELL 的基本觀念

本章會介紹 PowerShell 的四個基本觀念：變數、資料類型、物件和資料結構。這些觀念幾乎是一般程式語言的共同基礎，但其中有一件讓 PowerShell 與眾不同：那就是 PowerShell 裡的所有東西都是物件（object）。

各位現在或許還覺得是霧裡看花，但是當你順著本章往下讀時，請將這一點牢記在心。等到讀完本章，你就會體會到這個觀念的重要性。

變數

所謂的*變數*，就是儲存資料值的地方。各位不妨把變數想成一個數位盒子。當你想要一再使用某個資料值時，可以將它放在一個盒子裡。然後就不需要在程式碼中一再地輸入該項資料值才能取用它，只需將資料值放入變數名稱，要取用時只要呼叫變數名稱就好了。但是各位也許已經從變數的「變」字想到，變數的真正威力，在於它是可變的：你可以往盒子裡加點料，或是把盒子裡的東西換成其他內容，或是索性把盒子裡的東西拿出來給人看一眼，再原封不動地放回去。

到了本書後面各位就會學到，這個可變性讓我們得以寫出能夠處理一般化事態的程式碼，而不再是只能適用於某種特定場合。這一小節就要來談談變數的基本用法。

顯示與更改變數

PowerShell 裡所有的變數都是以貨幣符號（$）開頭的，這等於告訴 PowerShell，你現在呼叫的是一個變數、而不是 cmdlet、函式、指令碼檔案、或是可執行檔。舉例來說，如果你要顯示變數 MaximumHistoryCount 裡的資料值，就得在變數名稱前面加上一個錢號，才能呼叫它，如清單 2-1 所示。

```
PS> $MaximumHistoryCount
4096
```

清單 2-1：呼叫變數 *$MaximumHistoryCount*

變數 $MaximumHistoryCount 屬於內建的環境變數，它決定了 PowerShell 的命令歷史紀錄中儲存的命令筆數上限；預設值為 4096 筆命令。

當然這個變數是可以改的，只需輸入變數名稱（記得要加上貨幣符號），然後再加上等號（=）和新資料值，就像清單 2-2 這樣。

```
PS> $MaximumHistoryCount = 200
PS> $MaximumHistoryCount
200
```

清單 2-2：更改變數 *$MaximumHistoryCount* 的值

於是你就把變數 $MaximumHistoryCount 的值改成 200 了，亦即 PowerShell 從此以後在命令歷史紀錄中儲存的命令筆數，最多就只有 200 筆。

清單 2-1 和 2-2 使用的都是既有的變數。PowerShell 的變數其實分成兩種：一是使用者自訂變數（*user-defined variables*），顧名思義是使用者自已定義的，二是自動變數（*automatic variables*），是 PowerShell 裡原本就存在的。我們先來介紹使用者自訂變數。

使用者自訂變數

要使用變數，就得先定義它、讓它存在。請在 PowerShell 主控台中鍵入 **$color** 試試，就像清單 2-3 這樣。

```
PS> $color
The variable '$color' cannot be retrieved because it has not been set.

At line:1 char:1
+ $color
+ ~~~~
    + CategoryInfo          : InvalidOperation: (color:String) [], RuntimeException
    + FullyQualifiedErrorId : VariableIsUndefined
```

清單 2-3：輸入一個尚未定義的變數名稱，就會看到錯誤訊息。

開啟 STRICT 模式

如果你沒看到像清單 2-3 那樣的錯誤訊息，而且你的主控台也沒顯示任何訊息，請試著執行以下命令，開啟所謂的嚴格（strict）模式：

```
PS> Set-StrictMode -Version Latest
```

開啟嚴格模式，等於告訴 PowerShell，當你違反原應遵守的程式撰寫方式時，就要丟出錯誤訊息。舉例來說，當你參考不存在的物件屬性、或是尚未定義的變數時，嚴格模式會讓 PowerShell 傳回錯誤訊息。撰寫指令碼時，開啟這種模式是公認的最佳實務做法，因為它會促使你寫出更清爽、更容易預測其行為的程式碼。如果只是在 PowerShell 主控台中執行互動程式碼，還不太能看得出此一模式的作用。關於嚴格模式的詳情，請執行 Get-Help Set-StrictMode -Examples 試試。

在清單 2-3 裡，我們試著參考一個還不存在的變數 $color，於是導致錯誤訊息出現。要建立變數，必須先做宣告（也就是宣稱它的存在）然後再賦予一個資料值（有時也說成是*初始化一個變數*）。這兩件事可以合在一起來做，就像清單 2-4 那樣，它建立了變數 $color、其中含有資料值 blue。為變數賦值時，做法就和先前更改 $MaximumHistoryCount 的做法一樣，先輸入變數名稱、加上一個等號、再填寫資料值，就完成了。

```
PS> $color = 'blue'
```

清單 2-4：建立變數 *color*，並賦值為 *blue*

一旦你建立了變數、也完成了賦值，在主控台中鍵入變數名稱，就可以參考（或呼叫）變數了（清單 2-5）。

```
PS> $color
blue
```

清單 2-5：檢驗變數中的資料值

變數裡的資料值不會變動，除非有其他人事物明確地對它加以變更。你可以任意呼叫變數 $color 幾次都行，而且傳回的資料值始終都是 blue，直到變數被重新定義為止。

當你以等號定義變數時（清單 2-4），其實做的事就跟使用 Set-Variable 命令一樣。同理，當你在主控台中鍵入變數名稱以呼叫它並顯示資料值時，效果跟 Get-Variable 一樣（清單 2-5）。清單 2-6 則是以這兩道命令重現清單 2-4 和 2-5 的效果。

```
PS> Set-Variable -Name color -Value blue

PS> Get-Variable -Name color

Name                          Value
----                          -----
color                         blue
```

清單 2-6：以 *Set-Variable* 和 *Get-Variable* 命令分別建立變數及顯示其資料值

各位還可以只用 Get-Variable 傳回所有既有的變數（如清單 2-7 所示）。

```
PS> Get-Variable

Name                            Value
----                            -----
$                               Get-PSDrive
?                               True
^                               Get-PSDrive
args                            {}
color                           blue
--snip--
```

清單 2-7：使用 *Get-Variable* 傳回所有變數。

此一命令會列舉出目前記憶體中的全部變數，但是請注意，有些變數是你未曾定義的。下一小節就要來介紹它們。

自動變數

先前介紹過自動變數，這是一種事先製作好的變數，專供 PowerShell 自身使用。雖說 PowerShell 允許你變更一部份的這類變數，就像先前在清單 2-2 所做的那樣，但我通常不建議大家這樣做，因為可能會引起無法預期的副作用。一般來說，大家應該把自動變數視為唯讀的（所以現在該把先前改掉的 $MaximumHistoryCount 變數值還原成 4096 了）。

本節會介紹一些常用的自動變數：包括 $null 變數、$LASTEXITCODE、以及其他喜好設定變數等等。

變數 $null

$null 這個變數很奇特：它代表空無一物。如果將 $null 賦值給某個變數，代表你會建立一個未曾賦值的變數，如清單 2-8 所示。

```
PS> $foo = $null
PS> $foo
PS> $bar
The variable '$bar' cannot be retrieved because it has not been set.
At line:1 char:1
+ $bar
```

```
+  ~~~~
    + CategoryInfo          : InvalidOperation: (bar:String) [], RuntimeException
    + FullyQualifiedErrorId : VariableIsUndefined
```

清單 2-8：將變數賦值為 *$null*

以上你已將 $null 賦值給了 $foo 變數。然後你呼叫了 $foo，卻沒有顯示任何資料，連先前的錯誤訊息也沒出現了，這就是因為 PowerShell 已經知道這個變數內無資料存在。

只要把參數傳給 Get-Variable 命令，各位就可以得知 PowerShell 認得哪些變數。在清單 2-9 中就可以看出來，PowerShell 的確知道變數 $foo 的存在，但卻不認得變數 $bar。

```
PS> Get-Variable -Name foo

Name                           Value
----                           -----
foo


PS> Get-Variable -Name bar
Get-Variable : Cannot find a variable with the name 'bar'.
At line:1 char:1
+ Get-Variable -Name bar
+ ~~~~~~~~~~~~~~~~~~~~~~~
    + CategoryInfo          : ObjectNotFound: (bar:String) [Get-Variable],
ItemNotFoundException
    + FullyQualifiedErrorId : VariableNotFound,Microsoft.PowerShell.Commands.
GetVariableCommand
```

清單 2-9：以 *Get-Variable* 來發現變數

大家也許心中犯嘀咕：有什麼變數非要訂為 $null 不可？但其實 $null 是非常有用的。舉例來說，本章後面大家就會學到，我們常會用變數將資料值作為回應交付給另一方，例如特定函式的輸出等等。如果你檢視該函式的輸出變數，卻發覺其中的值還是 $null，你就知道函式中有些事情不對勁、需要採取因應措施了。

LASTEXITCODE 變數

另一個常用的自訂變數，就是 $LASTEXITCODE。PowerShell 允許我們引用外部的可執行應用程式，例如大家都熟悉的 *ping.exe*，它會 ping 一個網站以便取得回應。當外部應用程式執行完畢後，會產生一個所謂的退出碼（*exit code*），又稱為回傳碼（*return code*），用以呈現某個訊息。通常這個碼如果是 0，就代表執行是成功的，否則就代表有錯誤或其他異常。對於 *ping.exe* 來說，回傳碼 0 代表它可以成功地 ping 到一個節點，而 1 則代表它無法取得回應。

像清單 2-10 那樣執行 *ping.exe* 時，各位會看到預期中會有的回應訊息，但其中卻沒有退出碼的蹤影。這是因為退出碼其實被藏在 $LASTEXITCODE 這個變數裡。$LASTEXITCODE 所儲存退出碼，始終是屬於前一個執行過的應用程式。在清單 2-10 當中我們 ping 了一個不存在的網域，於是它傳回了退出碼，然後我們又 ping 了 *google.com*，也取得了退出碼。

```
PS> ping.exe -n 1 dfdfdfdfd.com

Pinging dfdfdfdfd.com [14.63.216.242] with 32 bytes of data:
Request timed out.

Ping statistics for 14.63.216.242:
    Packets: Sent = 1, Received = 0, Lost = 1 (100% loss),
PS> $LASTEXITCODE
1
PS> ping.exe -n 1 google.com

Pinging google.com [2607:f8b0:4004:80c::200e] with 32 bytes of data:
Reply from 2607:f8b0:4004:80c::200e: time=47ms

Ping statistics for 2607:f8b0:4004:80c::200e:
    Packets: Sent = 1, Received = 1, Lost = 0 (0% loss),
Approximate round trip times in milli-seconds:
    Minimum = 47ms, Maximum = 47ms, Average = 47ms
PS> $LASTEXITCODE
0
```

清單 2-10：以 *ping.exe* 展示 *$LASTEXITCODE* 變數的異動

當你 ping *google.com* 時，得到的 $LASTEXITCODE 是 0，但是 ping 偽網域名稱 *dfdfdfdfd.com* 後，得到的值卻是 1。

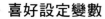

喜好設定變數

PowerShell 裡還有一種自動變數，稱為喜好設定變數（*preference variables*）。這些變數控制了各種輸出串流的預設行為模式，它們是：Error、Warning、Verbose、Debug 和 Information。

要觀看這類喜好設定變數的清單，請執行 Get-Variable、並以參數從中篩選出名稱結尾為 *Preference* 變數：

```
PS> Get-Variable -Name *Preference

Name                      Value
----                      -----
ConfirmPreference         High
DebugPreference           SilentlyContinue
ErrorActionPreference     Continue
InformationPreference     SilentlyContinue
ProgressPreference        Continue
VerbosePreference         SilentlyContinue
WarningPreference         Continue
WhatIfPreference          False
```

這些變數都可以用來決定 PowerShell 能傳回的各種輸出類型。舉例來說，如果你打錯了內容，然後收到一長串的紅色文字，你看到的就是 Error 這個輸出串流。請執行以下命令以便故意製造錯誤訊息：

```
PS> Get-Variable -Name 'doesnotexist'
Get-Variable : Cannot find a variable with the name 'doesnotexist'.
At line:1 char:1
+ Get-Variable -Name 'doesnotexist'
+ ~~~~~~~~~~~~~~~~~~~~~~~~~~~~~~~~~~
    + CategoryInfo          : ObjectNotFound: (doesnotexist:String) [Get-Variable],
                              ItemNotFoundException
    + FullyQualifiedErrorId : VariableNotFound,Microsoft.PowerShell.Commands.
GetVariableCommand
```

你自己看到的錯誤訊息應該跟上例相去不遠，因為這是 Error 串流的預設行為模式。如果你基於否些特殊因素，不想再看到這些惱人的錯誤訊息文字、寧可讓畫面看起來平靜無事，就可以重新定義 $ErrorActionPreference 這個變數，改成 SilentlyContinue 或是 Ignore，兩者都可以讓 PowerShell 不再吐出任何錯誤訊息文字：

```
PS> $ErrorActionPreference = 'SilentlyContinue'
PS> Get-Variable -Name 'doesnotexist'
PS>
```

如各位所見，這下錯誤訊息文字都消失無蹤了。忽略錯誤訊息文字並不是個好習慣，所以現在請把 $ErrorActionPreference 的資料值改回 Continue，再繼續讀下去。至於有關喜好設定變數的其他資訊，請參照 about_help 的內容，也就是執行 Get-Help about_Preference_Variables。

資料類型

PowerShell 的變數有各種格式，或者說是類型（*types*）。所有關於 PowerShell 資料類型的細節，都不在本書的範疇之內。各位只需理解，PowerShell 確實支援各種資料類型即可（包括布林值、字串、以及整數），無論你如何更改變數的資料類型都不會出現錯誤訊息。以下程式碼執行起來應該都不會出錯：

```
PS> $foo = 1
PS> $foo = 'one'
PS> $foo = $true
```

這是因為 PowerShell 會透過你提供的資料值來分辨資料類型。檯面下的細節在這裡一時也說不清楚，但重點是你應該了解這些基本類型，以及它們互動的方式。

布林值

幾乎所有的程式語言都會用到布林值（*booleans*），其值只有真偽兩種（亦即 1 或 0）。布林值係用來代表二元狀態之一，就像燈泡非亮即滅一樣。在 PowerShell 裡，布林值會以 *bools* 代表，而兩個真偽值則分別以 $true 和 $false 這兩個自動變數來呈現。在 PowerShell 裡，這些自動變數都是寫死的，因此不能變更。清單 2-11 展示的就是如何將變數設為 $true 或 $false。

```
PS> $isOn = $true
PS> $isOn
True
```

清單 2-11：建立一個布林值變數

我們在第 4 章時還會再學到更多關於布林值的內容。

整數與浮點數

PowerShell 的數字有兩種呈現方式：透過整數、或透過浮點數這兩種資料類型。

整數類型

整數這個資料類型只能貯有整數，任何小數點後的數字都會進位到最接近的整數。整數資料類型又分成有正負號和無正負號兩種。有正負號的資料類型可以儲存正或負兩種數值；而和無正負號的資料類型就只能儲存沒有正負號的資料值。

根據預設，PowerShell 只會儲存 32 位元的有正負號整數，其資料類型為 Int32。位元數的長度決定了這種整數類型變數能儲存的資料值極限（最大或最小）；以上例而言，就是介於 –2,147,483,648 到 2,147,483,647 之間。如果不在這個範圍內的數值，就必須改用 64 位元的有正負號整數，亦即 Int64 這個資料類型。其範圍介於 –9,223,372,036,854,775,808 到 9,223,372,036,854,775,807 之間。

清單 2-12 顯示的是 PowerShell 處理 Int32 類型資料的例子。

```
❶ PS> $num = 1
   PS> $num
   1
❷ PS> $num.GetType().name
   Int32
❸ PS> $num = 1.5
   PS> $num.GetType().name
   Double
❹ PS> [Int32]$num
   2
```

清單 2-12：利用 *Int* 類型來儲存不同的資料值

我們把以上步驟過一遍。先別管語法；眼前只需專注在輸出內容就好。首先，我們建立了一個變數 $num、並賦值為 1 ❶。接著我們檢視變數 $num❷ 的類型，發現 PowerShell 把數字 1 視為 Int32。然後我們把變數 $num 的值改成帶小數點的數字 ❸，然後再度檢查其類型，結果發現 PowerShell 已經把類型改換成 Double 了。這是因為 PowerShell 會根據資料值變更變數的類型。但你仍然可以強制要求 PowerShell 只能將某變數視為特定類型（所謂的 *casting*），就像上例中的結尾那樣，把 [Int32] 放在 $num 前面 ❹，以這個語法硬改變數類型。結果各位也看到了，一旦強制將 1.5 視為整數，PowerShell 就把它進位變成整數 2 了。

現在來介紹所謂的雙精度浮點數（Double）類型。

浮點數類型

資料類型 Double 屬於更廣泛的變數類別，也就是浮點（*floatingpoint*）變數。雖說浮點資料類型也可以用來呈現整數，但浮點變數實際上較常用來呈現帶小數點的數值。另一種主要的浮點類型就是 Float。筆者在此不會深究 Float 和 Double 兩種類型內部的呈現細節。各位只須了解，雖然 Float 和 Double 都可以呈現帶小數點的數值，但這兩者都有其不精確的地方，就像清單 2-13 顯示的一樣。

```
PS> $num = 0.1234567910
PS> $num.GetType().name
Double
PS> $num + $num
0.2469135782
PS> [Float]$num + [Float]$num
0.246913582086563
```

清單 2-13：浮點資料類型內的精確度誤差

如各位所見，PowerShell 預設是使用 Double 資料類型的。但是請注意，當你把 $num 自身轉成 Float 類型再加總時發生了什麼事，結果變得很怪異。再度強調，背後緣由不在本書範疇之內，但是請留意，不論你使用的資料類型是 Float 還是 Double，這樣的誤差始終存在。

字串

各位其實在前面已經看過這個資料類型的變數了。當我們在清單 2-4 中定義 $color 變數時，你輸入的並不僅僅是 $color = blue 而已。相對地，你把資料值用單引號框起來，這等於告訴 PowerShell，該資料值是一連串的字母，或稱為字串（*string*）。如果你嘗試將 blue 賦值給變數 $color、但卻不加上引號，PowerShell 就會丟出一串錯誤訊息：

```
PS> $color = blue
blue : The term 'blue' is not recognized as the name of a cmdlet, function, script
file, or operable program. Check the spelling of the name, or if a path was included,
verify that the path is correct and try again.
At line:1 char:10
+ $color = blue
+          ~~~~
    + CategoryInfo          : ObjectNotFound: (blue:String) [], CommandNotFoundException
    + FullyQualifiedErrorId : CommandNotFoundException
```

若是沒有引號，PowerShell 就會把 blue 這個字樣視為命令來處理，並嘗試加以執行。但是因為事實上沒有 blue 這個命令存在，於是 PowerShell 只好又拋出一串訊息解釋這個現象。要正確地定義字串，必須使用引號把資料值框起來。

組合字串和變數

字串並不限於單字；它可以是片語、或是一串語句。舉例來說，你可以對變數 $sentence 賦值這樣的字串：

```
PS> $sentence = "Today, you learned that PowerShell loves the color blue"
PS> $sentence
Today, you learned that PowerShell loves the color blue
```

也許你事後會想利用同一段語句，但是要把 *PowerShell* 和 *blue* 作為變數資料值替入。舉例來說，要是你有一個變數叫做 $name、另一個變數叫 $language，該如何運用？清單 2-14 便以兩個變數定義出一個新變數。

```
PS> $language = 'PowerShell'
PS> $color = 'blue'

PS> $sentence = "Today, you learned that $language loves the color $color"
```

```
PS> $sentence
Today, you learned that PowerShell loves the color blue
```

清單 2-14：在字串中插入變數

注意雙引號的用法。如果你還延續舊方式將語句用單引號包起來，效果
就沒有了：

```
PS> 'Today, $name learned that $language loves the color $color'
Today, $name learned that $language loves the color $color
```

這不是什麼詭異的臭蟲。只不過是 PowerShell 對單引號和雙引號的用法
不同罷了。

雙引號和單引號的差異

當你只是要把一個變數賦值為單純的字串時，使用單引號或雙引號都可
以，就像清單 2-15 所示。

```
PS> $color = "yellow"
PS> $color
yellow
PS> $color = 'red'
PS> $color
red
PS> $color = ''
PS> $color

PS> $color = "blue"
PS> $color
blue
```

清單 2-15：以單引號和雙引號交替變更變數資料值

各位已經看到，不管用哪一種引號定義簡易字串，結果都沒差。那當字串
中帶有變數名稱時，這兩者有何差異？答案是所謂的變數置入（*variable
interpolation*）、又稱作變數展開（*variable expansion*）。通常當你在主控
台鍵入 $color 字樣、並按下 Enter 時，PowerShell 就會置入或展開變數
的內容。這其實不過就是用個比較時髦的名詞，來形容 PowerShell 讀取
變數資料值、或是打開變數盒子往裡瞄一眼的動作罷了。當你使用雙引號
時，就會發生相同的事情：變數被展開，就像清單 2-16 一樣。

```
PS> "$color"
blue
PS> '$color'
$color
```

清單 2-16：變數放在字串裡的行為模式

但是請注意使用單引號的結果有何不同：主控台輸出的就是變數名稱本身，而非其資料值。單引號會告訴 PowerShell，你要顯示的就是鍵入的字面內容，不論它是 *blue*、還是像 $color 這樣的變數名稱。對於 PowerShell 來說，它不會在單引號中嘗試傳遞資料值。因此當你在單引號中引用變數時，PowerShell 根本不知道要展開變數的資料值。這就是何以你想在字串中插入變數內容時，必須使用雙引號的緣故。

關於布林值、整數和字串其實可以講的內容還很多。但是眼前我們先停下腳步，回頭來看一個更一般化的事物：就是物件。

物件

在 PowerShell 裡，一切事物皆為物件。以技術角度來說，一個物件（*object*）就是一個特定範本的個別實例（instance），而這個範本就叫做類別（class）。一個類別決定了物件所包含的事物種類。而物件的類型也決定了它具備哪些方法（*methods*），或者說是可以對該物件採取的動作。換句話說，方法就是一個物件可以做的事情。舉個例子，一個清單（list）物件可能會具備 sort() 這個方法，因此呼叫該方法時，就會將清單內容排序。同理，物件的類別決定其屬性（*properties*），亦即物件自身的可變量。不妨把屬性想像成關於某物件的所有資料。再以清單物件為例，它可能會有一個 length（長度）的屬性，其中便含有清單所含的元素數量。有的類別還會為物件的屬性提供預設值，不過這種值通常是由你提供給要使用的物件。

聽到這裡可能還有人一頭霧水。我們以車子來做比喻：車子一定是從設計階段的草圖開始。這份草圖，也就是範本，決定了車子的外觀、引擎的種類、車身的款式等等。草圖也決定了車子完工後的性能，例如前行、倒退、開關頂棚等等。這份草圖，就是車子這個物件的類別。

每部車都是按照類別打造的，因此每一部車都會加上自己的屬性和方法。這部車也許是藍色的，但同款車也許還有紅色的，其他車款也許連變速箱也不一樣。這些性質都是特定車子物件的屬性。同理，每部車都可以前行、倒退，也有可以開關頂棚的相同方法。這些動作就是車子物件的方法。

現在我們大致理解物件的原理了，讓我們來動手在 PowerShell 裡實驗一下。

檢視屬性

首先我們要產生一個簡單的物件，以便分解及觀察一個 PowerShell 物件的各個面向。清單 2-17 就建立了這樣的簡單字串物件，命名為 $color。

```
PS> $color = 'red'
PS> $color
red
```

清單 2-17：建立字串物件

注意，當你呼叫 $color 時，只能取得變數內的資料值。但是因為字串變數也是物件，因此它包含的資訊還不只資料值而已。還有其他的屬性存在。

要觀察物件的屬性，必須借助 Select-Object 命令和它的 Property 參數。同時要以星字符號（*）作為引數，如清單 2-18 所示，這是告訴 PowerShell 要取得所有屬性內容的意思。

```
PS>  Select-Object -InputObject $color -Property *

Length
------
    3
```

清單 2-18：檢視物件屬性

如你所見，字串變數 $color 只有一個屬性，就是 Length（字串長度）。

另外還有一個方法可以直接參考 Length 屬性，就是利用句號註記法（*dot notation*）：先鍵入物件名稱、加上一個句號、然後鍵入你要檢視的屬性名稱（參見清單 2-19）。

```
PS> $color.Length
3
```

清單 2-19：利用句號註記法檢查物件屬性

長此以往，大家就會習於這種參考物件的方式了。

使用 Get-Member 這個 cmdlet

使用 Select-Object，各位可以得知字串物件 $color 只帶有一種屬性。但是各位可還記得，物件不只帶有屬性、還會附帶方法（methods）。如果要同時觀察字串物件裡所有的方法和屬性，可以改用名為 Get-Member 的 cmdlet（清單 2-20）；這個 cmdlet 會成為你最好的助手。它可以輕易地列出特定物件裡所有的屬性和方法，二者又統稱為物件的成員（*members*）。

```
PS> Get-Member -InputObject $color

   TypeName: System.String

Name            MemberType      Definition
----            ----------      ----------
Clone           Method          System.Object Clone(), System.Object ICloneable.
                                Clone()
CompareTo       Method          int CompareTo(System.Object value),
                                int CompareTo(string strB), int IComparab...
Contains        Method          bool Contains(string value)
CopyTo          Method          void CopyTo(int sourceIndex, char[] destination,
                                int destinationIndex, int co...
EndsWith        Method          bool EndsWith(string value),
                                bool EndsWith(string value, System.
StringCompari...
Equals          Method          bool Equals(System.Object obj),
                                bool Equals(string value), bool Equals(string...
--snip--
Length          Property        int Length {get;}
```

清單 2-20：利用 *Get-Member* 檢查物件的屬性和方法

30　第 2 章　POWERSHELL 的基本觀念

是不是？顯而易見，即使只是簡單的字串物件，也帶有不少方法。值得研究的內容還有很多，但這裡沒有全部列出來。至於一個物件會含有多少種屬性和方法，要看它繼承的類別（class）而定。

呼叫方法

要參考物件的方法時，也一樣是透過句號註記法。但是有一點和參考屬性時不一樣，就是方法名稱後面必須跟著一對小括號，而括號裡可以納入一個以上的參數。

舉例來說，假設你要從變數 $color 裡移除某個字元。可以利用 Remove() 這個字串方法。我們先把 $color 的 Remove() 方法挑出來觀察一下，作法如清單 2-21 所示。

```
PS> Get-Member -InputObject $color –Name Remove
Name      MemberType Definition
----      ---------- ----------
Remove Method        string Remove(int startIndex, int count), string Remove(int
startIndex)
```

清單 2-21：觀察字串的 *Remove()* 方法

從上例可以看出，相關的定義有兩點。亦即使用方法時有兩種方式：指定 startIndex（起始字元位置）和字元數這兩個參數，或是只指定 startIndex。

因此，若要刪除 $color 中的第二個字元，必須在字串中指定要開始刪除的位置，亦即所謂的索引位置（*index*）。索引一律從 0 開始計數，因此字串開頭第一個字元的索引位置是 0、而第二個字元便是 1，依此類推。除了索引以外，我們還必需提供意欲刪除的字元數量，這兩個參數彼此以逗點分開，如清單 2-22 所示。

```
PS> $color.Remove(1,1)
Rd
PS> $color
red
```

清單 2-22：呼叫方法

將第一個起始位置索引訂為 1，等於告訴 PowerShell，你要從字串的第二個字元開始刪除；第二個引數則是要 PowerShell 只刪除一個字元的長度就好。所以你會得到 Rd 這個結果。但是請注意，Remove() 方法不會永久改變字串變數的原始資料值。如果你想把做過刪除處理的結果字串留下，必須把 Remove() 方法的輸出賦值給另一個變數，如清單 2-23 所示。

```
PS> $newColor = $color.Remove(1,1)
PS> $newColor
Rd
```

清單 2-23：保留 *Remove()* 方法處理過的字串輸出

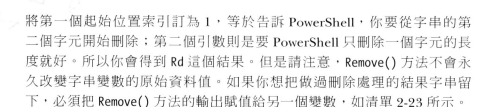 如果你想知道，某個方法是否會傳回另一個物件（就像 Remove() 所為）、或是是否會更改既有物件，可以觀察該方法的說明文字（description）。就如同清單 2-21 所示，Remove() 的說明中，在方法前面都帶有 string 的字樣；這代表該函式會傳回一個新字串。如果函式前面帶有 void 字樣，通常就表示它會修改既有物件。第 6 章會再詳談這個題材。

在上例中，大家已經使用過最簡單的物件類型，也就是字串。下一小節我們要來看一些更複雜的物件。

資料結構

所謂資料結構（*data structure*），是一種可以把許多資料片段組織在一起的方式。但這樣把資料串起來所形成的資料結構，在 PowerShell 中也跟原始資料一樣，被視為以變數貯存的物件。這種資料主要有三個類型：陣列（arrays）、陣列清單（ArrayLists）、以及雜湊表（hashtables）。

陣列

到目前為止，筆者都是把變數描述成盒子。但如果一個單純的變數（例如浮點數類型 Float）就是一個盒子，那麼一個陣列就可以視為一堆黏在一起的盒子（亦即用一個陣列變數來呈現一個項目清單）。

各位會經常用到多個相關的變數，像是一組標準的色彩，我們不需要把每種顏色儲存成個別的字串變數、再個別參照每個變數，比較有效率的做法，是把全部的顏色儲存在一個資料結構當中。本節就要來介紹如何建立、取用、修改一個陣列，以及如何在陣列中添加內容。

定義陣列

首先，讓我們定義一個名為 $colorPicker 的變數，然後把一個含有四種顏色字串的陣列賦值給該變數。你必須利用 @ 符號）、再加上用小括號框住的四個字串（彼此以逗號分開），如清單 2-24 所示。

```
PS> $colorPicker = @('blue','white','yellow','black')
PS> $colorPicker
blue
white
yellow
black
```

清單 2-24：建立一個陣列

@ 符號後面的小括號，可以包含零個、或多個以逗號區隔的元素，這就是告訴 PowerShell，你要建立一個陣列。

注意，一旦你呼叫 $colorPicker，PowerShell 就會在下一行顯示陣列的每一個元素。下一節我們會介紹如何取用個別的元素。

讀取陣列元素

要取用陣列中的一個元素，必須先輸入陣列名稱、後面加上一對中括號，（[]）然後在括號中放入你要取用元素的位置索引值。這裡和先前我們在字串裡索引字元的用法一樣，陣列元素也是從 0 開始索引，因此第一個元素的位置索引是 0、第二個是 1、以此類推。在 PowerShell 裡，如果索引是 -1，就會傳回倒數第一個（最末一個）元素。

清單 2-25 便取出了 $colorPicker 陣列中的幾個元素。

```
PS> $colorPicker[0]
blue
PS> $colorPicker[2]
yellow
PS> $colorPicker[3]
black
PS> $colorPicker[4]
```

```
Index was outside the bounds of the array.
At line:1 char:1
+ $colorPicker[4]
+ ~~~~~~~~~~~~~~~
    + CategoryInfo          : OperationStopped: (:) [], IndexOutOfRangeException
    + FullyQualifiedErrorId : System.IndexOutOfRangeException
```

清單 2-25：讀取陣列元素

如你所見，如果各位嘗試指定一個陣列中不存在的位置索引，就會收到
PowerShell 的錯誤訊息。

如果想要一次取出陣列中的多個元素，可以利用兩個數字之間的範圍運
算子（range operator，..）。範圍運算子會讓 PowerShell 傳回兩個數字之
間的所有數字，就像這樣：

```
PS> 1..3
1
2
3
```

要利用範圍運算子取出陣列中的多個元素，可以把範圍套用到索引上，
就像這樣：

```
PS> $colorPicker[1..3]
white
yellow
black
```

現在各位知道如何取用陣列中的元素了，讓我們再來看看如何更改它
們。譯註 1

譯註 1　其實除了範圍運算子，如果你要取出的是不連續的元素，也可以用逗點區隔索
引，例如 $colorPicker[1,3]，就不是從第二到第四個一共三個元素，而是只有第
二和第四個元素。

修改陣列中的元素

如果要更改陣列裡的元素，不需重新定義整個陣列。相反地，只需先參考意欲更改項目的位置索引，再用等號重新賦予新的資料值即可，如清單 2-26 所示。

```
PS> $colorPicker[3]
black
PS> $colorPicker[3] = 'white'
PS> $colorPicker[3]
white
```

清單 2-26：修改陣列中的元素

在更改元素前，請務必在主控台中先用顯示元素的方式，再三確認索引的位置正確無誤，然後才動手更改元素。

在陣列中添加元素

各位也可以利用加號（+）在陣列中添加項目，如清單 2-27 所示。

```
PS> $colorPicker = $colorPicker + 'orange'
PS> $colorPicker
blue
white
yellow
white
orange
```

清單 2-27：在陣列中添加一個新項目

注意上例中我們在等號兩側都鍵入了陣列名稱 $colorPicker。這是因為我們需要 PowerShell 把原本的陣列變數 $colorPicker 展開、再加入新元素之故。

+ 這個方法確實有效，但其實還有一個更迅速易讀的方式可以達到一樣的目的。只需在家號後面加上一個等號，組成 +=（參照清單 2-28）。

```
PS> $colorPicker += 'brown'
PS> $colorPicker
blue
white
yellow
white
orange
brown
```

清單 2-28：利用 += 作為捷徑，將新項目添加至陣列當中

PowerShell 看到 += 運算子就會知道，要把尾隨的項目添加到既有陣列之中。這個捷徑可以避免要鍵入陣列名稱兩次，而且比完整的語法更為常見。

此外我們也可以在陣列中添加陣列。假設你想在上例的 $colorPicker 中再加上粉紅色（pink）和藍色（cyan）。清單 2-29 就把這兩個新顏色包成一個新陣列，再將其添加至既有陣列，就像清單 2-28 這樣。

```
PS> $colorPicker += @('pink','cyan')
PS> $colorPicker
blue
white
yellow
white
orange
brown
pink
cyan
```

清單 2-29：一次在陣列中添加多個元素

一次添加多個元素，可以省下很多時間，尤其是當你的陣列元素數量龐大的時候。注意 PowerShell 會把任何以逗點區隔的資料值集合視為陣列，甚至不需要以 @ 或小括號來標記。

可惜的是，我們無法以 += 這樣的方式從陣列中移除元素。要從陣列中移除元素，實際上比你想像的要複雜得多，我們在此也不贅述。如果想知道為什麼，請繼續讀下去！

ArrayLists

當你為陣列添加內容時，其實背後會發生一些奇特的事。每當你添加陣列元素時，其實是先透過既有陣列（展開）新建一個陣列、再加入新元素。從陣列中移除元素時也是一樣的道理：PowerShell 會打掉既有的陣列，然後再產生一個新的。這是因為 PowerShell 使用的都是固定長度陣列之故。

當你變更陣列時，你不能改變的是陣列的大小，故而必須另外建立一個新陣列。如果陣列容量不大，就像上例中我們製作的那樣，你不會注意到背後動作的差異。但是一旦你遇上龐大的陣列，元素數量多達數萬甚至數十萬時，你就會感受到改變的動作會對效能造成多大的影響。

如果你知道將來這個陣列會新增或移除大量的元素，筆者建議各位改用另一種資料類型，就是 *ArrayList*（直譯為陣列清單）。ArrayList 的行為模式幾乎和一般的 PowerShell 陣列無甚差別，但唯一的關鍵差異就是：它的長度不是固定的。也就是它可以動態地調整長度，以便新增或刪除元素，這樣一來，當你必須處理大量的資料時，效能就會改善許多。

ArrayList 的定義方式和陣列完全一樣，唯一差別是你必須將其標註為 ArrayList。清單 2-30 便是重新定義了先前的選色用陣列，並將其類型標註為 System.Collections.ArrayList。

```
PS> $colorPicker = [System.Collections.ArrayList]@('blue','white','yellow','black')
PS> $colorPicker
blue
white
yellow
black
```

清單 2-30：建立一個 ArrayList

跟陣列一樣，當你呼叫 ArrayList 時，會在新的一行把所有項目都顯示出來。

在 ArrayList 中添加元素

要在 ArrayList 中增刪元素、但又不用先打掉它，可以透過它自己的方法為之。這時可以利用 Add() 和 Remove() 這兩個方法，分別新增和移除

ArrayList 裡的項目。清單 2-31 利用了 Add() 方法，並把新元素放在方法的小括弧當中（當成參數）。

```
PS> $colorPicker.Add('gray')
4
```

清單 2-31：為 ArrayList 添加單一項目

注意輸出的結果是數字 4，亦即新加入元素的位置索引。通常你不需用到這個數字，因此你可以把 Add() 方法的輸出導向給 $null 變數，以便抑制輸出訊息，如清單 2-32 所示。

```
PS> $null = $colorPicker.Add('gray')
```

清單 2-32：將輸出轉給 $null

要抑制 PowerShell 命令的輸出訊息的方法有好幾種，但是把輸出轉給 $null 的效果最好，因為 $null 變數是不能重新賦值的。

從 ArrayList 移除元素

移除元素的方式也很類似，就是利用 Remove() 方法。舉例來說，如果你要把 ArrayList 裡的資料值 gray 移除，只需加這個資料值放在呼叫方法的小括號內就好，如清單 2-33 所示。

```
PS> $colorPicker.Remove('gray')
```

清單 2-33：從 ArrayList 移除一個項目

注意，如果要移除一個項目，你不需要知道該項目的位置索引值。只需引用實際的資料值就可以找到該元素（也就是上例中的 gray）。如果陣列中有好幾個元素的資料值都一樣，PowerShell 就會先移除最接近 ArrayList 開頭的那個符合內容的元素。

如果只有上例中這麼少量的元素，很難看出效能上的差異。但是當資料集極為龐大時，ArrayLists 的效能表現確實會比陣列要好。就像大部份撰寫程式時的狀況一樣，你必須要分析自己的需求，才能決定是要採用陣列、還是 ArrayList。最重要的法則，就是要處理的項目集合越大，越適合採用 ArrayList。如果你處理的是元素數目少於 100 的小陣列，那麼你應該是看不出來陣列和 ArrayList 的性能差異何在。

雜湊表

當你的資料只和清單中的位置有關聯時，陣列和 ArrayLists 就很合適。但有的時候你會以更直接的方式把資料串起來：就是把兩份資料直接做關聯。舉例來說，你也許會有一份清單，內含使用者名稱（usernames）和對應的真實姓名。這時你會需要採用雜湊表（*hashtable*，有時也稱為字典（*dictionary*）），這是一種以成對鍵 - 值的清單構成的 PowerShell 資料結構。它並非以數字索引尋找資料，而是提供一個稱為鍵的索引給 PowerShell 作為輸入，然後就會得到與這個鍵相關聯的資料值。以我們的例子來說，就是以 username 作為雜湊表的索引，然後取得使用者的真實姓名。

清單 2-34 便定義了一個名為 $users 的雜湊表，其中含有三筆使用者的資訊。

```
PS> $users = @{
    abertram = 'Adam Bertram'
    raquelcer = 'Raquel Cerillo'
    zheng21 = 'Justin Zheng'
}
PS> $users
Name                        Value
----                        -----
abertram                    Adam Bertram
raquelcer                   Raquel Cerillo
zheng21                     Justin Zheng
```

清單 2-34：建立一個雜湊表

PowerShell 不允許雜湊表中有重複的鍵存在。每一個鍵只能唯一對應到一筆資料值，但這個資料值可以是一個陣列、甚至是另一個雜湊表！

從雜湊表讀取元素

如果要取用雜湊表中的特定資料值，必須利用鍵來進行。做法有兩種。假設你想找出使用者 abertram 的真實姓名。可以採用像清單 2-35 一樣的兩種做法。

```
PS> $users['abertram']
Adam Bertram
PS> $users.abertram
Adam Bertram
```

清單 2-35：取用雜湊表的資料值

兩種做法有微妙的差異，但目前各位只需選擇自己喜好的方式即可。

清單 2-35 的第二種作法利用了屬性：$users.abertram。PowerShell 會自動把每個鍵值當成雜湊表物件的屬性。如果你想取得雜湊表全部的鍵和值，只需引用 Keys 和 Values 這兩種屬性，如清單 2-36 所示。

```
PS> $users.Keys
abertram
raquelcer
zheng21
PS> $users.Values
Adam Bertram
Raquel Cerillo
Justin Zheng
```

清單 2-36：讀取雜湊表的鍵與值

如果你想觀看雜湊表（或是任何物件）所有的屬性，可以改用這道命令：

```
PS> Select-Object -InputObject $yourobject -Property *
```

新增或更改雜湊表裡的項目

要在雜湊表裡新增一個元素，可以引用 Add() 方法、或是以中括號和等號另外建立一筆新索引。清單 2-37 就顯示了這兩種做法。

```
PS> $users.Add('natice', 'Natalie Ice')
PS> $users['phrigo'] = 'Phil Rigo'
```

清單 2-37：在雜湊表中新增項目

現在你的雜湊表裡有 5 個使用者了。但要是你想變更其中一個資料值時，該怎麼做？

要更改雜湊表時，最好是先檢查一下你要更動的成對鍵值，是否真的存在。要確認雜湊表中是否有某一個鍵存在，可以利用 ContainsKey() 這個方法，PowerShell 建立的每一個雜湊表都會附帶它。一旦確認雜湊表中有這個鍵，就會傳回一個 True；否則就會傳回 False，如清單 2-38 所示。

```
PS> $users.ContainsKey('johnnyq')
False
```

清單 2-38：檢查雜湊表裡的項目

一旦你確認雜湊表中確實有這個鍵存在，就可以利用簡單的等號修改其資料值，如清單 2-39 所示。

```
PS> $users['phrigo'] = 'Phoebe Rigo'
PS> $users['phrigo']
Phoebe Rigo
```

清單 2-39：修改一筆雜湊表的資料值

如各位所見，在雜湊表中新增項目的方式有好幾種。但下一節中各位也會看到，要從雜湊表刪除新增項目，方式只有一種。

從雜湊表中移除項目

雜湊表和 ArrayList 一樣帶有一個 Remove() 方法。只需呼叫該方法，然後把意欲移除項目的鍵值傳給該方法，如清單 2-40 所為。

```
PS> $users.Remove('natice')
```

清單 2-40：從雜湊表中移除一個項目

這樣應該就會從雜湊表中移除一個使用者了，但你還是可以再呼叫一次雜湊表確認一下。記住，如果你想知道現有哪些鍵存在，隨時可以用 Keys 屬性加以確認。

建立自訂物件

截至目前為止，本章一直在教大家製作和使用 PowerShell 內建的物件類型。大多數的時候這些類型就已足夠，毋須勞心自製。但有的時候還非得自己建立一些自訂物件，才能擁有自訂的屬性和方法。

清單 2-41 就以 New-Object 這個 cmdlet 定義了一個新物件，其類型為 PSCustomObject。

```
PS> $myFirstCustomObject = New-Object -TypeName PSCustomObject
```

清單 2-41：以 *New-Object* 建立一個自訂物件

上例使用了 New-Object 命令，但就算只用等號賦值，也有一樣的效果，就像清單 2-42 那樣。你定義了一個雜湊表，每一個鍵都是屬性名稱，而與鍵對應的資料值就是屬性的值，物件的類別則是 PSCustomObject。

```
PS> $myFirstCustomObject = [PSCustomObject]@{OSBuild = 'x'; OSVersion = 'y'}
```

清單 2-42：利用 *PSCustomObject* 這個類型加速器建立自訂物件

注意清單 2-42 使用了分號（;）來區隔定義的鍵與值。[譯註 2]

一旦做好自訂物件，就可以像任何物件一樣參考它。清單 2-43 便把我們的物件傳給了 Get_Member 這個 cmdlet，以便檢視其類型是否真的是 PSCustomObject。

```
PS> Get-Member  -InputObject $myFirstCustomObject


   TypeName: System.Management.Automation.PSCustomObject

Name      MemberType   Definition
----      ----------   ----------
Equals    Method       bool Equals(System.Object obj)
```

譯註 2　建立雜湊時，若元素同在一行，區隔字元就是分號，而清單 2-34 的逐行輸入元素寫法，是每一個元素皆以 Enter 鍵換行，待輸入完代表雜湊表結尾的右大括號後，連按兩次 Enter 鍵便會結束雜湊的定義與賦值動作。

```
GetHashCode Method         int GetHashCode()
GetType     Method         type GetType()
ToString    Method         string ToString()
OSBuild     NoteProperty string OSBuild=OSBuild
OSVersion   NoteProperty string OSVersion=Version
```

清單 2-43：查閱一個自訂物件的屬性和方法

大家都看到了，新物件本身已經帶有若干既存的方法（例如 GetType 方法就可以傳回物件的類型！）及你在清單 2-42 中自訂物件時加上的屬性。

我們利用句號註記法就可以取得這些屬性：

```
PS> $myFirstCustomObject.OSBuild
x
PS> $myFirstCustomObject.OSVersion
y
```

真不賴對吧！綜觀本書，各位還會有很多機會可以用到 PSCustomObject 物件。它們是極為強大的工具，讓你得以寫出更富於彈性的程式碼。

總結

讀到這裡，大家應該對於物件、變數和資料類型都有大致的認識了。如果你仍無法掌握這些觀念，請回頭再慢慢讀一次。這些都是本書內容中最基礎的部份。以較高階的角度來看這些觀念，會更容易理解本書接下來的內容。

下一章要來談 PowerShell 中兩種結合命令的方式：管線和指令碼。

3

組合命令

到目前為止，各位都是在 PowerShell 主控台當中一次又一次地呼叫命令。對於簡單的程式碼來說還不至於造成困擾：只須執行一次你需要的命令，如果有必要執行另一道命令，就另外再執行一次。但對於較大型的專案而言，逐次個別呼叫每一道命令，未免太浪費時間。

還好，我們可以把命令組合起來，以便作為一個整體供呼叫之用。在本章當中，大家會學到兩種組合命令的方式：使用 PowerShell 管線、還有把程式碼儲存成外部指令碼（script）。

啟動 Windows 的服務

要說明為何我們需要組合命令，讓我們先用老方法做一個簡單的範例。你會用到兩種命令：首先是 Get-Service，它會查詢 Windows 服務，並傳回關於服務的資訊；其次是 Start-Service，用來啟動 Windows 服務。如清單 3-1 所示，先以 Get-Service 確認某服務確實存在，然後再以 Start-Service 將其啟動。

```
PS> $serviceName = 'wuauserv'
PS> Get-Service -Name $serviceName
Status   Name              DisplayName
------   ----              -----------
Running  wuauserv          Windows Update
PS> Start-Service -Name $serviceName
```

清單 3-1：找出服務、並利用 *Name* 參數將其啟動

執行 Get-Service 其實不過是為了確保 PowerShell 在過程中不會拋出錯誤
訊息而已。很有可能該服務已在運作當中。如果該服務真的已在運作，
則 Start-Service 就只會把控制還給主控台，什麼事都不會發生。

當你只啟動一個服務時，像這樣大費周章地把命令串起來執行，似乎無
甚必要。但請想像一下，要是你必須像這樣處理成百的服務，豈不是要
累死？我們這就來研究一下如何簡化這個問題。

使用管線

第一種簡化程式碼的方式，就是利用 PowerShell 的管線把命令串接起
來，所謂管線，就是一種可以把前面命令的輸出、直接送給後面的命
令作為輸入的工具。要使用管線，就在兩道命令之間加上管線運算子
（|），像這樣：

PS> *command1* | *command2*

這時 *command1* 的輸出就被管線送給了 *command2*，成了 *command2* 的輸
入。管線中的最後一道命令，會負責將結果輸出至主控台。

很多 shell 指令碼處理語言，例如 *cmd.exe* 和 bash，都有管線的概念。但
是 PowerShell 的管線獨特之處，在於它傳遞的是物件、而非單純的字
串。大家可以在本章稍後的篇幅中看到它運作的方式，不過目前我們只
需用管線重寫清單 3-1 的程式碼就好。

在命令之間以管線傳遞物件

要把 Get-Service 的輸出傳給 Start-Service，請使用清單 3-2 的程式碼。

```
PS> Get-Service -Name 'wuauserv' | Start-Service
```

清單 3-2：把現有的服務以管線傳給 *Start-Service* 命令

在清單 3-1 當中，我們用 Name 參數來告知 Start-Service 命令去啟動哪一個服務。但在上例中，我們根本毋須指定參數，因為 PowerShell 會為我們處理這些事情。它會檢視 Get-Service 的輸出，並判斷應將何種資料值傳給 Start-Service，然後根據資料值去比對 Start-Service 有哪個參數適合使用。

如果你喜歡，甚至可以重寫清單 3-2，讓它一個參數都用不到：

```
PS> 'wuauserv' | Get-Service | Start-Service
```

PowerShell 會把字串 wuauserv 交給 Get-Service、再把 Get-Service 處理過的輸出轉給 Start-Service，過程中完全沒用到其他內容！這等於是把三道不同的命令整合在同一行內，但是針對每一項準備啟動的服務，還是需要輸入同樣的一行組合命令（只更改服務名稱）。在下一小節裡，各位會學到如何以一行命令啟動任意數量的服務。

在命令之間以管線傳遞陣列

請以記事本之類的純文字編輯器建立一個檔案，命名為 *Services.txt*，裡面有兩行文字，分別是 Wuauserv 和 W32Time 兩個字串，如圖 3-1 所示。

圖 3-1：*Services.txt* 檔案裡含有 *Wuauserv* 和 *W32Time* 等服務，一行一個

這個檔案包含的其實是我們要啟動的服務清單。這裡為簡化起見只引用了兩種服務，但事實上要幾項服務都行。為了在 PowerShell 的視窗中顯示檔案內容，請使用 Get-Content 這個 cmdlet、搭配 Path 參數：

```
PS> Get-Content -Path C:\Services.txt
Wuauserv
W32Time
```

Get-Content 命令會逐行讀取檔案，然後把每一行的資料當成單一元素、加入到一個陣列裡，然後輸出這個陣列。清單 3-3 便是利用管線把 Get-Content 傳回的陣列再轉給 Get-Service 命令。

```
PS> Get-Content -Path C:\Services.txt | Get-Service

Status    Name              DisplayName
------    ----              -----------
Stopped   Wuauserv          Windows Update
Stopped   W32Time           Windows Time
```

清單 3-3：把 *Services.txt* 的內容轉給 *Get-Service*，以便在 PowerShell 工作階段中顯示服務清單

Get-Content 命令會讀入文字檔，並吐出一個陣列。但是 PowerShell 並未將這個陣列送進管線，而是將其拆解、再逐項將陣列元素一一送進管線。這樣一來，你就可以針對陣列中的每個項目重複執行同樣的命令了。藉著把意欲啟動的服務名稱放在文字檔中，再於清單 3-3 的命令後面加上 | Start-Service，就組成了單行命令，可以啟動任意數量的服務。

以管線串起來的命令，並無數量限制。但如果你發現串接的命令已經多達四五個時，也許就該重新思考一下做法。雖說管線威力強大，卻不是到哪裡都合用：大部份的 PowerShell 命令都只能接收特定類型管線輸入，有的甚至還不接受任何管線輸入。在下一小節裡，我們要再深入一點，看看 PowerShell 如何透過對參數綁定的觀察，藉以處理管線輸入。

觀察參數綁定

當你將參數傳遞給命令時，PowerShell 會發起一個程序，稱為參數綁定（*parameter binding*），該程序會把每一個你傳遞給命令的物件拿去跟下

一個命令的各個參數做比對（由命令的作者決定[譯註1]）。一個 PowerShell 的命令要能接收從管線來的輸入，命令的原作者（不論這命令來自微軟、還是你自己寫的工具）必須明確地指出參數是否支援內建管線。如果你硬是要透過管線，把資訊塞給一個指令，而該指令又沒有任何參數會接收管線輸入，或是 PowerShell 無法找出任何合適的綁定，你就會收到一堆錯誤訊息。以下列命令為例：

```
PS> 'string' | Get-Process
Get-Process : The input object cannot be bound to any parameters for the command
either...
--snip--
```

各位應該已經看出該命令不支援這種管線輸入。要想知道管線到底能不能用，你必須觀察該命令的完整說明內容，亦即在呼叫 Get-Help 命令時，加上參數 -Full。讓我們以 Get-Help 檢視一下清單 3-1 中使用的 Get-Service 命令：

```
PS> Get-Help -Name Get-Service -Full
```

這時你應該會看到一長串輸出。請慢慢往下捲，直到 PARAMETERS 這個區段為止。這一個區段會詳列每個參數的資訊，其內容豐富的程度，遠超過你還沒加上 Detailed 或 Full 這兩個參數的時候。清單 3-4 便顯示了 Get-Service 的 Name 參數相關資訊。

```
-Name <string[]>
        Required?                       false
        Position?                       0
        Accept pipeline input?          true (ByValue, ByPropertyName)
        Parameter set name              Default
        Aliases                         ServiceName
        Dynamic?                        false
```

清單 3-4：*Get-Service* 命令的 *Name* 參數資訊

譯註1　由命令作者決定，亦即只有參數性質中的 Accept pipeline input? 為 True 的時候，該參數才會被拿來和管線內的物件比對。如果參數根本不接受管線輸入，則參數綁定程序也無從比對該物件是否可以給某個參數作為引數使用。

這裡的資訊很多,但我們就只專注在 Accept pipeline input? 這個欄位上。各位應該已經猜到,這個欄位決定了該參數能否接受管線輸入;如果參數根本不接受管線輸入,欄位後面就會標記 false 的字樣。但是還要注意一點,此處的資訊還不只真偽而已:該參數在接收管線輸入時,還分成 ByValue 和 ByPropertyName 兩種。請再跟同一命令的另一個參數 ComputerName 比較一番,後者的內容如清單 3-5 所示。

```
-ComputerName <string[]>
      Required?                   false
      Position?                   Named
      Accept pipeline input?      true (ByPropertyName)
      Parameter set name          (all)
      Aliases                     Cn
      Dynamic?                    false
```

清單 3-5:*Get-Service* 命令的 *ComputerName* 參數資訊

ComputerName 這個參數允許你指定要執行 Get-Service 的對象電腦名稱。但注意這個參數一樣也接收字串類型的輸入。那麼如果你執行像下例一樣的動作,PowerShell 從何得知你提供的字串是服務名稱還是電腦名稱?

```
PS> 'wuauserv' | Get-Service
```

PowerShell 會以兩種方式比對管線輸入和參數。第一種稱為 ByValue,亦即 PowerShell 會觀察傳入的物件類型,並依此解譯物件。由於 Get-Service 指名它的 Name 參數可以用 ByValue 的方式接收管線輸入,於是它會把任何傳入的字串丟給 Name 處理,除非你另有指示。由於命令係按照輸入類型決定透過 ByValue 把輸入內容傳入給參數,因此命令中若有多個同類型的參數(例如字串),其中就只能有一個參數可以使用 ByValue 的方式傳入管線資料。

PowerShell 比對參數和管線的第二種方式,稱為 ByPropertyName。這時 PowerShell 會觀察傳入的物件,如果物件有某個屬性名稱正好呼應後方命令的參數名稱(以上例來說,就是 ComputerName),它就把輸入丟給與物件屬性同名的參數去處理。所以你如果想同時把服務命稱和電腦名稱丟給 Get-Service 去當成處理目標,可以把它們組成一個 PSCustomObject,再把它傳入管線處理,如清單 3-6 所示。

```
PS> $serviceObject = [PSCustomObject]@{Name = 'wuauserv'; ComputerName = 'SERV1'}
PS> $serviceObject | Get-Service
```

清單 3-6：將自訂物件傳給 *Get-Service*

觀察命令的參數規格，再利用雜湊表明確地儲存你需要的引數內容，就
可以用管線把各種命令串起來。但是當你開始撰寫更複雜的 PowerShell
程式碼時，光是管線就不夠用了。在下一小節裡，我們要來學著把
PowerShell 程式碼儲存成外部指令碼來使用。

撰寫指令碼

指令碼其實只是儲存了一連串命令的外部檔案，只需在 PowerShell 主控
台輸入一行檔案名稱就能執行全部內容。如清單 3-7 所示，要執行指令
碼，只需在主控台輸入檔案路徑暨檔名即可。

```
PS> C:\FolderPathToScript\script.ps1
Hello, I am in a script!
```

清單 3-7：從主控台執行指令碼

雖說指令碼可以做到的事情，在主控台中也一樣做得到，然而，指令碼
只需只用一行命令就能執行，遠比手動輸入幾千項命令容易得多！更別
提當你需要修改部分程式碼時，如果發生錯誤，豈不是要重頭輸入全部
的命令？讀者們在本書後面會更常看到，指令碼處理（sripting）有利於
撰寫複雜而耐用的程式碼。但在大家真正開始撰寫指令碼之前，我們得
先修改一些 PowerShell 的設定，確保你可以執行指令碼。

設定執行原則

根據預設，PowerShell 是不允許執行任何指令碼的。如果你嘗試在預裝
的 PowerShell 中執行某支外部指令碼，大概就會碰上清單 3-8 這樣的錯
誤訊息。

```
PS> C:\PowerShellScript.ps1
C:\PowerShellScript.ps1: File C:\PowerShellScript.ps1 cannot be loaded because
running scripts is disabled on this system. For more information, see about_
Execution_Policies at http://go.microsoft.com/fwlink/?LinkID=135170.
At line:1 char:1
+ C:\PowerShellScript.ps1
+ ~~~~~~~~~~~~~~~~~~~~~~~
    + CategoryInfo          : SecurityError: (:) [], PSSecurityException
    + FullyQualifiedErrorId : UnauthorizedAccess
```

清單 3-8：嘗試執行指令碼後看到的錯誤訊息

這個令人洩氣的錯誤訊息，元凶其實是 PowerShell 的執行原則，這個原則決定了什麼樣的指令碼可以執行。執行原則分成四大類：

Restricted　這是預設的設定，不允許執行任何指令碼。

AllSigned　這個設定只允許執行經過受信任方（trusted party）以加密簽章處理（cryptographically signed）過的指令碼（後面會再說明）。

RemoteSigned　這個設定允許執行任何由你自己撰寫的指令碼，以及任何下載而來的指令碼，後者只要同樣也經過受信任方的加密簽章即可。

Unrestricted　這個設定允許執行任何指令碼。

要觀察你自己的電腦上現正遵循何種執行原則，請執行清單 3-9 中的命令。

```
PS> Get-ExecutionPolicy
Restricted
```

清單 3-9：以 *Get-ExecutionPolicy* 命令顯示現行的執行原則

當你執行此一命令後，十有八九會得到 Restricted 這個結果。為便利本書範例運作，請把執行原則改成 RemoteSigned。這樣一來就能執行各位自己撰寫的指令碼，同時仍確保只有來源可靠的外部指令碼才能執行。若要更改執行原則，請利用 Set-ExecutionPolicy 命令，並將你要改換的原則作為引數傳入，如清單 3-10 所示。注意這個命令必須以管理員身分執行（請回頭參閱第 1 章，複習如何以 admin 身分執行命令）。這個命令只需下達一次，因為結果會寫在登錄檔裡（registry）。如果你的作業環境有龐大的 Active Directory 作為後盾，也可以利用群組原則（Group Policy），一次對大量的網域成員電腦啟用這個執行原則。

```
PS> Set-ExecutionPolicy -ExecutionPolicy RemoteSigned

Execution Policy Change
The execution policy helps protect you from scripts that you do not trust. Changing
the execution policy might expose you to the security risks described in the about_
Execution_Policies help topic at http://go.microsoft.com/fwlink/?LinkID=135170. Do you
want to change the execution policy?
[Y] Yes  [A] Yes to All  [N] No  [L] No to All  [S] Suspend  [?] Help (default is "N"):
A
```

清單 3-10：利用 *Set-ExecutionPolicy* 命令更改執行原則

然後請再次執行 Get-ExecutionPolicy 命令，確認你已成功地把執行原則改成 RemoteSigned。如前所述，下次再度開啟 PowerShell 時，就不必再更改這個設定了。因為原則會保持在 RemoteSigned，除非你再次更改它。

指令碼簽章

所謂的指令碼簽章，其實是一段加密過的字串，附加在指令碼尾端作為註解；這些簽章係透過電腦中安裝的憑證所產生的。一旦我們將原則設為 AllSigned 或 RemoteSigned 時，接下來就只能執行經過正確簽署的指令碼了。簽署過的來源，可以讓 PowerShell 確信指令碼來自可靠的一方，而且真實作者的身分會與指令碼所宣稱的一致。指令碼的簽章看起來會像這樣：

```
# SIG # Begin signature block
# MIIEMwYJKoZIhvcNAQcCoIIEJDCCBCACAQExCzAJBgUrDgMCGgUAMGkGCisGAQQB
# gjcCAQSgWzBZMDQGCisGAQQBgjcCAR4wJgIDAQAABBAfzDtgWUsITrckOsYpfvNR
# AgEAAgEAAgEAAgEAAgEAMCEwCQYFKw4DAhoFAAQU6vQAn5sf2qIxQqwWUDwTZnJj
--snip--
# m5ugggI9MIICOTCCAaagAwIBAgIQyLeyGZcGA4ZOGqK7VF45GDAJBgUrDgMCHQUA
# Dxoj+2keS9sRR6XPl/ASs68LeF8o9cM=
# SIG # End signature block
```

　　如果你是在專業環境中建置和執行指令碼，就應加上簽章。筆者在這裡不會詳述如何做簽署處理，但我能找到的最佳觀念詮釋來源之一，是由 Carlos Perez 所撰述的「PowerShell Basics—Execution Policy and Code Signing」系列文章，原作是一位廣受歡迎的資安大師，原文刊在：https://www.darkoperator.com/blog/2013/3/5/powershell-basics-execution-policy-part-1.html

PowerShell 的指令碼處理

現在各位已經設好執行原則，該來寫一段真正的指令碼、並在主控台中執行看看了。任何純文字編輯器都可以拿來撰寫 PowerShell 指令碼（不論是 Emacs、Vim、Sublime Text 還是 Atom，記事本 Notepad 也行），但是撰寫 PowerShell 指令碼最方便的方式，是利用 PowerShell 整合式指令碼處理環境（Integrated Scripting Environment, ISE），或是微軟的 Visual Studio Code 編輯器。技術上來說，ISE 已經過氣了，但它是內建於 Windows 的現成工具，因此它可能是你一開始使用的編輯器。

使用 PowerShell ISE

要啟動 PowerShell ISE，請執行 3-11 的命令。

```
PS> powershell_ise.exe
```

清單 3-11：開啟 PowerShell ISE

於是會出現一個形同圖 3-2 的互動式主控台畫面。

圖 3-2：PowerShell ISE

要新增一段指令碼，請點選 **File ▶ New**。這時視窗左半邊會一分為二，上半部是空白區域、下半部是主控台，如圖 3-3 所示。

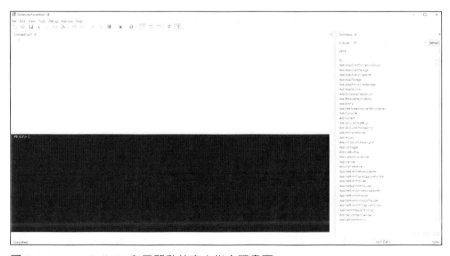

圖 3-3：PowerShell ISE 和已開啟的空白指令碼畫面

請點選 **File ▶ Save**，並另存一個新檔案，命名為 *WriteHostExample.ps1*。我自己是把這段指令碼存在 C: 磁碟機的根目錄之下，所以完整的檔案路徑會是 *C:\WriteHostExample.ps1*。注意，你儲存的指令碼副檔名是 *.ps1*；這等於告訴系統，檔案本身是一支 PowerShell 的指令碼。

現在你可以在空白區域輸入你的指令碼文字了。PowerShell ISE 允許在同一個視窗內同時進行指令碼的編輯和執行測試，這樣就省了來回在編輯和測試畫面間切換的麻煩。PowerShell ISE 的功能還有很多，但筆者在此不一一贅述。

PowerShell 的指令碼只是純文字檔案。它並不在意你是用何種文字編輯器撰寫的，只要內容遵循正確的 PowerShell 語法即可。

撰寫第一支指令碼

請使用任一種你偏好的編輯器，將清單 3-12 的內容鍵入。

```
Write-Host 'Hello, I am in a script!'
```

清單 3-12：指令碼的第一行內容

注意在這一行的開頭，沒有提示字樣 PS> 的蹤影。從這裡可以分辨出，我們是在主控台中操作、還是在撰寫指令碼。

要執行這段指令碼，請移到主控台，鍵入指令碼檔案所在路徑，如清單 3-13 所示。[譯註 2]

```
PS> C:\WriteHostExample.ps1
Hello, I am in a script!
```

清單 3-13：在主控台中執行 *WriteHostExample.ps1*

譯註 2　執行前請先記得把鍵入的內容用 File ▶ Save 存檔，不然指令碼檔案其實還沒有內容可以執行。眼尖的讀者應該會發現 ISE 工作列上有一個綠色三角形的播放鍵圖示，用途是執行空白區域裡的指令碼，如果你按下執行鍵時還未存檔，它會提醒你這樣做。

上例中我們以完整路徑執行了 *WriteHostExample.ps1*。如果你已經處於指令碼檔案所在的目錄，只需加上在檔名前面加上句號、指出檔案就在現行目錄之下，例如：`.\WriteHostExample.ps1`。

恭喜！你已經完成了第一支自己撰寫的指令碼了！也許它看起來不起眼，但卻是邁往正確方向的一大步。到本書結尾時，各位將會以長達數百行的指令碼定義出自己的 PowerShell 模組。

總結

在本章當中，我們學會了兩種極富意義的命令組合方式：管線和指令碼。大家也已看到如何更改執行原則，並從參數綁定的運作中解開了管線蘊藏的一些密技。我們也為撰寫更強大的指令碼奠定了基礎，但我們必須先談談其他的關鍵概念，才能真正開始撰寫。第 4 章會教大家如何透過 **if/then** 陳述式和 **for** 迴圈等控制流程結構，把程式碼改得更耐用。

CONTROL FLOW

4

控制流程

讓我們很快地複習一下。第 3 章時我們學到如何以管線及外部指令碼來組合命令。第 2 章時我們學過如何以變數來儲存資料值。利用變數的最大優點之一,就是你寫出來的程式有能力處理資料值的涵義所在:而不是直接處理數字 3 之類的資料值,舉例來說,你只需利用一個更一般化的變數名稱 $serverCount,就可以撰寫出一段程式碼來處理同樣性質的事物,不論是一部、兩部、還是上千部的伺服器。擁有撰寫一般化解決方案的能力,再加上將程式儲存成指令碼以便在多部電腦上執行的能力,兩者結合起來,就能以更龐大的規模去解決問題。

在真實世界當中,不論你處理的是一部、兩部、還是一千部伺服器,這一點都還是很重要。眼下我們還不具備因應以上狀況的好辦法:我們寫出來的指令稿只能單向執行(事實上是只能由上而下),而且無法根據你正在處理的特定資料值改變方向。在本章當中,各位會學到如何運用控制流程和條件邏輯,並根據你正在處理的資料值,寫出能執行不同順序指令的指令碼。讀到本章結尾時,各位會學到如何使用 if/then 陳述式、switch 陳述式、以及各種形式的迴圈,讓你的程式碼具備不可或缺的彈性。

理解控制流程

各位要試著撰寫一支指令碼，讓它讀取某個儲存在若干遠端電腦中的檔案。為了方便練習，請至本書資源網址 *https://github.com/adbertram/PowerShellForSysadmins/*，下載名為 *App_configuration.txt* 的檔案，並將其複製到幾部遠端電腦的 *C:* 磁碟機之下（如果你手邊沒有遠端電腦可以實驗，直接讀下去也無妨）。在本例中，我會以 SRV1、SRV2、SRV3、SRV4、SRV5 作為伺服器名稱。

要取得檔案內容，必須利用 Get-Content 這個命令，同時提供檔案所在路徑，作為參數 Path 所需的引數，如下所示：

```
Get-Content -Path "\\servername\c$\App_configuration.txt"
```

為初步測試起見，我們先把伺服器名稱儲存在一個陣列當中，再對陣列中的每個伺服器元素執行上述命令。請開啟一個新的 *.ps1* 檔案，再輸入清單 4-1 的程式碼。

```
$servers = @('SRV1','SRV2','SRV3','SRV4','SRV5')
Get-Content -Path "\\$($servers[0])\c$\App_configuration.txt"
Get-Content -Path "\\$($servers[1])\c$\App_configuration.txt"
Get-Content -Path "\\$($servers[2])\c$\App_configuration.txt"
Get-Content -Path "\\$($servers[3])\c$\App_configuration.txt"
Get-Content -Path "\\$($servers[4])\c$\App_configuration.txt"
```

清單 4-1：取得多部伺服器的檔案內容

理論上這段程式碼應該執行起來沒有問題。但是上例係假設執行環境中的每樣事物都是符合預期假設的。要是 SRV2 離線怎麼辦？要是某人忘記把 *App_configuration.txt* 搬進 SRV4 時會怎麼樣？如果他還放錯目錄呢？當然你可以針對每一台伺服器寫一段不同的程式碼，但這樣一來這個解決方案便算不上有調節能力，尤其是當你管理的伺服器越來越多時。你真正需要的程式碼，必須能根據面對的狀況改變執行方式。

這就是蘊藏在控制流程背後的基本概念，亦即程式碼應當有能力依照預定的邏輯，執行不同順序的指令。各位不妨把自己的程式碼想像成是按照既定途徑執行的。目前這條途徑是單純地從程式碼的第一行走到最後一行，但我們可以利用控制流程陳述式，替途徑加上一些岔路、或是讓它可以折返至某個點、甚至帶你跳過一整段的行數。藉著在指令碼中加上不同的執行路徑，就可以讓彈性大為提升，這樣即使是單一指令碼也能因應多種狀況。

我們先從最基本的控制流程型態開始：條件陳述式。

使用條件陳述式

在第 2 章時，我們已經學到了布林值的概念：非真即偽。各位可以利用布林值來建立條件陳述式，亦即告訴 PowerShell，要在某個運算式（即所謂的條件）評估為 True 或 False 的前提下，執行某一區塊內的程式碼。所謂條件就是一道是非題：伺服器是否超過 5 台？server 3 現在是否在線上？某個檔案路徑是否真的存在？要著手使用條件陳述式，我們先來看看如何把這類問題轉換成運算式。

利用運算子建立運算式

我們可以用比較運算子（*comparison operators*）寫出運算式，其目的就是把資料值拿來比較。要使用比較運算子，必須將其置於兩個資料值之間，就像這樣：

```
PS> 1 -eq 1
True
```

透過 -eq 運算子，就可以判斷兩個資料值是否相等。以下清單列出各位會用到的常見比較運算子：

-eq　　比較兩個資料值，如果相等時即傳回 True。

-ne　　比較兩個資料值，如果不相等時即傳回 True。

-gt　　比較兩個資料值，如果第一個值大於第二個值時，即傳回 True。

-ge　　比較兩個資料值，如果第一個值大於或等於第二個值時，即傳回 True。

-lt　比較兩個資料值，如果第一個值小於第二個值時，即傳回 True。

-le　比較兩個資料值，如果第一個值小於或等於第二個值時，即傳回 True。

-contains　如果第二個值位於第一個值「之中」時（或者說第一個值「包含」第二個值），即傳回 True。這個運算子可以用來判斷陣列中是否含有某個資料值。[譯註1]

PowerShell 其實還提供更多先進的比較運算子。筆者在此不一一詳述，但我鼓勵讀者們自行閱讀微軟的文件，網址如下，或是參閱 PowerShell 的說明（參閱第 1 章）：

https://docs.microsoft.com/powershell/module/microsoft.powershell.core/about/about_comparison_operators/

大家可以利用前述的運算子來比較變數和資料值。但運算式並非一定只能以比較式構成，有時候也可以把 PowerShell 的命令當成判斷條件。在上例中，我們可能需要知道某部伺服器是否在線上。這時就可以利用 Test-Connection 這個 cmdlet 來測試，看看伺服器是否有回應。通常 Test-Connection 的輸出會是一個充滿各種資訊的物件，但是如果加上參數 Quiet，就可以強迫該命令只傳回一個簡單的 True 或 False，同時以 Count 參數限制只做一次測試。

```
PS> Test-Connection -ComputerName offlineserver -Quiet -Count 1
False

PS> Test-Connection -ComputerName onlineserver -Quiet -Count 1
True
```

如果你想知道該伺服器是否離線，可以利用 –not 運算子，把 Test-Connection 運算式的結果從偽反轉為真：

```
PS> -not (Test-Connection -ComputerName offlineserver -Quiet -Count 1)
True
```

譯註 1　使用時常以陣列作為第一個值，藉以檢查第二個值是否為陣列元素之一。

現在你已經理解基本的運算式了，來看一個最簡單的條件陳述式。

if 陳述式

if 陳述式的內容很簡單：如果 *X* 為真、則去做 *Y* 這件事。就這樣而已！

要寫出一個 if 陳述，必須先用關鍵字 if 做開頭，然後接上一組以小括號框住的條件。緊接在運算式之後的，就是以大括號包覆的程式碼區塊。只有當運算式評估結果為真 True 時，PowerShellh 才會執行這個程式碼區塊。如果 if 運算式評估結果為 False、或是完全沒傳回任何內容，這個程式碼區塊就會被略過不處理。if/then 陳述式的基本語法如清單 4-2 所示。

```
if (condition) {
    # 如果狀況評估為 True 就執行這段程式碼
}
```

清單 4-2：*if* 陳述式語法

上例引進了一段新語法：就是井字號（#），其用途為註解，PowerShell 會忽略這段文字。透過註解，我們可以為自己或程式碼的其他讀者留下一些有用的線索和描述。

現在我們要回頭來重看清單 4-1 的程式碼，想想要如何利用 if 陳述式來確保程式碼不會嘗試去接觸一台不在線上的伺服器。在前一小節中，我們已見識到如何在運算式中使用 Test-Connection，以便取得 True 或 False，因此我們可以把 Test-Connection 命令包在一個 if 陳述式當中，然後才使用以下程式碼區塊裡的 Get-Content，藉此避免存取一台不在線上的伺服器。現在我們可以把處理第一篇伺服器的程式碼改寫一下，像清單 4-3 一樣。

```
$servers = @('SRV1','SRV2','SRV3','SRV4','SRV5')
if (Test-Connection -ComputerName $servers[0] -Quiet -Count 1) {
    Get-Content -Path "\\$($servers[0])\c$\App_configuration.txt"
}
Get-Content -Path "\\$($servers[1])\c$\App_configuration.txt"
--snip--
```

清單 4-3：利用 *if* 陳述，選擇性地取得伺服器內容由於 Get-Content 是放在 if 陳述式的程式碼區塊當中，就算你嘗試存取的是一台不在線上的伺服器，也不會發生任何錯誤；這是因為 if 運算式評估結果是 False（失敗），指令碼便會得知不要再繼續嘗試讀取該伺服器的檔案。只有當你確知某部伺服器在線上時，才會嘗試存取它。請注意，這段程式碼只會針對上線狀態為真這個事例進行處理。但是通常你會希望在條件判斷為真時進行某一種行為、但在判斷為偽時要進行另一種行為。下一小節我們就要來看看如何利用 else 陳述式來指定條件判斷為偽時的另一種行為。

else 陳述式

為了替我們的 if 陳述式加上另一個替代行為，必須在 if 區塊的右大括弧之後再加上關鍵字 else，然後再用一對大括弧框住另一個程式碼區塊。如清單 4-4 所示，當第一篇伺服器無回應時，就以 else 陳述式對主控台傳回一個錯誤訊息。

```
if (Test-Connection -ComputerName $servers[0] -Quiet -Count 1) {
    Get-Content -Path "\\$($servers[0])\c$\App_configuration.txt"
} else {
    Write-Error -Message "The server $($servers[0]) is not responding!"
}
```

清單 4-4：當條件評估結果為偽時，利用 *else* 陳述式執行另一段程式碼

如果你要處理的是兩個彼此互斥的狀況，**if/else** 陳述式就很有用。以上例中判斷的狀況來說，伺服器狀態不是上線就是離線；因此程式碼只需分岔成兩個途徑。接下來我們要看看如何處理更複雜的狀況。

elseif 陳述式

else 陳述式的運作方式有點像是統包剩下的一切：如果第一個 if 失敗，那無論其餘的狀況為何，都要照做指定動作。對伺服器不是上線就是離線這種二元條件而言，這樣判斷並無不妥。但有時你會需要處理更多的變化。舉例來說，假設你已得知有一部伺服器中並未包含你要找的檔案，而且也已把該伺服器名稱放在變數 $problemServer 當中（請自行在指令碼中加上這段程式碼！）。亦即除卻判斷伺服器是否上線之外，你還需要檢查目前處理到的伺服器，是否就是上述有問題的那一部。各位可以用巢狀的 if 來處理這種陳述式，如下所示：

```
if (Test-Connection -ComputerName $servers[0] -Quiet -Count 1) {
    if ($servers[0] -eq $problemServer) {
        Write-Error -Message "The server $servers[0] does not have the right file!"
    } else {
        Get-Content -Path "\\$servers[0]\c$\App_configuration.txt"
    }
} else {
    Write-Error -Message "The server $servers[0] is not responding!"
}
--snip--
```

但是同樣的邏輯其實還有更清爽的寫法，就是利用 elseif 陳述式，你可以靠它檢查額外的判斷條件，然後才進入 else 區塊的程式碼。elseif 區塊的語法跟 if 區塊的完全一樣。因此若要以 elseif 陳述式檢查有問題的伺服器，請嘗試清單 4-5 的程式碼。

```
if (-not (Test-Connection -ComputerName $servers[0] -Quiet -Count 1)) { ❶
    Write-Error -Message "The server $servers[0] is not responding!"
} elseif {($servers[0] -eq $problemServer) ❷
    Write-Error -Message "The server $servers[0] does not have the right file!"
} else {
    Get-Content -Path "\\$servers[0]\c$\App_configuration.txt" ❸
}
--snip--
```

清單 4-5：使用 *elseif* 區塊

注意，在此我們不但新增了 elseif；也變更了邏輯流程。這回我們首度引用了 -not 運算子 ❶ 來檢查伺服器是否離線。確定伺服器確已上線後，才繼續檢查它是否就是已標記為有問題的伺服器 ❷。如果都不是，這才引用 else 陳述式執行預設行為，也就是取得檔案 ❸。各位應該看得出來，要建構這樣的程式碼，其實有很多種方式。重點是程式碼可以如預期般運作，而且他人也要容易看得懂這段程式碼，不僅其他對這支程式陌生的同僚是如此，甚至是你自己在相隔甚久後回來審視時亦是如此。

你要隨便串幾個 elseif 陳述式都可以，這樣就可以處理很多種狀況。然而 elseif 陳述式的各個條件之間依舊是彼此互斥的：當一段 elseif 評估為真時，PowerShell 就只會執行屬於它的程式碼區塊，不會再去測試其他的狀況。以清單 4-5 為例，這種方式不會有問題，因為在你確認伺服器是否上線後，只需再測出是否正在處理有問題的伺服器即可，但是接下來要記住這個特性。

if、else 和 elseif 等陳述式非常善於處理簡單的是非題。在下一小節中，各位要學著處理若干稍微複雜些的邏輯。

switch 陳述式

讓我們把範例略做修改一番。假設你有 5 台伺服器，而且每一台伺服器放置檔案的路徑都不一樣。根據我們已學到的內容，各位需要為每部伺服器都寫一段 elseif 陳述式。這樣確實可以運作，但是其實有更清爽的寫法。

注意，現在我們要面對的條件已經不一樣。之前你要回答的是是非題，現在你面臨的卻是某件事物的特定資料值為何的選擇題：它是 SRV1 伺服器嗎？還是 SRV2 ？依此類推。如果你處理的只是一兩個特定資料值，用 if 就可以解決，但是在這裡，改用 switch 陳述式會清爽得多。

利用 switch 陳述式，可以依照不同的資料值執行各自的程式碼片段。其語法由關鍵字 switch 和一段以小括號框住的運算式組成。在 switch 區塊裡會有一系列的陳述式，而每個陳述式都對應一個資料值、加上一段以大括號框住的程式碼區塊，最後是一段 default 區塊，如清單 4-6 所示。

```
switch (expression) {
    expressionvalue {
        # 執行此處程式碼完成某事
    }
    expressionvalue {
    }
    default {
        # 如果沒有一個值符合就執行這裡的內容
    }
}
```

清單 4-6：switch 陳述式的範本

一段 switch 陳述式可以涵蓋幾乎無限種狀況的資料值（好吧，幾乎無限多種），如果運算式評估出來某個資料值，那麼屬於該資料值的程式碼區塊就會據此執行。重點是，它和 elseif 不同，PowerShell 在執行完一段 switch 的程式碼區塊後，還會繼續評估其他的狀況，除非你告訴它不要這樣做。如果沒有任何資料值符合評估出來的資料值，PowerShell 就會執行嵌在關鍵字 default 之後的程式碼。若要強迫 PowerShell 不要再繼續評估 switch 陳述式中其他的狀況，請在程式碼區塊尾端加上關鍵字 brcak，如清單 4-7 所示。

```
switch (expression) {
    expressionvalue {
        # 在此執行若干動作
        break
    }
--snip--
```

清單 4-7：在 *switch* 陳述式中使用關鍵字 *break*

關鍵字 break 可以用來把 switch 所列的狀態變成彼此互斥。回到我們先前 5 部伺服器的檔案路徑各自互異的範例。各位已知伺服器的資料值必定是單一的（亦即不能同時既是 SRV1 又是 SRV2），因此這時就可以放心引進 break 陳述式。改寫的指令碼會像清單 4-8 這樣。

```
$currentServer = $servers[0]
switch ($currentServer) {
    $servers[0] {
        # 檢查伺服器是否上線並取得 SRV1 路徑的內容
        break
    }
    $servers[1] {
        ## 檢查伺服器是否上線並取得 SRV2 路徑的內容
        break
    }

    $servers[2] {
        ## 檢查伺服器是否上線並取得 SRV3 路徑的內容
        break
    }
--snip--
```

清單 4-8：以 *switch* 陳述式檢查不同的伺服器

當然你也可以只靠 if 和 elseif 陳述式重寫這段程式碼（我鼓勵各位試一試！）。但是如果你要這樣寫，就變成要為清單中的每一部伺服器都重複同樣的一段程式碼架構，亦即你的指令碼會十分冗長。試想如果你要處理的不是 5 部、而是 500 部伺服器時是何慘狀？在下一小節當中，我們就要來學著利用最基本的控制流程結構之一，來解救自己於水火之中：它就是迴圈。

使用迴圈

電腦運行的首要鐵則：不要自己重複做苦工（Don't Repeat Yourself, DRY）。如果你發覺自己在重複做同樣的事情，就很有機會將其自動化。撰寫程式碼時亦同：如果你一直在重複引用同一段程式碼，應該會有更有效率的做法。

避免程式碼一再重複的做法之一，就是引用迴圈。迴圈可以讓你一再地執行程式碼，直到狀況有所變化。而停止條件（*stop condition*）則是用來執行迴圈若干次數，或是持續執行直到布林值有變為止，迴圈甚至也可以不間斷地永遠執行下去。每執行一輪迴圈，我們稱其為一次迭代（*iteration*）。

PowerShell 提供五種迴圈：foreach、for、do/while、do/until、還有 while。這一節我們就要來介紹每一種類型的迴圈，並介紹其獨特之處，同時指出它適用的場合。

foreach 迴圈

首先我們從各位可能在 PowerShell 中最常用到的迴圈類型開始介紹，就是 foreach 迴圈。一個 foreach 迴圈會逐一掃視清單中的所有物件，並針對每一個物件進行同樣的動作，直到處理完最後一個物件為止。這個物件清單通常是以陣列的方式呈現。當你對清單中的物件執行迴圈時，我們就說是正在迭代該清單。

當你必須對大量彼此有關的不同物件執行同樣的任務時，foreach 迴圈就很有用。讓我們回顧一下清單 4-1（這裡重現原本的程式碼）：

```
$servers = @('SRV1','SRV2','SRV3','SRV4','SRV5')
Get-Content -Path "\\$($servers[0])\c$\App_configuration.txt"
Get-Content -Path "\\$($servers[1])\c$\App_configuration.txt"
Get-Content -Path "\\$($servers[2])\c$\App_configuration.txt"
Get-Content -Path "\\$($servers[3])\c$\App_configuration.txt"
Get-Content -Path "\\$($servers[4])\c$\App_configuration.txt"
```

現在請暫時忽略前一小節加入的花俏邏輯，我們先來試試 foreach 迴圈。不過 foreach 迴圈跟 PowerShell 中其他的迴圈有一點十分不同：就是它有有三種用法：foreach 陳述式、ForEach-Object 的 cmdlet、或是 foreach() 方法。雖然它們用法類似，各位還是應該了解其中異同。在接下來的三個小節裡，我們會分別以每一種類型的 foreach 迴圈來改寫清單 4-1。

foreach 陳述式

首先來看陳述式類型的 foreach。清單 4-9 就是清單 4-1 的迴圈改寫版。

```
foreach ($server in $servers) {
    Get-Content -Path "\\$server\c$\App_configuration.txt"
}
```

清單 4-9：使用 *foreach* 陳述式

各位可以看出來，foreach 陳述式後面跟著一對小括號，內有三個元素，依序是變數、關鍵字 in、以及我們要迭代的物件或陣列。這裡的變數名稱可以任意自訂，不過筆者建議取個明顯易懂的名稱為佳。^{譯註 2}

隨著清單內的迭代，PowerShell 會把它正在處理的物件複製到變數當中。注意這個變數只是陣列元素的副本，你無法直接更改原有清單中的項目。要測試這一點，不妨試試以下程式碼：

```
$servers = @('SRV1','SRV2','SRV3','SRV4','SRV5')
foreach ($server in $servers) {
    $server = "new $server"
}
$servers
```

譯註 2　既然陣列是複數型的 $servers，其中的單一元素自然適合命名為單數型的 $server。

結果會像這樣：

SRV1
SRV2
SRV3
SRV4
SRV5

完全沒變！這是因為你修改的只不過是陣列中原始變數的副本。這是使用 foreach 迴圈（不分三種方式的哪一種）的缺點之一。為了直接更改原本的迴圈清單內容，必須改用其他類型的迴圈。

ForEach-Object 的 cmdlet

ForEach-Object 這個 cmdlet 就像 foreach 陳述式一樣，可以迭代一連串的物件，同時對物件執行動作。由於 ForEach-Object 是一個 cmdlet，你必須把物件的集合、還有要對物件完成的動作，都當成參數餵給它才行。

請看清單 4-10，觀察如何以 ForEach-Object 這個 cmdlet 完成與清單 4-9 一樣的事情。

```
$servers = @('SRV1','SRV2','SRV3','SRV4','SRV5')
ForEach-Object -InputObject $servers -Process {
    Get-Content -Path "\\$_\c$\App_configuration.txt"
}
```

清單 4-10：使用 *ForEach-Object* 的 cmdlet

這裡的內容稍有不同，所以我們來一一說明一下。注意 ForEach-Object 的 cmdlet 會引用 InputObject 參數。在上例中，我們把 $servers 陣列當成 InputObject 參數的引數，但實際上任何物件都可以當成引數，例如字串或是整數之類。如果以字串或是整數為引數，則 PowerShell 只會進行一次迭代。這個 cmdlet 另外還使用了參數 Process，其引數應該是一個指令碼區塊（scriptblock），其中含有你要對輸入物件中的每個元素執行的程式碼。（指令碼區塊其實不過就是你要整包傳遞給 cmdlet 的一個陳述式集合而已。）

各位也許還注意到清單 4-10 中的一個特異之處。它沒有像 foreach 陳述式那樣使用 $server 變數，而是改用了 $_ 這個新語法。這個特殊語法代表了管線中正在處理的現行物件。而 foreach 陳述式和 ForEach-Object 的 cmdlet，其最大的差別就是 cmdlet 可以接收來自管線的輸入。事實上，ForEach-Object 幾乎總是用 InputObject 參數去接收管線的輸入，就像這樣：

```
$servers | ForEach-Object -Process {
    Get-Content -Path "\\$_\c$\App_configuration.txt"
}
```

ForEach-Object 的 cmdlet 可以節省很多時間。

物件方法 foreach()

最後一個類型的 foreach 迴圈，就是物件方法 foreach()，這是 PowerShell V4 之後的新進功能。PowerShell 中所有的陣列物件都含有 foreach() 這個方法，因此可以輕易完成和 foreach 及 ForEach-Object 一樣的效果。foreach() 方法可以接收一整個指令碼區塊作為參數的引數，而區塊內包含的就是每一輪迭代要執行的程式碼。就像 ForEach-Object 一樣，也可以沿用 $_ 來捕捉現行迭代的物件，如清單 4-11 所示。

```
$servers.foreach({Get-Content -Path "\\$_\c$\App_configuration.txt"})
```

清單 4-11：利用物件方法 *foreach()*

一般公認物件方法 foreach() 使用起來會比另外兩者快上許多，在處理大量的資料集合時效果尤為顯著。筆者建議各位儘量採用此一方式，而不要使用另外兩種。

foreach 迴圈十分適合用來逐一處理個別物件的任務。但如果你想做的其實是更簡單的事情呢？如果你只是想以特定次數執行任務時又當如何？

for 迴圈

如欲執行特定次數的程式碼，就要利用 for 迴圈。清單 4-12 顯示了基本的 for 迴圈語法。

```
for (❶$i = 0; ❷$i -lt 10; ❸$i++) {
  ❹ $i
}
```

清單 4-12：一個簡單的 *for* 迴圈

一個 for 迴圈含有四個元素：首先宣告需要迭代的變數 ❶、其次是持續執行迴圈的狀態條件 ❷、再來是每一輪迴圈執行成功後要對迭代變數做的動作 ❸、最後是每一輪要執行的程式碼 ❹。在上例中，我們先把迭代變數 $i 的起始值訂為 0。然後檢查 $i 是否還小於 10；如果還小於 10，就執行大括號內的程式碼，也就是把 $i 印出來。執行成功後，我們把 $i 遞增 1❸，然後再回頭檢查它是否還小於 10❷。這個過程會持續到 $i 不再小於 10 為止，亦即迭代了 10 次。

這樣的 for 迴圈可以執行任意次數的任務，只需替換其中的條件 ❷ 以滿足你的需求即可。但是 for 迴圈的用法其實很多，其中最厲害的一點就是它可以操作陣列中的物件。先前我們見識過 foreach 迴圈無法更改陣列元素。現在我們改用 for 迴圈再試一次：

```
$servers = @('SERVER1','SERVER2','SERVER3','SERVER4','SERVER5')
for ($i = 0; $i -lt $servers.Length; $i++) {
    $servers[$i] = "new $server"
}
$servers
```

嘗試執行看看。這回伺服器名稱應該都改過來了。

當我們需要同時處理陣列中的多個元素時，for 迴圈也很好用。舉例來說，我們知道 $servers 陣列中的元素是有順序的，而你想知道哪一部伺服器在先、何者又在後的時候。於是可以這樣運用 for 迴圈：

```
for (❶$i = 1; $i -lt $servers.Length; $i++) {
    Write-Host $servers[$i] "comes after" $servers[$i-1]
}
```

注意這裡我們把迭代變數的起始值訂為 1❶。原因是要確保不致於操作到第一個元素之前的伺服器^{譯註 3}，這樣答案會是錯的。

在本書後面我們還會看到，`for` 迴圈是非常強大的工具，用途也不僅限於這裡的簡單示例而已。但目前我們先繼續看下一個類型的迴圈。

while 迴圈

while 迴圈是最簡單的迴圈：當某條件為真時，就做某件事。為了體驗一下 while 迴圈的語法，我們來重寫一下清單 4-12 的 `for` 迴圈，如清單 4-13 所示。

```
$counter = 0
while ($counter -lt 10) {
    $counter
    $counter++
}
```

清單 4-13：一個用 *while* 迴圈做的簡單計數器

各位可以看出來，要使用 while 迴圈，只需把需要評估的條件放在小括弧裡、再把要執行的程式放在大括弧裡，就這樣。

當我們無法事先決定迴圈需要迭代的次數的時候，while 迴圈是最合適的。假設你有一部 Windows 伺服器（仍然稱其為 $problemServer），常常不定時離線。但其中有一個檔案是你非拿到不可的，而你又不想三不五時地去檢查該伺服器是否上線。這時就可以利用 while 迴圈把過程自動化，就像清單 4-14 一樣。

```
while (Test-Connection -ComputerName $problemServer -Quiet -Count 1) {
    Get-Content -Path "\\$problemServer\c$\App_configuration.txt"
    break
}
```

清單 4-14：利用 *while* 迴圈處理有問題的伺服器

譯註 3　其實如果陣列索引是 -1，取出的是倒數第一個陣列元素，而非第一個元素前面還有其他元素。

利用 while 迴圈取代 if，就可以一再地重複檢查服務是否上線。然後當你取得所需的內容時，就可以跳脫（break out）迴圈，結束對伺服器的檢查動作。關鍵字 break 可以用來中斷任何一種迴圈的執行。特別是當你運用最常見的 while($true) 迴圈的時候。如果以 $true 為判斷條件，這個 while 迴圈就會不斷地輪迴下去，直到你用 break 或鍵盤輸入加以中斷為止。

do/while 和 do/until 兩種迴圈

另外兩種和 while 類似的迴圈，是 do/while 和 do/until。兩者基本上是相反的：do/while 會在 *while* 判斷條件為真時做某件事，但 do/until 則是持續做某件事，直到（*until*）條件為真為止。

一個空白的 do/while 迴圈會像這樣：

```
do {

    } while ($true)
```

如上例所示，do 程式碼出現在 while 條件之前。而 while 迴圈與 do/while 迴圈的主要差別，就在於後者是先執行程式碼、然後才評估條件是否有變的。

這在特定的狀況下特別有用，尤其是當你不斷地接收到來自某個來源的輸入、需要加以評估的時候。例如你想提示使用者，詢問他們最喜愛的程式語言，便可以利用清單 4-15 的程式碼。這裡使用的是 do/until 迴圈：

```
do {
    $choice = Read-Host -Prompt 'What is the best programming language?'
} until ($choice -eq 'PowerShell')
Write-Host -Object 'Correct!'
```

清單 4-15：使用一個 *do/until* 迴圈

do/while 和 do/until 迴圈其實十分相似。也就是說，通常僅須把條件反過來，就可以用另一種迴圈完成一樣的動作。

總結

我們在這一章談了不少東西。各位學到了控制流程的內容，以及如何利用條件邏輯為程式碼引進替代執行路徑。各位也見識了各種類型的控制流程陳述式，如 if 和 switch 陳述式，foreach、for 和 while 迴圈等等。最後我們也藉機學了一些實用的技巧，以 PowerShell 來檢測伺服器是否上線、能否取用其檔案等等。

條件邏輯也可以用來處理錯誤，但我們其實還缺一些東西尚未介紹。第 5 章會讓大家進一步地檢視錯誤，並介紹若干處理錯誤的技術。

ERROR HANDLING

5

錯誤處理

我們已經學過如何運用變數和控制流程結構來寫出富於彈性的程式碼，足以因應真實世界中的種種不完美（諸如該出現時卻離線的伺服器、跑錯地方的檔案之類的）。這類的事情是你可以預期、也可以正確處理的。但是你終究無法預料到每一種可能的錯誤。總是會有意外會打斷你的程式碼運作，而你能做到的，就是寫出好的程式碼，讓中斷變得有意義。

這就是蘊藏在錯誤處理（*error handling*）背後的基本前提，亦即開發者用來讓程式碼變得更善於預測和因應錯誤（或者說處理錯誤的相關技術）。各位可從本章學到最基本的錯誤處理技術。首先，你必須深入理解錯誤本身，辨別所謂的終止錯誤和非終止錯誤。然後各位要學會使用 `try/catch/finally` 結構，最後則是學會 PowerShell 的自動錯誤變數。

處理例外情況與錯誤

在第 4 章時，我們已學過了控制流程，也知道如何在程式碼中置入不同的執行途徑。當程式碼發生問題時，會破壞正常的流程；這種會破壞流程的事件，我們稱之為例外情況（*exception*）。諸如數字除以零、嘗試取用一個不再陣列範圍內的元素、或是想要開啟一個不存在的檔案等等，這類錯誤都會讓 PowerShell 拋出一個例外情況。

一旦拋出了例外情況，如果你不做任何因應，PowerShell 就會加上額外的資訊、然後打包成錯誤訊息呈現給使用者。PowerShell 的錯誤分兩類。第一類稱為終止錯誤（*terminating error*）：亦即會導致程式碼停止執行的錯誤。例如你有一支名為 *Get-Files.ps1* 的指令碼，它會找出特定資料夾中的檔案清單，然後對每個檔案進行相同的操作。萬一指令碼找不到這個資料夾（也許有人移動了資料夾、或是更動了名稱）你就會需要一個終止錯誤，因為既然程式碼無法找到所有的檔案、也就無法完成任何操作。但是，如果只是其中一個檔案受損而已呢？

當你嘗試取用一個受損檔案時，會出現另一種例外情況。但是因為你是對每一個檔案個別進行相同的操作，這時就沒有理由讓一個受損的檔案把其他的操作都擋下來。在這個情況下，你就必須寫出一種程式碼，會把單一受損檔案造成的例外情況視為非終止錯誤（*nonterminating error*），亦即沒有嚴重到要把剩下的程式碼都放棄執行的地步。

在面對非終止錯誤時，其錯誤處理行為通常就是輸出一筆有用意的錯誤訊息，然後繼續處理剩下部份的程式。很多 PowerShell 的內建命令就是這樣運作的。舉例來說，假設你想要檢查三個 Windows 服務的狀態：bits、foo 和 lanmanserver。只需執行 Get-Service 命令一次，就能同時檢查三個服務的狀態，如清單 5-1 所示。

```
PS> Get-Service bits,foo,lanmanserver
Get-Service : Cannot find any service with service name 'foo'.
At line:1 char:1
+ Get-Service bits,foo,lanmanserver
+ ~~~~~~~~~~~~~~~~~~~~~~~~~~~~~~~~~~
+ CategoryInfo          : ObjectNotFound: (foo:String) [Get-Service],
ServiceCommandException
+ FullyQualifiedErrorId : NoServiceFoundForGivenName,
                          Microsoft.PowerShell.Commands.GetServiceCommand
```

```
Status    Name                 DisplayName
------    ----                 -----------
Running   bits                 Background Intelligent Transfer Ser...
Running   lanmanserver         Server
```

清單 5-1：一個非終止的錯誤

當然了，現實中是沒有 foo 這個服務的，因此 PowerShell 就告訴你這個事實。但是 PowerShell 仍舊取得了另外兩個服務的狀態；它並未在遇到錯誤後中斷執行。這個非終止錯誤也可以轉換成終止錯誤，以阻止剩下的程式碼繼續執行。

這裡的重點是，只有原開發人員才能決定是要把一個例外狀況視為非終止錯誤、抑或是終止錯誤。以清單 5-1 為例，這個決策是由 cmdlet 的原作者自行決定的，而不是由使用 cmdlet 的你決定。通常如果 cmdlet 發生例外情況，它就會傳回一個非終止錯誤，並將錯誤訊息輸出至主控台，然後讓指令碼繼續執行。在下一小節裡，我們就要來學習幾種把非終止錯誤轉換成終止錯誤的手法。

非終止錯誤的處理

假設你需要寫一支簡單的指令碼，它必須能夠進入一個已知有若干純文字檔案存在的資料夾，然後把這些檔案的第一行文字顯示出來。如果資料夾不存在，指令碼必須立即結束、並回報錯誤；抑或是發生其他種錯誤時，指令碼必須能夠繼續執行、但仍需回報錯誤。

各位可以先從試著寫出一支會傳回終止錯誤的指令碼著手。清單 5-2 顯示的便是我們首度的嘗試。（雖說我已將程式碼濃縮得更簡潔，但為了教學起見，我還是把以下的步驟儘量寫得清楚易懂。）

```
$folderPath = '.\bogusFolder'
$files = Get-ChildItem -Path $folderPath
Write-Host "This shouldn't run."
$files.foreach({
    $fileText = Get-Content $files
    $fileText[0]
})
```

清單 5-2：以 *Get-Files.ps1* 指令碼首度嘗試處理錯誤

上例使用了 Get-ChildItem 來取出你指定路徑（也就是虛構的 bogusFolder 資料夾）之下的所有檔案。如果你執行以上指令碼，應該就會看到以下的錯誤：

```
Get-ChildItem : Cannot find path 'C:\bogusFolder' because it does not exist.
At C:\Get-Files.ps1:2 char:10
+ $files = Get-ChildItem -Path $folderPath
+          ~~~~~~~~~~~~~~~~~~~~~~~~~~~~~~~~
+ CategoryInfo : ObjectNotFound: (C:\bogusFolder:String) [Get-ChildItem],
ItemNotFoundException
    + FullyQualifiedErrorId : PathNotFound,Microsoft.PowerShell.Commands.
GetChildItemCommand
This shouldn't run.
```

各位應該看得出來，上例發生了兩件事：首先是 PowerShell 傳回了一個錯誤，其中指出了例外情況的類型（ItemNotFoundException），然後它呼叫 Write-Host 執行。這代表你看到的是一個非終止錯誤。

為了把上例中的錯誤轉換成終止錯誤，必須加上 ErrorAction 這個參數。這是一個一般參數（*common parameter*），亦即 PowerShell 中所有的 cmdlet 都具備這個參數。當執行有問題的 cmdlet 遇到非終止錯誤時，ErrorAction 參數會決定要採取何種因應動作。該參數有五種主要選項：

Continue　輸出錯誤訊息並繼續執行 cmdlet。這是參數的預設值。

Ignore　繼續執行 cmdlet，而且既不輸出錯誤訊息、也不將錯誤訊息紀錄在 $Error 變數當中。

Inquire　輸出錯誤訊息，並提示使用者輸入一些內容後才繼續。

SilentlyContinue　繼續執行 cmdlet，不會輸出錯誤訊息，但會把它紀錄在 $Error 變數當中。

Stop　輸出錯誤訊息，同時終止 cmdlet 的執行。

本章稍後還會再談到 $Error 變數。目前各位只需記住，把 Stop 傳給 Get-ChildItem 就好[譯註 1]。請更新你的程式碼並再度執行它，這時應該會看到和上例一樣的錯誤訊息，但不會出現 This shouldn't run 的字樣。

譯註 1　亦即改寫為 $files = Get-ChildItem -Path $folderPath -ErrorAction Stop。

參數 ErrorAction 在控制個別案例的錯誤行為時特別有用。為了改變 PowerShell 處理所有非終止錯誤的方式，我們可以利用 $ErrorActionPreference 變數，這個自動變數會控制所有非終止錯誤的預設行為。原本 $ErrorActionPreference 的預設值是 Continue。但是請注意，個別 cmdlet 的 ErrorAction 參數設定會壓過 $ErrorActionPreference 的設定值。

通常我會考慮把 $ErrorActionPreference 永久訂為 Stop，把非終止錯誤的概念去掉，才是最佳實務的做法。這樣一來，你就可以捕捉所有類型的例外情況，不必再去煩惱說還要判斷哪一種才是終止或非終止錯誤。當然你也可以替個別的命令加上 ErrorAction 參數，以便更精細地定義那些命令應該傳回終止錯誤，但我寧可一次把所有模式都固定下來，然後就不用去傷腦筋說還得替每一個呼叫的命令加上 ErrorAction 參數。

現在我們要來看看如何以 try/catch/finally 結構處理終止錯誤。

終止錯誤的處理

要避免終止錯誤導致程式中斷，你必須設法捕捉（*catch*）這類錯誤。這時就要用到 try/catch/finally 結構。其語法請參見清單 5-3。

```
try {
    # 初始程式碼
} catch {
    # 如果發現終止錯誤時應執行的程式碼
} finally {
    # 最終應執行的程式碼
}
```

清單 5-3：*try/catch/finally* 結構的語法

引進 try/catch/finally，基本上就是張起一副錯誤處理的安全網。try 區塊含有你原本要執行的程式碼；如果真的發生了終止錯誤，PowerShell 就會把流程轉向 catch 區塊的程式碼。不論 catch 中的程式碼是否執行，finally 裡的部份是無論如何都一定會執行的，同時請注意 finally 區塊並非絕對必要，但是 try 和 catch 則是必要的。

為了進一步體驗 try/catch/finally 的能與不能，我們重新再看一次 *Get-Files.ps1* 這支指令碼。你可以靠著 try/catch 陳述式取得更為清晰的錯誤訊息，如清單 5-4 所示。

```
$folderPath = '.\bogusFolder'
try {
    $files = Get-ChildItem -Path $folderPath -ErrorAction Stop
    $files.foreach({
        $fileText = Get-Content $files
        $fileText[0]
    })
} catch {
    $_.Exception.Message
}
```

清單 5-4：使用 *try/catch* 陳述式處理終止錯誤

一旦 catch 區塊捕捉到終止錯誤，這個錯誤物件本身便被放進 $_ 變數當中。在上例中，我們以 $_.Exception.Message 擷取出例外情況的訊息。而上例程式碼傳回的訊息應該只會有 Cannot find path 'C:\bogusFolder' because it does not exist 這一句而已。錯誤物件本身當然還包含其他資訊，例如拋出的例外情況屬於何種類型、以及會把例外情況拋出之前的程式碼執行歷史顯示出來的堆疊追蹤（stack trace）等等。但是目前各位需要知道的最重要訊息，就是 Message 這個屬性，因為它通常含有你需要的基本資訊，以便得知程式碼中究竟發生了什麼事。

現在你的程式碼應該會如預期般運作。因為我們把 Stop 作為引數傳給了 ErrorAction 參數，因此資料夾不存在這件事一定會造成一個終止錯誤、然後把這個錯誤「接住」。但如果錯誤是發生在 Get-Content 要取用檔案的時候呢？

為實驗起見，請執行以下程式碼：

```
$filePath = '.\bogusFile.txt'
try {
    Get-Content $filePath
} catch {
    Write-Host "We found an error"
}
```

各位應該只會看到來自 PowerShell 的錯誤訊息，而非我們寫在 catch 區塊中的自訂訊息。這是因為 Get-Content 在找不到檔案時傳回的是非終止錯誤，而 try/catch 卻只能攔截終止錯誤的緣故[譯註2]。亦即清單 5-4 中的程式碼運作是合乎預期的——任何取用檔案本身時的錯誤都不會造成程式執行中斷，只是會回到主控台而已。

注意以上程式碼都還未用到 finally 區塊。如果需要加上能夠進行善後作業的程式碼，例如關閉已開啟的資料庫連線、清除 PowerShell 的遠端工作執行階段等等，finally 區塊就是這類內容的最佳去處。但上例沒有需要用到這類程式碼。

探索自動變數 $Error

綜觀本章，我們已經強制讓 PowerShell 傳回許多錯誤資訊。不論是終止還是非終止錯誤，其內容都會儲存在一個 PowerShell 自動變數之中，也就是 $Error。$Error 變數是一個內建的變數，其用途就是把所有現行 PowerShell 工作階段中累積的錯誤訊息都以陣列的形式儲存起來，並依照發生的時間依序存入。

要展示 $Error 變數的作用，我們回到主控台，並執行一個已知一定會傳回非終止錯誤的命令（清單 5-5）。

```
PS> Get-Item -Path C:\NotFound.txt
Get-Item : Cannot find path 'C:\NotFound.txt' because it does not exist.
At line:1 char:1
+ Get-Item -Path C:\NotFound.txt
+ ~~~~~~~~~~~~~~~~~~~~~~~~~~~~~~~~
+ CategoryInfo : ObjectNotFound: (C:\NotFound.txt:String) [Get-Item],
ItemNotFoundException
    + FullyQualifiedErrorId : PathNotFound,Microsoft.PowerShell.Commands.GetItemCommand
```

清單 5-5：示範的錯誤訊息

現在，在同一個 PowerShell 工作階段裡檢視 $Error 變數看看（清單 5-6）。

譯註2　記得嗎？清單 5-4 為 Get-ChildItem 命令加上了 -ErrorAction，迫其成為終止錯誤，所以 catch 才能捕捉到錯誤。

```
PS> $Error
Get-Item : Cannot find path 'C:\NotFound.txt' because it does not exist.
At line:1 char:1
+ Get-Item -Path C:\NotFound.txt
+ ~~~~~~~~~~~~~~~~~~~~~~~~~~~~~~~~
+ CategoryInfo : ObjectNotFound: (C:\NotFound.txt:String) [Get-Item],
ItemNotFoundException
    + FullyQualifiedErrorId : PathNotFound,Microsoft.PowerShell.Commands.GetItemCommand
--snip--
```

The *$Error* variable

除非你的工作階段是剛開啟的，不然你應該會看到一長串的錯誤訊息[譯註3]。為了觀看特定的錯誤訊息，必須像取得一般陣列元素那樣，利用索引註記（index notation）擷取。$Error 中的錯誤訊息是累加的，越新的訊息位置越前面，因此 $Error[0] 會是最新的訊息、$Error[1] 是次新的，依此類推。

總結

PowerShell 的錯誤處理是一項十分廣泛的主題，而本章僅僅是略提了一下基本內容而已。如果各位想要深入研究，請執行 Get-Help about_try_catch_finally 來研讀 about_try_catch_finally 這個說明主題。另一個絕佳的資源是 DevOps Collective 的 Dave Wyatt 所著的《*Big Book of PowerShell Error Handling*》（https://leanpub.com/thebigbookofpowershellerrorhandling/）。

本章的重點為，理解終止與非終止錯誤的差異、對於 try/catch 陳述式的運用、以及各種 ErrorAction 選項等等，這些都可以幫各位建立必要的技能，以便處理程式碼拋出的任何錯誤訊息。

到目前為止，各位所完成的事情都是以單獨一個程式碼區塊完成的。在下一章裡，我們要來學習如何將程式碼編組成個別的可執行單元，也就是函式（*functions*）。

譯註3　如果你只想看最新一筆錯誤訊息中的原始例外情況資訊，也可以用 $Error[0].Excception.Message 將其擷取出來。如果不加上索引，就會把累積所有每一條錯誤訊息的例外情況資訊都抽出來。

6

撰寫函式

到目前為止，我們寫出來的程式碼都像是一維空間裡的直線：指令碼只有單一任務。雖然對於一個只需取用資料夾中檔案的指令碼來說，這樣就已足夠，但你在撰寫更為堅固耐用的 PowerShell 工具時，一定會希望程式碼可以做不只一件事。沒有人會說你不能在指令碼中放進更多內容。我們大可寫出長達數千行的程式碼，並執行成百的任務，卻全部包在一個連續不間斷的程式碼區塊當中。然而這支指令碼讀起來必然一團亂，用起來也不方便。當然我們也可以改成把每項任務放進它自己的指令碼，但這樣一來未免又太過瑣碎。你需要的是一種可以執行多種任務的工具、而不是一百種只能執行單一任務的工具。

要達到上述目的，你必須把每個任務獨立為函式（*function*），而函式就是一段有標記的程式碼、只負責單一任務。函式只需定義一次。我們會寫出一段程式碼來解決特定的問題，然後將其儲存成函式，隨後再遇到相同的問題時，就儘管再度引用（也可以說成呼叫（*call*））這個函式來解決問題。函式大幅度提升了程式碼的可用性與可讀性，使用起來也容易得多。在本章中，各位就要來學習撰寫函式、替函式加上參數並加以管理、同時把函式改成可以接收管線輸入。但是首先我們要來了解一些常用名詞。

函式與 Cmdlets

如果函式的概念聽起來似曾相識，應該是因為它和各位先前在本書中已經用慣了的 cmdlet 有點相像，像是 Start-Service 和 Write-Host 之類的。這些 cmdlet 也是帶有名稱的一段程式碼，可以用來解決單一問題。但是函式與 cmdlet 之間的差異，在於二者各自是如何建構的。一個 cmdlet 並非以 PowerShell 撰寫而成。它通常以另一種程式語言撰寫，例如 C#，然後經過編譯、再提供給 PowerShell 備用。而函式則是以 PowerShell 自身的簡易指令碼寫好的。

如果要觀察哪些命令屬於 cmdlet、那些又是函式，可以利用 Get-Command 這個 cmdlet 和 CommandType 參數，如清單 6-1 所示。

```
PS> Get-Command –CommandType Function
```

清單 6-1：顯示可用的函式

上述命令會顯示 PowerShell 工作階段中所有已載入的函式，或是屬於哪些 PowerShell 可用模組（第 7 章會介紹模組）。如欲觀看其他函式，可以把名稱貼到主控台中，再將其加入至既有模組，或是以 *dot source* 引用（稍後就會談到）。

有了這些認識之後，讓我們開始寫函式吧。

定義函式

在函式可供使用前，必須先加以定義。要定義一支函式，必須使用關鍵字 function，再加上一個望文生義的使用者自訂名稱，然後是一對大括號。大括號中包含的則是你要 PowerShell 函式執行的指令碼區塊。清單 6-2 便在主控台中定義了一支基本函式，並執行該函式做為示範。

```
PS> function Install-Software { Write-Host 'I installed some software, Yippee!' }
PS> Install-Software
I installed some software, Yippee!
```

清單 6-2：撰寫一支簡單函式，藉以在主控台顯示訊息

我們定義的這個函式 Install-Software，使用了 Write-Host 在主控台中顯示文字訊息。一旦完成定義，我們就可以直接引用其名稱，以便執行其指令碼區塊中的程式碼。

函式的名稱至關緊要。當然你想為函式取什麼名字都無所謂，但是名稱應該要能描述出該函式的作為。PowerShell 函式的命名慣例同樣遵循動詞 - 名詞的語法，這也是一般公認應當遵循的最佳實務做法，除非另有考量。想要知道有哪些動詞可供引用，可以用 Get-Verb 命令觀看可用的動詞清單。名詞則通常以你要處理的實體單數名稱來命名，以上例來說，就是 software。

如果想更改函式的行為，可以重新加以定義，如清單 6-3 所示。

```
PS> function Install-Software { Write-Host 'You installed some software, Yay!' }
PS> Install-Software
You installed some software, Yay!
```

清單 6-3：重新定義 *Install-Software* 函式以變更其行為

現在你已重新定義了 Install-Software，它執行時也會顯示略為不同的訊息。

函式可以在指令碼中定義、或是直接在主控台鍵入。以清單 6-2 來說，這支函式很小，因此在主控台中直接鍵入定義並不構成問題。但大多數時候的函式規模都會大得多，這時將其先定義在指令碼或模組中，然後透過對指令碼或模組的呼叫，就可以將函式載入記憶體，這樣用起來會容易得多。各位可以想像一下，如果每次需要小幅修改函式時，都要像清單 6-3 一樣從頭鍵入全部內容，顯然不是件令人樂意的事。

在本章接下來的篇幅裡，我們會逐步擴充 Install-Software 函式，讓它可以接收參數和管線輸入。筆者建議各位打開自己愛用的編輯器，然後把函式儲存在一個 *.ps1* 檔案裡，以便本章練習之用。

為函式加上參數

PowerShell 的函式可以擁有任意數量的參數。當你建立自己的函式時，可以自由決定是否要加上參數、並決定參數運作的方式。參數可以是強制的（mandatory）或是選用的（optional），而且可以接收任何內容作為引數，或是強制只能以有限的清單內容項目之一作為引數。

舉例來說，你要以 Install-Software 安裝的虛構軟體可能會有數個版本，但目前的 Install-Software 函式並沒有選項可以讓使用者決定要安裝何種版本。如果你自己是唯一會使用該函式的人，當然可以在每次要安裝特定版本時重新定義函式，但是這樣又很浪費時間，而且很可能在過程中出錯，更遑論你還希望別人也可以引用你的程式碼呢（每天被嫌工具不好用的滋味可不好受）！

在函式中引進參數，可以提升其可變性。就像你用變數寫出的指令碼、能處理同一事態的多種版本一樣，參數也可以讓你寫出單一函式、能以不同方式處理相同的事物。在本例中，你希望可以安裝相同軟體的多種版本，而且要可以裝在多部電腦上。

我們先來嘗試替函式加入一個參數，讓你或其他使用者可以指定要安裝的版本。

建立一個簡單的參數

在函式中建立參數時，需要用到一個 param 區塊，它會包含所有函式所需的參數。定義 param 區塊時，只需使用關鍵字 param 和一對小括號，如清單 6-4 所示。

```
function Install-Software {
    [CmdletBinding()]
    param()

    Write-Host 'I installed software version 2. Yippee!'
}
```

清單 6-4：定義一段 *param* 區塊

此時這個函式的實際功能還未變更。你只不過是加上了一個可以為函式準備參數的途徑而已。然後你會寫一道 Write-Host 命令來暫代軟體安裝的動作，以便先專心撰寫函式的前半部定義。

(NOTE) 在本書的範例中，我們撰寫的一律都是進階的函式。當然也有相對的基本函式，但是基本函式如今都只會用在一些規模較小的場合。這其間的差異一時也說不盡，但如果各位看到像上例中位於函式名稱下面參照的 [CmdletBinding()]、或是一個以 [Parameter()] 定義的參數，就可以確知這是一個進階函式。

一旦你加上了 param 區塊，就可以在它的小括號中間加上各種參數的定義，如清單 6-5 所示。

```
function Install-Software {
    [CmdletBinding()]
    param(
  ❶ [Parameter()]
  ❷ [string] $Version
    )

  ❸ Write-Host "I installed software version $Version. Yippee!"
}
```

清單 6-5：建立一個參數

在 param 區塊裡，首先要定義一個 Parameter 區塊 ❶。像上例中的空白 Parameter 區塊沒有任何作為，但卻是必要的（筆者在下一小節會說明如何使用它）。

我們先研究位在參數名稱前面的 [string] 類型 ❷。把參數的類型放在中括號當中、再放在參數的變數名稱前面，就可以轉換變數，讓 PowerShell 嘗試把傳遞給這個參數的任何資料職轉換成字串。如果資料值不是字串的話。任何在這裡以 $Version 的形式被傳進來的內容都會被視為以字串處理。轉換變數的類型並非強制，但我鄭重建議如此，因為明確地定義其類型，可以大幅減少未來發生錯誤的機會。

此外，我們也把 $Version 放到了列印陳述式裡 ❸，亦即當你執行 Install-Software 命令並加上參數 Version、同時將版本編號傳給該參數作為引數時，應該就會看到一段陳述句印出來，如清單 6-6 所示。

```
PS> Install-Software -Version 2
I installed software version 2. Yippee!
```

清單 6-6：將參數傳遞給函式

現在你已替函式定義出一個可以運作的參數了。我們接著來研究參數還
能做些什麼。

強制性參數的屬性

我 們 可 以 在 Parameter 區 塊 中 控 制 各 種 的 參 數 屬 性（*parameter
attributes*），以便變更參數的行為。舉例來說，如果你希望每個呼叫參數
的人都一定要傳入一個既定參數，就可以把該參數訂為 Mandatory。

根據預設值，參數都一定是選用的。讓我們試著在 Parameter 區塊中加
上關鍵字 Mandatory，藉以強制使用者一定要傳入版本資訊，如清單 6-7
所示。

```
function Install-Software {
    [CmdletBinding()]
    param(
        [Parameter(Mandatory)]
        [string]$Version
    )

    Write-Host "I installed software version $Version. Yippee!"
}
Install-Software
```

清單 6-7：使用一個強制性參數

如果你執行這個函式但未加上參數 Version，就會得到以下提示：

```
cmdlet Install-Software at command pipeline position 1
Supply values for the following parameters:
Version:
```

只要你指定了 Mandatory 屬性，那麼執行函式時要是忘了加上參數內容，
它就會暫停執行，直到使用者把輸入補上為止。函數會等待使用者指定

Version 參數所需的引數，只要輸入完畢，PowerShell 就會繼續執行函式。為了避免被提示中斷執行，只需在呼叫函式時以 *-ParameterName* 語法附上參數資料值即可，如 Install-Software -Version 2。

參數預設值

各位也可以在定義參數時順便加上它的預設值。如果你希望大多數時間的情況下都可以有預設值自動傳給參數，這就很方便。舉例來說，如果你在百分之 90 的情況下都會安裝第 2 版的軟體，就不會想在每次執行函式時還要特別去指定版本參數值為 2，可以把 $Version 參數的預設值訂為 2，如清單 6-8 所示。

```
function Install-Software {
    [CmdletBinding()]
    param(
        [Parameter()]
        [string]$Version = 2
    )

    Write-Host "I installed software version $Version. Yippee!"
}
Install-Software
```

清單 6-8：使用預設參數值

就算有預設值，也不妨礙你改成傳入其他不一樣的參數資料值。任何傳入值都會覆蓋掉預設值。

增加參數驗證屬性

除了讓讓參數變成強制性，並賦予預設值以外，還可以進一步地限制其只能接受特定的引數值，作法就是引進參數驗證屬性（*parameter validation attributes*）。有時候如果能限制使用者（包括你自己）傳遞給函式或指令碼的資訊，就可以精簡函式中不必要的程式碼。舉例來說，假設你把資料值 3 傳遞給 Install-Software 函式，是因為你自己知道軟體確實有第 3 版存在。你的函式也會假設所有的使用者都知道有哪些版本編號可用，因此如果你指定了第 4 版，函式就無法處理，因為這在它意料之外。這時函式會無法找到合適的資料夾（即 /$Version 變數展開後的版本編號做為資料夾名稱），因為資料夾根本不存在。

在清單 6-9 中，我們利用了 $Version 字串作為檔案路徑的一部份。如果有人傳入了一個無法對應到既有資料夾名稱的資料值（例如 SoftwareV3 或是 SoftwareV4），程式碼就會執行失敗。

```
function Install-Software {
    param(
        [Parameter(Mandatory)]
        [string]$Version
    )
    Get-ChildItem -Path \\SRV1\Installers\SoftwareV$Version
}

Install-Software -Version 3
```

清單 6-9：假設參數的資料值

這會導致以下錯誤：

```
Get-ChildItem : Cannot find path '\\SRV1\Installers\SoftwareV3' because it does not
exist.
At line:7 char:5
+     Get-ChildItem -Path \\SRV1\Installers\SoftwareV3
+     ~~~~~~~~~~~~~~~~~~~~~~~~~~~~~~~~~~~~~~~~~~~~~~~~~~
    + CategoryInfo          : ObjectNotFound: (\\SRV1\Installers\SoftwareV3:String)
                             [Get-ChildItem], ItemNotFoundException
    + FullyQualifiedErrorId : PathNotFound,Microsoft.PowerShell.Commands.
GetChildItemCommand
```

當然我們可以撰寫錯誤處理程式碼來因應這個問題，或是要求使用者只能指定既有的軟體版本號碼來解決問題。要限制使用者的輸入，可以加上參數驗證。

參數驗證的種類甚眾，但對於我們的 **Install-Software** 函式來說，**ValidateSet** 這個屬性就很夠用了。**ValidateSet** 屬性等於是替參數指定了一個可以接受的資料值清單。如果函式只須處理字串 1 或 2，就要確保使用者只能傳入這兩個資料值；不然函式就會立刻執行失敗、並提示使用者原因何在。

讓我們試著在原本 **param** 區塊的 Parameter 區塊下面加上參數驗證屬性，如清單 6-10 所示。

```
function Install-Software {
    param(
        [Parameter(Mandatory)]
        [ValidateSet('1','2')]
        [string]$Version
    )
    Get-ChildItem -Path \\SRV1\Installers\SoftwareV$Version
}

Install-Software -Version 3
```

清單 6-10：使用參數驗證屬性 *ValidateSet*

然後在緊接著 ValidateSet 屬性後面的小括號裡加上一組由 1 和 2 組成的集合，告訴 PowerShell 這裡只有 1 或 2 才是 Version 的有效值。如果有使用者傳入的資料值不在此列，就會收到錯誤訊息（參見清單 6-11），提示說只有特定數目的選項可供輸入。

```
Install-Software : Cannot validate argument on parameter 'Version'. The argument "3" does not
belong to the set "1,2" specified by the ValidateSet attribute.
Supply an argument that is in the set and then try the command again.
At line:1 char:25
+ Install-Software -Version 3
+                         ~~~~
+ CategoryInfo          : InvalidData: (:) [Install-Software],ParameterBindingValidationException
    + FullyQualifiedErrorId : ParameterArgumentValidationError,Install-Software
```

清單 6-11：傳遞不在 *ValidateSet* 區塊範圍內的參數值

ValidateSet 屬性是一個常見的驗證屬性，但並不是唯一的一種。如有興趣鑽研完整的參數值限制方式分析，請執行 Get-Help about_Functions_ Advanced_Parameters，觀察 Functions_Advanced_Parameters 這個說明主題。

接收管線輸入

到目前為止，各位已經建立一個帶有單一參數的函式，只能以典型的 -*ParameterName* <*Value*> 語法接收引數。但是在第 3 章時，我們已經學到 PowerShell 裡其實有一個管線，可以不動聲色地把物件從一個命令傳遞到另一個命令。讀者們應該還記得有些功能是不具備管線接收能力的，但在處理你自己的函式時，這一點是可以由你控制的。讓我們來替 Install-Software 函式加上管線能力。

增加另一個參數

首先要在程式碼中加上另一個參數，以便指定要安裝軟體的電腦名稱。同時也把這個參數加到 Write-Host 命令中，以便模擬安裝效果。清單 6-12 便加上了新參數：

```
function Install-Software {
    param(
        [Parameter(Mandatory)]
        [ValidateSet('1','2')],
         [string]$Version

        [Parameter(Mandatory)]
        [string]$ComputerName
    )
    Write-Host "I installed software version $Version on $ComputerName. Yippee!"

}

Install-Software -Version 2 -ComputerName "SRV1"
```

清單 6-12：加上 *ComputerName* 參數

就像 $Version 一樣，ComputerName 參數也是放在 param 區塊當中。

一旦你為函式加上了 ComputerName 參數，就可以迭代一個電腦名稱清單，並將電腦名稱作為資料值，跟版本資料值一併傳給 Install-Software 函式，就像這樣：

```
$computers = @("SRV1", "SRV2", "SRV3")
foreach ($pc in $computers) {
    Install-Software -Version 2 -ComputerName $pc
}
```

但是就像前面剛剛提到的，你應該放棄這種 foreach 迴圈的寫法，並改用管線處理。

讓函式的管線兼容並蓄

可惜的是，如果你這就嘗試直接使用管線，結果只是一堆錯誤訊息而已。在你可以為函式加上管線支援之前，必須先決定函式可以接受的管線輸入類型為何。如第 3 章所述，PowerShell 函式也一樣使用兩種管線輸入：ByValue（整個物件）或是 ByPropertyName（單一物件屬性）。這裡因為 $computers 清單中只會包含字串，於是我們會以 ByValue 將字串傳入。

要加上管線支援，必須用兩個關鍵字之一將參數屬性加到你定義的參數裡：亦即 ValueFromPipeline 或 ValueFromPipelineByPropertyName，如清單 6-13 所示。

```
function Install-Software {
    param(
        [Parameter(Mandatory)]
        [string]$Version
        [ValidateSet('1','2')],

        [Parameter(Mandatory, ValueFromPipeline)]
        [string]$ComputerName
    )
    Write-Host "I installed software version $Version on $ComputerName. Yippee!"
}

$computers = @("SRV1", "SRV2", "SRV3")
$computers | Install-Software -Version 2
```

清單 6-13：添加管線支援

再度執行指令碼，看到的畫面應該會像這樣：

```
I installed software version 2 on SRV3. Yippee!
```

注意 Install-Software 只會對陣列中的最後一個字串執行動作。下一小節我們會學到如何解決這個問題。

增加一個處理區塊

為了讓 PowerShell 知道要對每一個進入的物件執行此一函式，你必須加上一個處理區塊（process block）。在這個處理區塊裡，可以放入函式每次接收到管線輸入時應執行的程式碼。請比照清單 6-14 那樣加上一個處理區塊。

```
function Install-Software {
    param(
        [Parameter(Mandatory)]
        [string]$Version
        [ValidateSet('1','2')],

        [Parameter(Mandatory, ValueFromPipeline)]
        [string]$ComputerName
    )
    process {
        Write-Host "I installed software version $Version on $ComputerName. Yippee!"
    }
}

$computers = @("SRV1", "SRV2", "SRV3")
$computers | Install-Software -Version 2
```

清單 6-14：新增一個處理區塊

注意關鍵字 process 後面有一對大括號，裡面包含的就是函式應執行的程式碼。

有了處理區塊，應該就可以看到 $computers 中所有三部伺服器的執行輸出了：

```
I installed software version 2 on SRV1. Yippee!
I installed software version 2 on SRV2. Yippee!
I installed software version 2 on SRV3. Yippee!
```

這個處理區塊應包含你要執行的主要程式碼。也可以把呼叫函式時要在函式的開頭和結尾執行的程式碼，用 begin 和 end 區塊包起來。有關於如何建置含有 begin、process 和 end 等區塊的進階函式，詳情請執行

Get-Help about_Functions_Advanced，參閱 about_Functions_Advanced 說明主題。譯註 1

總結

函式允許你將程式碼劃分為個別的建構區塊。它們不但有助於將工作區分為較小、也更易於管理的片段，也可以讓你寫出更易於閱讀和測試的程式碼。當你為函式指定一個望文生義的名稱時，就等於為程式碼製作了一份說明標籤，任何人只要一看函式名稱就會知道它的用途。

在本章中，我們學到了函式的基本內容：如何定義函式、如何指定參數及其屬性、以及如何接收管線輸入。在下一章中我們會學到如何用模組把多個函式綁在一起。

譯註 1　如果是舊一點的 PowerShell，可能要查詢的是 Get-Help about_Functions_Advanced_Methods。

7

探索模組

在前一章中，我們學到了函式的觀念。函式可以把指令碼拆分成易於管理的單元，形成更具效益、更易讀的程式碼。但是函式若寫得好，就沒理由只能在一個工作階段或一段指令碼中使用。本章會教大家關於模組（*modules*）的概念，亦即將一群類似的函式包裝在一起，然後分發供他人在指令碼中引用。

PowerShell 模組最原始的形式其實只是副檔名為 *.psm1* 的一個文字檔、加上一些選用的額外中繼資料而已。當然還有其他無法以這種方式描述的模組，例如二進位模組（*binary modules*）和動態模組（*dynamic modules*）等等，但是它們不在本書範疇之內。

任何只要是未曾明確放在工作階段之中的命令，幾乎都是來自模組。許多本書中用過的命令都是 PowerShell 隨附微軟內部模組的一部份，但也有來自第三方、或甚至是你自己製作的模組。要使用模組，得先安裝它。然後當你用到模組中的命令時，模組就會被匯入到工作階段當中；以 PowerShell v3 來說，則是只要參照到模組中的命令，就會自動匯入該模組。

本章先從觀察你系統中已安裝的模組開始。然後再把模組拆解開來，觀察其中的各個部件，最後才學著如何從 PowerShell Gallery 下載和安裝 PowerShell 的模組。

探索預設模組

PowerShell 預設就已伴隨安裝大量的模組。在這個小節裡，各位會學到如何在自己的工作階段裡尋找和匯入群組。

尋找工作階段裡的模組

只需使用 Get-Module 這個 cmdlet（它本身也是某模組的一部份），就可以看到現行工作階段中已匯入的模組。Get-Module 這個 cmdlet 可以幫你觀察自己的系統在現行工作階段中所有的模組。

先開啟一個新的 PowerShell 工作階段，再執行 Get-Module，如清單 7-1 所示。

```
PS> Get-Module

ModuleType Version   Name                            ExportedCommands
---------- -------   ----                            ----------------
Manifest   3.1.0.0   Microsoft.PowerShell.Management  {Add-Computer, Add-Content...
--snip--
```

清單 7-1：以 *Get-Module* 命令檢視已匯入的模組

Get-Module 輸出的每一行，都是一個已匯入至現行工作階段的模組，亦即模組中所有的命令都是垂手可得的。像 Microsoft.PowerShell.Management 和 Microsoft.PowerShell.Utility 模組都是預設就會匯入至 PowerShell 工作階段的模組。[譯註 1]

譯註 1　如果你像譯者一樣，初次執行 get-module 卻一無所獲，這是因為在新的工作階段中尚未匯入該模組之故，請參閱以下「匯入模組」一節就會理解；或是試試執行 get-command-module Microsoft*，然後再執行 get-module，就會出現上述兩個模組了。

請留意清單 7-1 中的 ExportedCommands 欄位。此處所列的都是你可以從模組中取來使用的命令。要看到模組中完整的命令清單，可以利用 Get-Command 命令、再指定模組名稱即可。且讓我們試著來檢視一下清單 7-2 的 Microsoft.PowerShell.Management 模組中有多少匯出命令。

```
PS> Get-Command -Module Microsoft.PowerShell.Management

CommandType     Name              Version    Source
-----------     ----              -------    ------
Cmdlet          Add-Computer      3.1.0.0    Microsoft.PowerShell.Management
Cmdlet          Add-Content       3.1.0.0    Microsoft.PowerShell.Management
--snip--
```

清單 7-2：檢視某個 PowerShell 模組所包含的命令

這些就是從模組匯出的全部命令；都是可以從模組外部呼叫的。有的模組作者會刻意將函式放在模組中，但不開放給使用者直接使用。任何不會匯出給使用者、而且只能在指令碼或模組中使用的函式，稱為私有函式（*private function*），也些開發人員稱其為輔助函式（*helper function*）。

如果執行 Get-Module 但不加上任何參數，就會傳回所有已匯入的模組，但如果我們想要知道所有已安裝、但尚未匯入的模組有哪些時，又該怎麼做？

找出電腦中的模組

要取得所有已經安裝、並可以匯入至工作階段中的模組清單，可以利用 Get-Module 的 ListAvailable 參數，如清單 7-3 所示。

```
PS> Get-Module –ListAvailable
   Directory: C:\Program Files\WindowsPowerShell\Modules

ModuleType Version     Name              ExportedCommands
---------- -------     ----              ----------------
Script     1.2         PSReadline        {Get-PSReadlineKeyHandler,Set-
PSReadlineKeyHandler...


   Directory:\Modules
```

```
ModuleType Version    Name            ExportedCommands
---------- -------    ----            ----------------
Manifest   1.0.0.0    ActiveDirectory {Add-ADCentralAccessPolicyMember...
Manifest   1.0.0.0    AppBackgroundTask {Disable-AppBackgroundTaskDiagnosticLog...
--snip--
```

清單 7-3：利用 *Get-Module* 檢視所有既有的模組

參數 *ListAvailable* 會要 PowerShell 去檢查幾個資料夾下的所有子資料夾，找出有哪些 .psm1 檔案存在。PowerShell 會從檔案系統讀取每一個模組，並傳回每個模組的名稱、若干中繼資料、以及可以從這些模組引用的全部函式。

PowerShell 會從磁碟中的幾個預設位置尋找模組，位置則會依模組類型而異：

系統模組 幾乎所有 PowerShell 預先安裝的模組，都位於 *C:\Windows\System32\WindowsPowerShell\1.0\Modules* 之下。這個模組路徑通常都是給 PowerShell 內部模組專用的。技術上你也可以把模組放在這裡，但一般不會建議各位這樣做。

所有使用者的模組 模組也會放在 *C:\Program Files\WindowsPowerShell\Modules* 之下。這個路徑有時也會籠統稱為 *All Users* 模組路徑，如果你希望所有登入該電腦的使用者都能取得某個模組，就該把它放在這裡。

現行使用者的模組 最後一個可以存放模組的地方，是 *C:\Users\<LoggedInUser>\Documents\WindowsPowerShell\Modules*。在這個目錄之下，各位可以找到所有現行使用者曾經建立、或下載過的模組。如果會登入同一部電腦的多名使用者各自有不同的需求，把模組放在這裡就可以獲得某種程度的隔離性。

一旦執行 Get-Module -ListAvailable，PowerShell 會讀取上述所有資料夾路徑，並傳回每個路徑下的所有模組資訊。然而這並不會掃遍所有可能會有模組存在的路徑，而是只會掃描預設路徑。

我們也可以利用環境變數 $PSModulePath 替 PowerShell 新增額外的模組路徑，變數中會逐一定義每一個模組資料夾、彼此以分號區隔，如清單 7-4 所示。

```
PS> $env:PSModulePath
C:\Users\Adam\Documents\WindowsPowerShell\Modules;
C:\Program Files\WindowsPowerShell\Modules\Modules;
C:\Program Files (x86)\Microsoft SQL Server\140\Tools\PowerShell\Modules\
```

清單 7-4：環境變數 *PSModulePath* 的內容

我們可以在環境變數 PSModulePath 中添加新的資料夾，做法是利用一點字串剖析的技巧，雖說現在提及這個技巧對各位來說稍嫌早了些。以下是簡單的單行速成命令：

```
PS> $env:PSModulePath + ';C:\MyNewModulePath'.
```

但是請各位注意，以上作法只能在現行工作階段中為環境變數添加新目錄。如果要讓這個變更成為永久性的，就必須動用 Environment 這個 .NET 類別特有的 SetEnvironmentVariable() 方法，就像這樣：

```
PS> $CurrentValue = [Environment]::GetEnvironmentVariable("PSModulePath", "Machine")
PS> [Environment]::SetEnvironmentVariable("PSModulePath", $CurrentValue + ";C:\
MyNewModulePath", "Machine")
```

接著我們來看看如何藉由匯入模組來使用它們。

匯入模組

一旦模組所在的資料夾路徑加入到環境變數 PSModulePath 當中，就可以將模組匯入至現行工作階段了。但是如今的 PowerShell 已具備自動匯入功能，因此如果你已安裝某個模組，通常就可以直接呼叫所需的函式，PowerShell 會自動匯入該函式所屬的模組。但我們還是該了解一下匯入的運作方式。

我們利用預設的 PowerShell 模組來演練一番，也就是 Microsoft.PowerShell.Management。在清單 7-5 裡，你會執行 Get-Module 兩次：第一次是從剛開啟的 PowerShell 工作階段執行、第二次則是在執行過 cd 命令之後。cd 是 Set-Location 命令的別名，而它正好也是 Microsoft.PowerShell.Management 所包含的命令。來看看會發生什麼事：

```
PS> Get-Module

ModuleType Version    Name                               ExportedCommands
---------- -------    ----                               ----------------
Manifest   3.1.0.0    Microsoft.PowerShell.Utility       {Add-Member, Add-Type...
Script     1.2        PSReadline                         {Get-PSReadlineKeyHandler...


PS> cd\
PS> Get-Module

ModuleType Version    Name                               ExportedCommands
---------- -------    ----                               ----------------
Manifest   3.1.0.0    Microsoft.PowerShell.Management     {Add-Computer, Add-Content...
Manifest   3.1.0.0    Microsoft.PowerShell.Utility       {Add-Member, Add-Type...
Script     1.2        PSReadline                         {Get-PSReadlineKeyHandler....
```

清單 7-5：PowerShell 會在你執行 *cd* 命令後自動匯入 *Microsoft.PowerShell.Management* 模組

各位應該已經看到 Microsoft.PowerShell.Management 會在我們執行 cd 之後自動匯入。自動匯入功能通常都可以運作得很好。但若是你原本預期某個模組中的命令可以使用、但是該命令卻沒能出現，就表示模組本身可能有問題，導致命令無法匯入之故。

要手動匯入模組，請使用 Import-Module 命令，如清單 7-6 所示。

```
PS> Import-Module -Name Microsoft.PowerShell.Management
PS> Import-Module -Name Microsoft.PowerShell.Management -Force
PS> Remove-Module -Name Microsoft.PowerShell.Management
```

清單 7-6：手動匯入、再度匯入、以及移除模組

各位應該已經注意到清單中使用了 Force 參數、還有 Remove-Module 命令。如果模組做過調整（例如你更改了自訂模組的內容），就必須以 Import-Module 命令加上 Force 參數將模組卸載、然後再重新載入。至於 Remove-Module 則會將模組從工作階段中卸除，不過這個命令鮮少用到。

PowerShell 模組的組件

我們已經學會如何使用 PowerShell 模組了，現在要來觀察一下模組的樣貌。

.psm1 檔案

任何副檔名為 .psm1 的文字檔，都可以是 PowerShell 模組。這個檔案要能使用，裡面必須含有函式。雖說並非必要，但模組中的所有函式還是應該遵循一致的概念來建置。以清單 7-7 為例，它顯示了一些跟軟體安裝有關的函式。

```
function Get-Software {
    param()
}

function Install-Software {
    param()
}

function Remove-Software {
    param()
}
```

清單 7-7：處理軟體安裝的函式

注意每個命令名稱的名詞部分都是一致的，只有動詞部份會變化。這是建置模組時應遵循的最佳實務做法。如果你發覺自己需要更改名詞部份時，代表這時你應該考慮把模組打散成多個模組。

模組的資訊清單

除了含有函式的 .psm1 檔案以外，還有一種模組專用的資訊清單（manifest），也就是 .psd1 檔案。模組資訊清單為選用而非必要的文字檔，以 PowerShell 雜湊表（hashtable）格式寫成。該雜湊表中含有描述模組相關中繼資料的各項元素。

我們當然可以從頭撰寫一個模組資訊清單，但其實 PowerShell 中有一個 New-ModuleManifest 命令，可以拿來撰寫範本。讓我們用

New-ModuleManifest 來替剛剛清單 7-7 示範的軟體套件模組寫一個資訊清
單，如清單 7-8 所示。

```
PS> New-ModuleManifest -Path 'C:\Program Files\WindowsPowerShell\Modules\Software\
Software.psd1'
-Author 'Adam Bertram' -RootModule Software.psm1
-Description 'This module helps in deploying software.'
```

清單 7-8：利用 *New-ModuleManifest* 建立一個模組資訊清單

此一命令會建立一個 *.psd1* 檔案，內容像這樣：

```
#
# Module manifest for module 'Software'
#
# Generated by: Adam Bertram
#
# Generated on: 11/4/2019
#

@{

# Script module or binary module file associated with this manifest.
RootModule = 'Software.psm1'

# Version number of this module.
ModuleVersion = '1.0'

# Supported PSEditions
# CompatiblePSEditions = @()

# ID used to uniquely identify this module
GUID = 'c9f51fa4-8a20-4d35-a9e8-1a960566483e'

# Author of this module
Author = 'Adam Bertram'

# Company or vendor of this module
CompanyName = 'Unknown'

# Copyright statement for this module
Copyright = '(c) 2019 Adam Bertram. All rights reserved.'

# Description of the functionality provided by this module
Description = 'This modules helps in deploying software.'
```

```
# Minimum version of the Windows PowerShell engine required by this module
# PowerShellVersion = ''

# Name of the Windows PowerShell host required by this module
# PowerShellHostName = ''
--snip--
}
```

當執行上例命令時,各位可以看到有好幾個欄位是筆者不曾提供參數的。但我們也不會深入介紹模組資訊清單,目前只須記住至少要定義 RootModule(根模組)、Author(作者)、Description(說明)等欄位,也許還加上 version(版本)。所有這些屬性都並非必要,但是養成好習慣,儘量替模組資訊清單撰寫此類資訊,絕對是最佳實務做法。

現在你已經看過模組內部了,我們來看看如何下載和安裝一個新模組。

操作自訂模組

到目前為止,我們操作的都是 PowerShell 預先安裝好的模組。在這個小節裡,各位要來學習如何尋找、安裝和卸除自訂模組。

尋找模組

模組最棒的部份就是可以分享:何必汲汲於解決那些早已有人答覆的問題?當你遇到問題時,很有可能 PowerShell Gallery 裡已經有解答了。*PowerShell Gallery*(https://www.powershellgallery.com)是一個含有成千 PowerShell 模組及指令碼的存放庫,任何人只要有帳號就可以自由上傳或下載。其中有個人自行撰寫的模組,也有由大公司(如微軟自己)提供的模組。

還好,我們從 PowerShell 本身也可以引用 Gallery。PowerShell 有一個名為 PowerShellGet 的內建模組,它提供了若干簡單好用的命令,便於操作 PowerShell Gallery。清單 7-9 便以 Get-Command 取得 PowerShellGet 的命令。

```
PS> Get-Command -Module PowerShellGet

CommandType     Name                     Version    Source
-----------     ----                     -------    ------
Function        Find-Command             1.1.3.1    powershellget
Function        Find-DscResource         1.1.3.1    powershellget
Function        Find-Module              1.1.3.1    powershellget
Function        Find-RoleCapability      1.1.3.1    powershellget
Function        Find-Script              1.1.3.1    powershellget
Function        Get-InstalledModule      1.1.3.1    powershellget
Function        Get-InstalledScript      1.1.3.1    powershellget
Function        Get-PSRepository         1.1.3.1    powershellget
Function        Install-Module           1.1.3.1    powershellget
Function        Install-Script           1.1.3.1    powershellget
Function        New-ScriptFileInfo       1.1.3.1    powershellget
--snip--
```

清單 7-9：*PowerShellGet* 的命令群

PowerShellGet 模組中所含的命令，可以用來發現、儲存及安裝模組，
同時也可以發佈你自己撰寫的模組。當然此時各位的功力還不夠格發
佈自製模組（連寫都還沒寫出來咧！），因此我們會先專注在如何從
PowerShell Gallery 尋找和安裝模組這兩件事上。

要尋找模組，必須用到 Find-Module 命令，這個命令可以在 PowerShell
Gallery 中尋找符合特定名稱的模組。譬如你要尋找可以管理 VMware
infrastructure 的模組，就可以利用萬用字元和 Name 參數，從 PowerShell
Gallery 找出所有名稱中帶有 *VMware* 字樣的模組，如清單 7-10 所
示。譯註 2

譯註 2　如果讀者們跟譯者一樣，在執行 find-module 時看到黃字警示 "WARNING: Unable
to resolve package source 'https://www.powershellgallery.com/api/v2'."，這是因為
HTTPS 加密方式引起的。請以管理員身分執行 PowerShell，再執行 [Net.ServiceP
ointManager]::SecurityProtocol = [Net.SecurityProtocolType]::Tls12 就可以解決。

但是以上這招必須在每個新的工作階段都來上一回。若要全面更改，請
到 %USERPROFILE%\Documents\WindowsPowerShell 底下找（或新建）一個
Microsoft.PowerShell_profile.ps1 檔案，然後把上面改 TLS 那一行加進去，再次啟
動 PowerShell 時，惱人的錯誤就沒有了！

```
PS> Find-Module -Name *VMware*

Version        Name                             Repository      Description
-------        ----                             ----------      -----------
6.5.2.6...     VMware.VimAutomation.Core         PSGallery       This Windows...
1.0.0.5...     VMware.VimAutomation.Sdk          PSGallery       This Windows...
--snip--
```

清單 7-10：利用 *Find-Module* 找出與 VMware 相關的模組

Find-Module 命令不會下載任何內容；它只會顯示從 PowerShell Gallery 找到的內容。下一小節我們才會學到如何安裝模組。

安裝模組

一旦找到了你想要安裝的模組，就可以利用 Install-Module 命令加以安裝。Install-Module 命令可以接收 Name 參數，但在此我們要改以管線來提供資料，把 Find-Module 傳回的物件直接以管線餵給 Install-Module 命令（清單 7-11）

注意你也許會接收到一些關於存放庫不受信任的警訊。這是因為 Find-Module 命令預設使用的都是不受信任的 PowerShell 存放庫，亦即你必須明確地告訴 PowerShell，要信任該存放庫中的所有套件。不然它就會像清單 7-11 那樣提醒你去執行 Set-PSRepository，以便更改該存放庫的安裝原則。

```
PS> Find-Module -Name VMware.PowerCLI | Install-Module

Untrusted repository You are installing the modules from an untrusted repository. If
you trust this repository, change its InstallationPolicy value by running the Set-
PSRepository cmdlet. Are you sure you want to install the modules from 'https://www.
powershellgallery.com/api/v2/'? [Y] Yes [A] Yes to All [N] No [L] No to All [S] Suspend
[?] Help (default is "N"): a
Installing package 'VMware.PowerCLI'
Installing dependent package 'VMware.VimAutomation.Cloud' [oooooooooooooooooooooooooooo
ooooooooooooooooooooooooooooooooo] Installing package 'VMware.VimAutomation.Cloud'
Downloaded 1003175.00 MB out of 1003175.00 MB. [ooooooooooooooooooooooooooooooooooooooo
ooooooooooooooooooooooooooooooo]
```

清單 7-11：以 *Install-Module* 命令安裝模組

根據預設，清單 7-11 中的命令會下載模組、並將其置於所有使用者的模組預設的路徑之下，也就是 *C:\Program Files*。要檢視這個路徑下的模組，請使用以下命令：

```
PS> Get-Module -Name VMware.PowerCLI -ListAvailable | Select-Object -Property ModuleBase

ModuleBase
----------
C:\Program Files\WindowsPowerShell\Modules\VMware.PowerCLI\6.5.3.6870460
```

卸除模組

PowerShell 新手常會搞不清楚模組的移除和解除安裝兩種概念。如「匯入模組」一節所述，Remove-Module 是用來把模組從 PowerShell 工作階段中移除（*remove*）的。但這其實不過是把模組從該工作階段中卸載而已；並非真的把模組從磁碟中刪除。

要將模組從磁碟上刪掉（也就是解除安裝（*uninstall*）），必須改用 Uninstall-Module 這個 cmdlet。清單 7-12 就是把我們剛安裝的模組給解除安裝。

```
PS> Uninstall-Module -Name VMware.PowerCLI
```

清單 7-12：解除安裝一個模組

只有從 PowerShell Gallery 下載而來的模組才有可能用 Uninstall-Module 解除安裝，預設的模組是拿不掉的！

建立自訂模組

到目前為止，我們處理的都是別人寫好的模組。當然了，PowerShell 模組最棒的優點之一，就是我們也可以自己建立模組、並將其分享給其他人。本書的第三篇就會說明如何建立一個真實的模組，但目前各位只需先學會如何把先前示範的軟體模組轉變成一個真實的模組就好。

先前我們提過，典型的 PowerShell 模組會包含一個資料夾（或者說是模組容器（*module container*））、一個 *.psm1* 檔案（模組本身）、和一

個 *.psd1* 檔案（模組資訊清單）。如果模組資料夾位於前述的三個預設位置之一（系統、所有使用者、或現行使用者），PowerShell 就會自動找到以上資料，並逕行匯入。

我們先把模組資料夾建好。模組資料夾的名稱必須和模組本身一致。由於筆者原意就是要讓系統上所有使用者都能使用該模組，因此模組應該放到所有使用者的預設路徑，亦即：

```
PS> mkdir 'C:\Program Files\WindowsPowerShell\Modules\Software'
```

一旦建立資料夾，請建立一個內容空白的 *.psm1* 檔案，用於日後收納函式時使用：[譯註 3]

```
PS> Add-Content 'C:\Program Files\WindowsPowerShell\Modules\Software\Software.psm1'
```

接著建立一個模組資訊清單，如清單 7-8 所為：[譯註 4]

```
PS> New-ModuleManifest -Path 'C:\Program Files\WindowsPowerShell\Modules\Software\
Software.psd1'
-Author 'Adam Bertram' -RootModule Software.psm1
-Description 'This module helps in deploying software.'
```

到此 PowerShell 應該已經可以看到你的的模組了，但請注意它應該還看不到任何已匯出的命令：

```
PS> Get-Module -Name Software -List


    Directory: C:\Program Files\WindowsPowerShell\Modules


ModuleType Version    Name                 ExportedCommands
---------- -------    ----                 ----------------
Script     1.0        Software
```

譯註 3　這個命令還會跟你要輸入的資料，直接按 Enter 就好。不然改用 new-item 取代 add-content，效果也一樣。

譯註 4　注意這是整行的指令，Author、rootModule 和 Description 都是 New-ModuleManifest 的參數。

現在讓我們把先前清單 7-7 中的三個函式放進 *.psm1* 檔案，並觀察 PowerShell 是否已能辨識出它們：

```
PS> Get-Module -Name Software -List


    Directory: C:\Program Files\WindowsPowerShell\Modules


ModuleType Version    Name                ExportedCommands
---------- -------    ----                ----------------
Script     1.0        Software            {Get-Software...
```

PowerShell 已經匯出模組中的所有命令，並公開供人使用。如果各位想要更進一步，自己選擇有哪些命令可以匯出，也可以再把模組清單檔改一下，修改 FunctionsToExport 這個鍵值。你可以在此逐一定義要匯出的命令，並以逗號區隔彼此，以便決定最後有哪些命令可以匯出。雖說這並非必要，但卻可以更細緻地調整模組中匯出的函式。

恭喜！我們剛剛已經奠立了第一個模組！當然它現在還沒什麼作用，除非我們替其中的函式加上真正的功能，這個有趣的習題就交給各位自行練習。

總結

在本章中，我們學會了模組，也就是一群概念相仿的程式碼，讓你不必再把時間花在他人早已解決的問題上。我們也看過了模組的組成方式，以及如何安裝、匯入、移除、或是解除安裝各個模組。我們甚至還製作了第一個模組的基本雛型呢！

在第 8 章中，各位將會學到如何以 PowerShell 的遠端功能（remoting）存取遠端電腦。

8

遠端執行指令碼

如果你是小公司裡唯一的 IT 人員,十有八九你會需要管理幾部伺服器。如果你需要執行某一支指令碼,可以一一登入這幾台伺服器、打開 PowerShell 主控台、然後一一執行。但如果能只靠一支指令碼、就可以替每部伺服器完成特定任務的話,豈不是更省事?在這一章裡,我們就要來學習如何利用 PowerShell 的遠端功能,從遠端執行命令。

PowerShell 的遠端功能(*PowerShell remoting*)可以允許使用者從一個工作階段同時對一台或多台電腦遠端執行命令。所謂的*工作階段*(*session*),有時也正式稱為 PSSession,是一個 PowerShell 遠端功能的術語,代表在遠端電腦執行的一個 PowerShell 環境,而你可以從中執行命令。它與微軟 Sysinternals 工具中的 psexec 有異曲同工之妙:你可以寫出能在自己電腦上運作的程式碼,然後傳送到遠端電腦,再於遠端電腦執行這段程式碼,就像你正坐在遠端電腦前操作一樣。

本章將會把大部分篇幅花在工作階段上(包括其內涵與本質、如何使用它、以及用完後當如何處置等等)不過,我們得先了解一下有關 scriptblocks 的二三事。

(NOTE) 微 軟 是 在 PowerShell v2 推 出 遠 端 功 能 的, 它 建 構 在 *Windows Remote Management*(*WinRM*)服務之上。有鑑於此,各位偶爾也許會看到有人習以 WinRM 稱呼 PowerShell 的遠端功能。

使用 scriptblocks

PowerShell 的遠端功能廣泛地運用了 *scriptblocks*,它就像函式一樣,是一段封裝在單一可執行單元內的程式碼。但是它與函式之間還是有若干不同之處:指令碼區塊是不具名的(而且可以賦值給變數)。

要比較其異同,我們來看一個實例。且讓我們來定義一個函式,命名為 New-Thing,它會呼叫 Write-Host 以便在主控台顯示一段文字(參見清單 8-1)。

```
function New-Thing {
    param()
    Write-Host "Hi! I am in New-Thing"
}

New-Thing
```

清單 8-1:定義 *New-Thing* 函式,以便在主控台視窗顯示文字

如果各位執行這段程式碼,應該會在主控台看到「Hi! I am in New-Thing!」的字樣。但是請注意,要看到這個結果,勢必要先呼叫 New-Thing 才能執行該函式。

如果要複製剛剛呼叫 New-Thing 函式的效果,可以利用 scriptblock,並將其賦值給一個變數,如清單 8-2 所示。

```
PS> $newThing = { Write-Host "Hi! I am in a scriptblock!" }
```

清單 8-2:建立一段 scriptblock,並將其賦值給名為 *$newThing* 的變數

要建立 scriptblock,請把要執行的程式碼放在一對大括弧中間。然後把 scriptblock 賦值給變數 $newThing,這時各位應該會想,如果要執行程式碼區塊內容,應該只要像清單 8-3 一樣呼叫變數就可以了吧?

```
PS> $newThing = { Write-Host "Hi! I am in a scriptblock!" }
PS> $newThing
 Write-Host "Hi! I am in a scriptblock!"
```

清單 8-3：建立並執行一段 scriptblock

但是如上例所示，PowerShell 只是讀取了 $newThing 文字內容，它並不
知道應該把 Write-Host 當成命令執行，而只是把 scriptblock 的內容顯示
出來。

為了讓 PowerShell 執行其中的程式碼，呼叫變數時必須把一個 & 字符放
在變數名稱前面。其語法如清單 8-4 所示。

```
PS> & $newThing
Hi! I am in a scriptblock!
```

清單 8-4：執行一個 scriptblock

& 字符會告訴 PowerShell，位於大括弧之間的內容其實是程式碼。& 字符
是執行程式碼區塊的方式之一；但是它不允許你自訂命令，而這個功能
又是 PowerShell 遠端功能在遠端電腦運作所必須的。下一小節會介紹另
一種執行 scriptblocks 的方式。

使用 Invoke-Command 在遠端系統上執行程式碼

操作 PowerShell 遠端功能時，我們會用到兩個主要命令：Invoke-Command
和 New-PSSession。在這個小節裡，各位會學到 Invoke-Command；下一小
節則會介紹 New-PSSession。

Invoke-Command 可能是最常在 PowerShell 遠端功能中用到的命令。使用
的方式分兩種。首先是在執行所謂的特定命令時（亦即那種小巧的一
次性運算式），其次則是使用互動式的工作階段。這兩種方式本章都會
談到。

特定命令的例子之一，就是以 Start-Service 啟動一個位於遠端電腦的服
務。當我們以 Invoke-Command 執行一個特定命令時，PowerShell 其實會
在背後建立一個臨時的工作階段，然後會在命令執行完成後隨即將之拆

除。這樣一來，以 Invoke-Command 進行的作業便受到了限制，這也是何以下一節我們需要學會如何自建工作階段的原因。

但是目前我們只需先搞懂 Invoke-Command 是如何與特定命令搭配的就好。請開啟一個 PowerShell 主控台，輸入 Invoke-Command、再按下 Enter鍵，如清單 8-5 所示。

```
PS> Invoke-Command

cmdlet Invoke-Command at command pipeline position 1
Supply values for the following parameters:
ScriptBlock:
```

清單 8-5：執行 *Invoke-Command* 但是不加上參數

這時各位的主控台應該會馬上反問，要求你提供一段 scriptblock。我們可以輸入 hostname 命令，然後就會得到該命令從工作階段所在電腦取得的主機名稱。

為了把含有 hostname 命令的 scriptblock 傳給 Invoke-Command，必須引用必要的參數 ComputerName，這會告訴 Invoke-Command 要在哪一台遠端電腦上執行命令，如清單 8-6 所示。（注意，要讓這個動作生效，下達 Invoke-Command 命令的筆者電腦和遠端的電腦 WEBSRV1 必須屬於同一個 Active Directory（AD）網域，而且筆者電腦必須擁有 WEBSRV1 的管理權限才行。）

```
PS> Invoke-Command -ScriptBlock { hostname } -ComputerName WEBSRV1
WEBSRV1
```

清單 8-6：一個執行 *Invoke-Command* 的簡單例子

注意，這時 hostname 輸出的是遠端電腦的主機名稱（就是上例中的 WEBSRV1）。你已經成功下達第一個遠端命令了！

NOTE 如果各位測試的遠端電腦，其作業系統為早於 Windows Server 2012 R2 的版本，那測試結果很可能不如預期。果真如此的話，你很可能需要先啟用 PowerShell 的遠端功能。以 Server 2012 R2 而言，PowerShell 的遠端功能預設就是已經啟動的，且其 WinRM 服務早已在本機防火牆先打通了必要的通訊埠、權限也都準備妥當了。但對於較舊版的 Windows，就必須先在遠端電腦的較高權限主控台工作階段裡，以手動執行一次 **Enable-PSRemoting**，然後才能以 **Invoke-Command** 對該部遠端電腦下達遠端命令。如果需要確認 PowerShell 遠端功能是否已設定並可供使用，可以利用 **Test-WSMan** 命令來檢查。

在遠端電腦執行本地端指令碼

在前一小節裡，我們在遠端電腦執行了 scriptblocks。但 **Invoke-Command** 其實也有能力執行整段指令碼，這時不再藉助於 Scriptblock 參數，而是改用 FilePath 參數，加上位於本機的指令碼路徑作為引數。一旦使用 FilePath 參數，**Invoke-Command** 就會讀取位於本地端的全部指令碼內容，然後在遠端電腦執行這段程式碼。

為說明起見，假設你有一支位於本地端電腦的指令碼，路徑為 *C:\GetHostName.ps1*。這支指令碼的內容只有一行：hostname。你想要在遠端電腦執行這支指令碼，以便取得遠端電腦的主機名稱。注意，雖說這支指令碼已經儘量精簡，但 **Invoke-Command** 其實並不在乎指令碼內容。它會毫不遲疑地執行任何內容。

要執行這段指令碼，必須把指令碼檔案路徑傳給 **Invoke-Command** 的 FilePath 參數，如清單 8-7 所示。

```
PS> Invoke-Command -ComputerName WEBSRV1 -FilePath C:\GetHostName.ps1
WEBSRV1
```

清單 8-7：在遠端電腦執行一支本地端指令碼

Invoke-Command 會在遠端的 WEBSRV1 電腦上執行 *GetHostName.ps1* 裡的程式碼，並將輸出傳回你的本地端工作階段。

從遠端使用本地端變數

雖說 PowerShell 的遠端功能會處理很多細節，各位在引用本地端變數時還是應該小心謹慎。假設遠端電腦上有一個檔案路徑 C:\File.txt。由於這個檔案路徑可能會有所變動，因此你決定將其置入一個變數，如 $serverFilePath：

```
PS> $serverFilePath = 'C:\File.txt'
```

現在你可能要在某一段供遠端執行的 scriptblock 中參考 *C:\File.txt* 這個路徑。在清單 8-8 裡,如果嘗試直接參考該變數,可能看到這樣的結果。

```
PS> Invoke-Command -ComputerName WEBSRV1 -ScriptBlock { Write-Host "The value
of foo is $serverFilePath" }
The value of foo is
```

清單 8-8:本地端變數無法在遠端工作階段中生效。

注意,變數 $serverFilePath 所含的值在此沒有出現,這是因為在遠端電腦執行 scriptblock 的內容時,該變數根本不存在遠端電腦上!當各位在一段指令碼或主控台中定義變數時,該變數其實是只存在一個特定的 *runspace* 之中的,對於 PowerShell 來說,這就像是一個容器的概念,該工作階段的所有資訊都儲存在相關的 *runspace* 之中。如果各位嘗試同時開啟兩個 PowerShell 主控台,然後發現無法在其中一方引用另一者當中的變數時,就是遇上 runspaces 的桎梏了。

根據預設,變數、函式及其他建構內容,都不能跨越不同的 runspaces。但是有幾種辦法可以在不同的 runspaces 中共用變數或函式等內容。要把變數傳遞至遠端電腦,做法主要有兩種。

利用 ArgumentList 參數來傳遞變數

要把變數資料值放進供遠端執行的 scriptblock,可以利用 Invoke-Command 的 ArgumentList 參數。這個參數允許我們把一個本地端資料值形成的陣列 $args 傳給 scriptblock,以便在 scriptblock 的程式碼中引用。其運作示範如清單 8-9,我們把含有檔案路徑 *C:\File.txt* 資訊的 $serverFilePath 變數傳給了供遠端執行的 scriptblock,然後以 $args 陣列的形式加以引用。

```
PS> Invoke-Command -ComputerName WEBSRV1 -ScriptBlock { Write-Host "The value
of foo is $($args[0])" } -ArgumentList $serverFilePath
The value of foo is C:\File.txt
```

清單 8-9:利用 *$args* 陣列將本地端變數傳給遠端工作階段

各位可以看到，變數資料值 *C:\File.txt* 現已可在 scriptblock 中引用了。這是因為我們把 $serverFilePath 傳給了參數 ArgumentList、再於 scriptblock 中以 $args[0] 取代了 $serverFilePath 參照的緣故。如果你想傳入 scriptblock 的變數不只一個，只管在參數 ArgumentList 後面添加更多引數，然後必要時只需依序遞增 $args 的索引值，就可以在 scriptblock 引用特定變數了。

利用 $Using 陳述來傳遞變數資料值

另一種將本地端變數值傳給遠端執行 scriptblock 的做法，是利用 $using 陳述式。只需將 $using 放在任何需要引用的本地端變數名稱前面，就可以不用仰賴 ArgumentList 參數。PowerShell 在把 scriptblock 傳給遠端電腦前，會先注意到 $using 陳述式，進而將 scriptblock 所參照的所有本地端變數都展開來（亦即將資料值代入）。

在清單 8-10 中，我們重寫了清單 8-9 的內容，並以 $using:serverFilePath 取代了 ArgumentList 的寫法。

```
PS> Invoke-Command -ComputerName WEBSRV1 -ScriptBlock { Write-Host "The value
of foo is $using:serverFilePath" }
The value of foo is C:\File.txt
```

清單 8-10：利用 *$using* 讓遠端工作階段能參照本地端變數

瞧，清單 8-9 和 8-10 的效果是一樣的。

$using 陳述式的寫法比較簡單而且直接，但是到了後面，當我們要著手撰寫 Pester 來測試指令碼時，就會發現還是要回頭來使用 ArgumentList 參數：因為如果採用 $using 的寫法，Pester 就無法事先評估 $using 變數裡的值。但如果使用 ArgumentList 參數，需要傳給遠端工作階段的變數就是先在本地端定義的，亦即 Pester 可以解譯及了解的。如果各位看到這還是一頭霧水也無妨，讀到第 9 章時就會茅塞頓開了。至少目前 $using 陳述式還運作得很好！

現在大家基本上已經理解 Invoke-Command 這個 cmdlet 了，接下來要介紹更多關於工作階段的內容。

使用工作階段

先前曾經提到，PowerShell 的遠端功能利用了一種名為工作階段（*session*）的概念。當我們建立遠端工作階段時，PowerShell 其實是在遠端電腦建立一個本地工作階段，以便讓我們在那一頭執行命令。我們在此不贅述工作階段的技術細節。只須了解我們可以任意建立、連接和切斷一個工作階段即可，而且就算斷線，工作階段仍會保有我們離開時的狀態。直到我們將其移除，工作階段才會真正結束。

在前一小節裡，當各位使用 Invoke-Command 命令時，其實就是帶起了一個新的工作階段，然後在其中執行程式碼，最後將其拆除，全部一氣呵成。在這個小節裡，各位會學到如何建立一個筆者稱為完整工作階段的玩意，亦即我們可以在其中直接輸入命令的工作階段。利用 Invoke-Command 執行一次性的特定命令的確可行，但如果你需要執行的命令有一長串，長到很難塞進單一的 scriptblock 時，這種方式就有點不切實際了。舉例來說，如果你正在處理一支龐大的指令碼，它會在本地端執行一些工作、也必須從另一個來源擷取若干資訊、並將該資訊用在一個遠端工作階段中、再從遠端工作階段取得一些用於本地端的資訊、最後將資訊傳回本地端電腦，這樣一來就需要建立一段指令碼、並一再地執行 Invoke-Command。就算如此，如果你必須在遠端工作階段中設置變數、並在稍後再度引用它，就會遇上更多麻煩。以我們目前學過的 Invoke-Command 概念都做不到上述的事，你需要一個可以持續存在的工作階段。

建立一個新的工作階段

要以 PowerShell 的遠端功能在遠端電腦建立一個半永久性的工作階段，必須透過 New-PSSession 命令，明確地建立一個完整的工作階段，該命令會在遠端電腦建立一個工作階段、同時在你的本地端電腦中留下一個可以參照該工作階段的紀錄。

要建立一個新的 PSSession，必須使用 New-PSSession 命令、搭配 ComputerName 參數，如清單 8-11 所示。在本例中，我要執行的對象電腦就是位於相同 Active Directory 網域的主機 WEBSRV1，而且我的網域帳號擁有 WEBSRV1 的管理權限。要能以 ComputerName 參數連線某遠端電腦（就像清單 8-11 一樣），使用者必須是該遠端電腦的本機管理員、或至少要是該遠端電腦的 Remote Management Users 群組成員之一。如果你不在 AD

網域裡，就必須為 New-PSSession 命令加上 Credential 參數，把含有其他有權連線該遠端電腦的 PSCredential 身分物件傳過去，以便讓遠端電腦認證。[譯註 1]

```
PS> New-PSSession -ComputerName WEBSRV1

Id Name        ComputerName   ComputerType    State    ConfigurationName     Availability
-- ----        ------------   ------------    -----    -----------------     ------------
 3 WinRM3      WEBSRV1        RemoteMachine   Opened   Microsoft.PowerShell  Available
```

清單 8-11：建立一個新的 *PSSession*

如上例所示，New-PSSession 會傳回一個工作階段的資訊。一旦工作階段建立了，你就可以利用 Invoke-Command 任意進出該工作階段；但不再是像先前執行特定命令時靠 ComputerName 參數那樣，而是改用 Session 參數。

你必須為 Session 參數提供一個工作階段物件作為引數。這時可以靠 Get-PSSession 命令來取得現有的全部工作階段。如清單 8-12 所示，還可以把 Get-PSSession 的輸出賦值給某個變數。

```
PS> $session = Get-PSSession
PS> $session

Id   Name    ComputerName   ComputerType    State    ConfigurationName     Availability
--   ----    ------------   ------------    -----    -----------------     ------------
 6   WinRM6  WEBSRV1        RemoteMachine   Opened   Microsoft.PowerShell  Available
```

清單 8-12：找出本地端電腦建立的工作階段紀錄

譯註 1　如果你的測試環境沒有 AD，也可以用這兩個步驟讓測試的 PSSession 可以快速認證：首先在遠端電腦執行 winrm quickconfig，讓遠端電腦可以透過 HTTPS 接收 WinRM 連線，不必再仰賴 AD 和 Kerberos 認證；其次要讓本地端信任遠端電腦，在本地端執行 winrm set winrm/config/client '@{TrustedHosts="ComputerName"}'，把 ComputerName 改成遠端電腦名稱或 IP 皆可。

由於我們方才還只執行過一次 New-PSsession，因此清單 8-12 裡只會出現一個 PSSession 物件。如果工作階段有好幾個，你還可以用 Get-PSSession 命令輸出的 Id 參數，挑出要讓 Invoke-Command 操作的工作階段。

在工作階段中叫用命令

注意，現在你的變數中已經有一個活的工作階段物件了，這個變數可以傳給 Invoke-Command，讓它知道要在哪一個工作階段中執行一些程式碼，如清單 8-13 所示。

```
PS> Invoke-Command -Session $session -ScriptBlock { hostname }
WEBSRV1
```

清單 8-13：使用既有的工作階段，在遠端電腦叫用命令

大家應該可以感覺得出來，這個命令執行起來要比先前快得多。這是因為這一次的 Invoke-Command 並不需要從頭建立和拆除一個新的工作階段。當你先建立好一個完整工作階段，後續引用時不但比較快速、可供使用的功能也較多。舉例來說，你可以在遠端工作階段中設置變數，稍後返回同一個工作階段時，變數還在原處聽候差遣，不會消失不見，如清單 8-14 所示。

```
PS> Invoke-Command -Session $session -ScriptBlock { $foo = 'Please be here next time' }
PS> Invoke-Command -Session $session -ScriptBlock { $foo }
Please be here next time
```

清單 8-14：變數資料值會保持到後續的工作階段連線當中。

只要工作階段還是保持開啟的，我們就可以在遠端工作階段中任意活動，而且工作階段的狀態不會有變。然而，這只對目前的本地端工作階段是如此。如果你開啟了另一個 PowerShell 的程序，就無法再從先前離開時的狀態繼續了。遠端工作階段這時仍然是存活的，但本地端電腦對它的參照卻消失了。這時 PSSession 就會轉變成斷線狀態（State 欄位顯示為 Disconnected）（接下來的小節就會提到）。

開啟互動式的工作階段

清單 8-14 利用了 Invoke-Command 將命令送至遠端電腦執行，並收到了回應。像這樣執行遠端命令，就像是執行一個不受監控的指令碼一樣。過程沒有像以往在 PowerShell 主控台中敲打鍵盤並觀看輸出那樣地互動。如果你想為執行在遠端電腦的工作階段開啟一個互動式的主控台（或許是為了除錯），可以利用 Enter-PSSession 命令。

Enter-PSSession 命令允許使用者以互動方式操作該工作階段[譯註 2]。它既可以自行建立一個工作階段、也可以仰賴 New-PSSession 先前建立的既有工作階段。如果你未指定要進入哪一個工作階段，Enter-PSSession 就會建立一個新的工作階段，並等待輸入，如清單 8-15。

```
PS> Enter-PSSession -ComputerName WEBSRV1
[WEBSRV1]: PS C:\Users\Adam\Documents>
```

清單 8-15：進入一個互動式的工作階段

注意我們的 PowerShell 提示這時已變成 [WEBSRV1]: PS 了。這個提示提醒我們，你操作的已不再是本地端、而是在遠端工作階段中執行命令。這時你可以執行任何命令，就像自己正坐在遠端電腦的主控台前面一樣。像這樣以互動方式操作工作階段，是取代遠端桌面協定（*Remote Desktop Protocol*（*RDP*））應用程式的絕佳方式，因為後者也是帶出一個互動的圖形使用介面讓你執行任務用的，例如進行遠端故障排除之類。[譯註 3]

切斷和重新連接一個工作階段

如果我們關閉目前的 PowerShell 主控台，然後再把它開起來，並嘗試再以 Invoke-Command 操作先前使用過的工作階段，就會看到如清單 8-16 的錯誤訊息。

譯註 2　直接以 enter-pssession 進入的工作階段，一旦輸入 exit-psssession 離開、該工作階段就會結束；要讓工作階段持續存在，就先以 new-pssession 建立工作階段後再以 enter-pssession 進入，這樣 exit-psssession 離開後工作階段還會存在。

譯註 3　如果你暫時離開（不是切斷）某個工作階段，但稍後在同一個本地工作階段中還要連回來，可以用 exit-pssession；這樣在 get-pssession 會看到工作階段的 State 仍保持 opened。但如果你要結束目前的本地工作階段、但希望遠端工作階段還在，請看下一節。

```
PS> $session = Get-PSSession -ComputerName websrv1
PS> Invoke-Command -Session $session -ScriptBlock { $foo }
Invoke-Command : Because the session state for session WinRM6, a617c702-ed92
-4de6-8800-40bbd4e1b20c, websrv1 is not equal to Open, you cannot run a
command in the session. The session state is Disconnected.
At line:1 char:1
+ Invoke-Command -Session $session -ScriptBlock { $foo }
--snip--
```

清單 8-16：嘗試對一個已斷開的工作階段執行命令

PowerShell 確實有找到遠端電腦的 PSSession 物件，但卻無法在本地端找
到可以對應的參照，因為工作階段已經斷開。如果你沒有好好地把遠端
的 PSSession 和本地工作階段的參照分開，就會發生這種事。

如果要和現有的工作階段暫時斷開，可以利用 Disconnect-PSSession
命令。如果要清除（只是切斷、不是結束）先前建立的所有工作階
段，可以先用 Get-PSSession 取得其資訊，再以管線將這些工作階段轉
給 Disconnect-PSSession 命令（如清單 8-17 所示）。抑或是可以藉由
Disconnect-PSSession 的 Session 參數，逐一加以中斷。

```
PS> Get-PSSession | Disconnect-PSSession

Id Name       ComputerName   ComputerType    State          ConfigurationName       Availability
-- ----       ------------   ------------    -----          -----------------       ------------
 4 WinRM4     WEBSRV1        RemoteMachine   Disconnected   Microsoft.PowerShell    None
```

清單 8-17：中斷一個 *PSSession*

要想正確地從一個工作階段中斷開來，可以把遠端工作階段名稱傳給
Session 參數，像是 Disconnect-PSSession -Name sessionname。或是像清
單 8-17 那樣，用 Get-PSSession 命令把既有的遠端工作階段以管線傳給
Disconnect-PSSession 命令。

如果想要在以 Disconnect-PSSession 斷開後重新連接原本的工作階段，請
關閉眼前這個 PowerShell 主控台，然後再使用 Connect-PSSession 命令，
就像清單 8-18 一樣。注意你只能看到和重新連接由你的帳號所建立、而
且是先前中斷的工作階段，其他人建立的工作階段你是看不到的。

```
PS> Connect-PSSession -ComputerName websrv1
[WEBSRV1]: PS>
```

清單 8-18：重新連接至一個 *PSSession*

現在你應該可以繼續在遠端電腦上執行程式碼了，就像從未關閉主控台
一樣。

倘若你還是會收到錯誤訊息，很有可能是兩方的 PowerShell 版本不一
致造成的。只有當本地端機器與遠端伺服器的 PowerShell 版本彼此一
致時，中斷的工作階段才能恢復運作。舉例來說，如果本地端電腦使用
的是 PowerShell 的 5.1 版，但連接的遠端伺服器卻是無法支援中斷工
作階段的 PowerShell 版本（例如 PowerShell v2 或更舊版），這時中斷
的工作階段就無法復原。因此務必要確保本地端機器與遠端伺服器的
PowerShell 版本一致。

要檢查本地端機器的 PowerShell 版本是否與遠端電腦一致，可以先檢查
變數 $PSVersionTable 的值，它含有版本相關資訊（參見清單 8-19）。

```
PS> $PSVersionTable

Name                           Value
----                           -----
PSVersion                      5.1.15063.674
PSEdition                      Desktop
PSCompatibleVersions           {1.0, 2.0, 3.0, 4.0...}
BuildVersion                   10.0.15063.674
CLRVersion                     4.0.30319.42000
WSManStackVersion              3.0
PSRemotingProtocolVersion      2.3
SerializationVersion           1.1.0.1
```

清單 8-19：檢查本地端電腦的 PowerShell 版本

如果要檢查遠端電腦的 PowerShell 版本，請以 Invoke-Command 對該電腦
查閱 $PSVersionTable 變數內容，如清單 8-20 所示。

```
PS> Invoke-Command -ComputerName WEBSRV1 -ScriptBlock { $PSVersionTable }

Name                          Value
----                          -----
PSRemotingProtocolVersion     2.2
BuildVersion                  6.3.9600.16394
PSCompatibleVersions          {1.0, 2.0, 3.0, 4.0}
PSVersion                     4.0
CLRVersion                    4.0.30319.34014
WSManStackVersion             3.0
SerializationVersion          1.1.0.1
```

清單 8-20：檢視遠端電腦的 PowerShell 版本

筆者建議大家，在中斷遠端工作階段前，最好先檢查一下兩方的版本是
否一致；以免遠端系統的辛苦成果煙消雲散。

以 Remove-PSSession 移除工作階段

每當 New-PSSession 命令建立新的工作階段時，該工作階段其實是同時存
在於遠端伺服器和本地端電腦的。我們可以同時間對多部伺服器開啟大
量的工作階段，如果其中一部份的工作階段已經沒必要繼續使用，最後
還是應該要將其清除。Remove-PSSession 可以做到這一點，它會操作遠端
伺服器、拆除既有的工作階段，而且如果本地端仍有對於該 PSSession 物
件的參照的話，也一併移除。清單 8-21 便是執行的例子：

```
PS> Get-PSSession | Remove-PSSession
PS> Get-PSSession
```

清單 8-21：移除一個 PSSession

上例中我們又執行了一次 Get-PSSession 一次，而且沒有資訊傳回來。意
即本地端電腦中已經沒有任何遠端工作階段存在了。

認識 PowerShell 遠端功能的認證

到目前為止，筆者一直都刻意忽略認證的相關問題。根據預設，如果你的本地端和遠端電腦處於同一個網域，而且都啟用了 PowerShell 遠端功能，就不需要特別經過認證。但如果事情个是如此，就多少要處理一下認證的問題。

與遠端電腦的 PowerShell 遠端功能進行認證時，最常見的兩種方式為 Kerberos 或是 CredSSP。如果你位於某個 Active Directory 網域當中，很可能你已經在不知不覺中使用 Kerberos 的票證系統了（ticket system）。Active Directory 和若干 Linux 系統都會用到 Kerberos 的領域概念（*realms*），一種會發出票證給用戶端的實體。用戶端會向資源出示這些票證，再與（Active Directory 裡的）網域控制站的票證進行比對。

另一方面，CredSSP 的運作則不需要 Active Directory 介入。CredSSP 早在 Windows Vista 的時期就已登場，它透過用戶端的身分服務供應者（credential service provider, CSP），讓應用程式可以把使用者身分委派（delegate）遠端電腦。CredSSP 在雙方之間的認證運作不需要網域控制器之類的外部系統輔助。

在 Active Directory 環境裡，PowerShell 遠端功能會以 Kerberos 網路認證協定來呼叫 Active Directory，讓後者處理檯面下的一切認證動作。PowerShell 會以你的本機登入帳號作為使用者身分，以便向遠端電腦進行認證，就像其他服務一樣。這就是單一登入的好處。

但有的時候，如果你並未處於一個 Active Directory 環境當中，就不得不稍微改變一下認證的類型；舉例來說，當你必須跨越網際網路或是區域內網、以便透過遠端電腦的本機身分連接遠端電腦的時候。PowerShell 支援多種 PowerShell 的遠端功能認證方式，但最常見的（僅次於 Kerberos）就是 CredSSP，它允許本地端電腦將使用者的身分委派給遠端電腦。這個概念與 Kerberos 相仿，但不需 Active Directory 的協助。

如果你位於 Active Directory 環境之中，通常就毋須使用不同的認證類型，但有時則是不得不如此，因此還是該做好準備。在這個小節裡，各位要來研究常見的認證問題，以及如何因應。

跳板問題

自從微軟為 PowerShell 加入遠端功能以來，跳板問題（*double hop problem*）就一直存在。問題的起因是，當你在某個遠端工作階段中執行程式碼時，同時又從該遠端工作階段嘗試存取另一個遠端資源。舉例來說，如果你的網路中有一部名為 DC 的網域控制器，而你想透過 C$ 這個特殊的管理用共享磁碟，去檢查位於 *C:* 的根目錄之下的檔案，這時你可以從自己的本地端電腦遠端瀏覽共享目錄，不會有什麼問題（參見清單 8-22）。

```
PS> Get-ChildItem -Path '\\dc\c$'


    Directory: \\dc\c$


Mode                 LastWriteTime         Length Name
----                 -------------         ------ ----
d-----        10/1/2019   12:05 PM                FileShare
d-----        11/24/2019   2:28 PM                inetpub
d-----        11/22/2019   6:37 PM                InstallWindowsFeature
d-----         4/16/2019   1:10 PM                Iperf
```

清單 8-22：列舉某個 UNC 共用下的檔案

可是當你建立了一個 PSSession，又嘗試從其中執行相同的命令時，問題就來了，就像清單 8-23 所示。

```
PS> Enter-PSSession -ComputerName WEBSRV1
[WEBSRV1]: PS> Get-ChildItem -Path '\\dc\c$'
ls : Access is denied
--snip--
[WEBSRV1]: PS>
```

清單 8-23：嘗試在工作階段中存取網路資源

這時 PowerShell 反而告訴你存取遭拒（即使你很清楚自己的使用者帳號確實有存取權也一樣）。事情的起因是，當你使用預設的 Kerberos 認證時，PowerShell 的遠端功能不會把身分轉送給其他網路資源去認證。換句話說，它不會做跳板。基於安全因素，PowerShell 遵守 Windows 的限制，拒絕把身分委派出去，因此才會傳回拒絕存取的訊息。

以 CredSSP 搭建跳板

在這個小節裡，我們要來學習如何因應跳板問題。注意筆者說的是因應而非解決。微軟曾提出警告，使用 CredSSP 會有安全上的問題，因為傳給第一台電腦的身分，會被自動地沿用到所有從該電腦對外的連線上。亦即萬一原本的電腦遭到破解入侵，該身分便會被盜用、以便從該電腦連線至網路其他電腦。不過除了改用一些更花俏的因應方式以外（像是 resource-based Kerberos constrained delegation），很多人還是會選用 CredSSP 這個方式，因為用起來很簡單。

在開始實作 CredSSP 之前，你必須先透過提升權限的工作階段，在用戶端和伺服器同時執行 Enable-WsManCredSSP 命令，以便啟用 CredSSP。這個命令有一個 Role 參數，可以允許你指定啟用 CredSSP 的一方係屬於用戶端還是伺服器端。我們先在用戶端啟用 CredSSP，如清單 8-24 所示。

PS> Enable-WSManCredSSP ❶-Role ❷Client ❸-DelegateComputer WEBSRV1

CredSSP Authentication Configuration for WS-Management
CredSSP authentication allows the user credentials on this computer to be sent
to a remote computer. If you use CredSSP authentication for a connection to
a malicious or compromised computer, that machine will have access to your
username and password. For more information, see the Enable-WSManCredSSP Help
topic.
Do you want to enable CredSSP authentication?
[Y] Yes [N] No [S] Suspend [?] Help (default is "Y"): y

cfg   : http://schemas.microsoft.com/wbem/wsman/1/config/client/auth
lang   : en-US
Basic   : true
Digest   : true
Kerberos   : true
Negotiate   : true
Certificate : true
CredSSP   : true

清單 8-24：在用戶端電腦啟用 CredSSP 支援

要在用戶端啟用 CredSSP，請先把引數 Client❶ 傳給參數 Role❷。此外還要加上必備的參數 DelegateComputer❸，因為 PowerShell 必須知道哪些電腦可以引用你委派的身分。當然也可以把星號（＊）這個萬用字元當成引數傳給 DelegateComputer 參數，以便把身分委派給所有遠端電腦，但是基於安全理由，最好還是只委派給你要操作的電腦，譬如 WEBSRV1。

一旦用戶端啟用了 CredSSP，伺服器端也必須做一樣的事（清單 8-25）。幸運的是，你可以不靠 CredSSP 去開啟一個新的工作階段，再於這個工作階段中啟用 CredSSP，而不須開啟一個微軟遠端桌面、甚至面對實體機器，才能操作伺服器。

```
PS>
Invoke-Command -ComputerName WEBSRV1 -ScriptBlock { Enable-WSManCredSSP -Role Server }

CredSSP Authentication Configuration for WS-Management CredSSP authentication allows
the server to accept user credentials from a remote computer. If you enable CredSSP
authentication on the server, the server will have access to the username and password
of the client computer if the client computer sends them. For more information, see the
Enable-WSManCredSSP Help topic.
Do you want to enable CredSSP authentication?
[Y] Yes  [N] No  [?] Help (default is "Y"): y

#text
-----
False
True
True
False
True
Relaxed
```

清單 8-25：在伺服器電腦啟用 CredSSP 支援

於是，用戶端和伺服器兩頭都已啟用 CredSSP：用戶端允許將其使用者身分委派給遠端伺服器，然後遠端伺服器自身也已啟用 CredSSP。現在你可以繼續從這部遠端電腦取用其他遠端網路資源了（參見清單 8-26）。注意，如果你要停用 CredSSP，可以用 Disable-WsmanCredSSP 還原先前的變更。

```
PS> Invoke-Command -ComputerName WEBSRV1 -ScriptBlock { Get-ChildItem -Path '\\dc\c$'  }
❶-Authentication Credssp ❷-Credential (Get-Credential)

cmdlet Get-Credential at command pipeline position 1
Supply values for the following parameters:
Credential


    Directory: \\dc\c$


Mode                LastWriteTime      Length Name                     PSComputerName
----                -------------      ------ ----                     --------------
d-----       10/1/2019  12:05 PM              FileShare                WEBSRV1
d-----      11/24/2019   2:28 PM              inetpub                  WEBSRV1
d-----      11/22/2019   6:37 PM              InstallWindowsFeature    WEBSRV1
d-----       4/16/2019   1:10 PM              Iperf                    WEBSRV1
```

清單 8-26：透過一個以 CredSSP 認證的工作階段取用網路資源

注意你已經明確地告訴 Invoke-Command（或是 Enter-PSsession）命令，你要採用 CredSSP 認證 ❶，而且兩者（不論你使用的是哪個命令），都會需要提供身分。身分是透過 Get-Credential 命令取得的，而不再是預設的 Kerberos ❷。

一旦你執行過 Invoke-Command、也對 Get-Credential 提供了使用者名稱和密碼之後，就可以取用 DC 的共享磁碟 c$，這時就可以順利看到 Get-ChildItem 命令如常運作了！

總結

到目前為止，要以遙控方式在遠端系統執行命令，PowerShell 的遠端功能仍是最簡單的方式。如本章所介紹，PowerShell 的遠端功能用起來簡單又直接。一旦各位掌握了 scriptblock 的概念，以及其中所含的程式碼真正執行的位置，遠端的 scriptblocks 很快就會成為你的第二本能。

第三篇會讓大家建立自己的可靠 PowerShell 模組，幾乎所有的命令都會需要用到 PowerShell 的遠端功能。如果你在閱讀本章時卡關，請回頭慢慢再消化一次、或是動手做些實驗。請自行嘗試一些不同的場合，試圖加以破壞、再進行修復，只管放手去做，好進一步熟悉和體驗 PowerShell 的遠端功能。它會是你從本書習得的最重要技能之一。

第 9 章要來談談另一項主要技能：以 Pester 進行測試。

9

以 Pester 進行測試

有一件事是躲不掉的:你遲早都得測試自己的程式碼。當然你可以大言不慚地聲稱自己的程式碼無懈可擊;但是只要按下 Enter 就很容易拆穿謊言。然而只要懂得以 Pester 做測試,就可以不必再活在假設之中,而且可以洞察真相。

數十年以來,測試始終是傳統軟體開發的特徵。雖說經驗老到的軟體開發人員早已對單元測試(*unit*)、功能測試(*functional*)、整合測試(*integration*)、以及驗收測試(*acceptance*)等觀念耳熟能詳,但是對於撰寫指令碼的人來說卻相對陌生(我說的就是沒有軟體工程師職銜和待遇、只不過是想用 PowerShell 把工作自動化的吾輩)。由於很多機構都日漸仰賴以 PowerShell 的程式碼來運作關鍵性的正式環境系統,因此我們才要從程式撰寫的世界中借用這個概念,並用在 PowerShell 上。

在本章中,各位會學到如何為自己的指令碼和模組建立測試內容,藉以確認程式碼是否能夠運作,而且在改寫之後也一樣能繼續運作。這一切都要仰賴一個名為 Pester 的測試用架構。

Pester 簡介

Pester 是一套開放原始碼的 PowerShell 測試模組，可從 PowerShell Gallery 取得。由於它十分有效、又是以 PowerShell 寫好的，很快就成為 PowerShell 測試的實質標準。你可以用它寫出各種類型的測試，包括單元測試、功能測試、以及驗收測試。如果你對這些測試名稱一頭霧水，不用煩惱。我們在本書中只會用 Pester 來測試環境的變動，像是某台虛擬機器的名稱是否正確無誤、IIS 是否已經安裝、或是否已安裝正確的作業系統等等。這類測試統稱為基礎結構測試（*infrastructure tests*）。

本書不會談及如何測試函式是否曾被呼叫、或是變數是否正確設置、或是指令碼是否傳回特定的物件類型，這些都屬於單元測試的範疇。如果各位對於 Pester 的單元測試有興趣，也想進一步學習如何將 Pester 應用在不同的場合，請參閱 *The Pester Book*（LeanPub，2019 出版，*https://leanpub.com/pesterbook/*），該書詳盡說明了以 PowerShell 測試時所需知的一切事務。

Pester 的基本知識

要使用 Pester，必須先把它裝起來。如果你使用的是 Windows 10，那麼 Pester 預設已經先裝起來了，但如果你使用的是舊版的 Windows 作業系統，還是可以從 PowerShell Gallery 取得它。但就算你已使用 Windows 10，十有八九 Pester 也已經是舊版本，因此各位還是有必要去 PowerShell Gallery 取得最新版本。由於 Pester 可以從 PowerShell Gallery 找到，自然就可以用 `Install-Module -Name Pester` 去下載和安裝 Pester。一旦安裝完畢，就可以取得所有必要的命令了。譯註 1

各位會使用 Pester 來撰寫和執行各種基礎結構測試，用來驗證一支指令碼對其環境做出的任何預期中的變更，這個動作有必要一再地進行。舉例來說，你可能會在 `Test-Path` 建立一個新的檔案路徑後執行一次基礎結構測試，以確保檔案路徑確實已經建立。基礎結構測試其實就相當於安全措施，目的在於確保你的程式碼確實有照你的意願動作。

譯註 1　各位很有可能遇上 Windows 10 已預裝舊版 Pester，這時安裝新版 Pester 模組會被問到如何處理舊版？只須為 Install-module 加上 Force 參數，讓兩者並存即可。

一個 Pester 檔案

一個 Pester 測試指令碼的最基本格式，就是一段由 PowerShell 指令碼構成的檔案、副檔名為 *.Tests.ps1*。你可以自訂指令碼主體的名稱；命名的慣例和測試結構也都完全由各位自行決定。這裡我們將指令碼命名為 *Sample.Tests.ps1*。

Pester 測試指令碼的基本結構，係由一段以上的 describe 區塊構成，每個 describe 區塊會包含一個 context 區塊（非必要），而每個 context 區塊又會包含 it 區塊，每個 it 區塊都會含有自己的宣告（assertions）。聽起來很複雜，但清單 9-1 應該可以幫各位一目瞭然。

```
C:\Sample.Tests.ps1
    describe
        context
            it
                assertions
```

清單 9-1：基本的 Pester 測試結構

我們一一來介紹這些組成部份。

describe 區塊

所謂的 describe 區塊，其實是把一群類似的測試集中在一起的方式。清單 9-2 便建立了一個名為 IIS 的 describe 區塊，亦即你可以在此納入所有測試內容的程式碼，像是 Windows features、app pools 和 websites 等等。

describe 區塊的基本語法，係以關鍵字 describe 開頭，再加上一個以一對單引號包覆的名稱，然後是一對大括號。

```
describe 'IIS' {

}
```

清單 9-2：一個 Pester 的 describe 區塊

雖說這個結構看起來很像 if/then 的條件判斷式，但不要被騙了！這是一段 scriptblock，它會被交給底層的 describe 函式去處理。注意，如果你是那種喜歡把大括號放到另一行的作風，抱歉這裡行不通：左大括號一定要跟關鍵字 describe 位於同一行。^{譯註 2}

context 區塊

一旦寫好了 describe 區塊，就可以加上選用的 context 區塊。context 區塊可以把類似的 it 區塊集中在一起，這樣有助於把基礎結構測試組織起來。清單 9-3 就加入了一個 context 區塊，它把所有和 Windows features 有關的測試都放進來。用 context 區塊的方式為測試進行分類，以便進行管理，是一個很好的做法。

```
describe 'IIS' {
    context 'Windows features' {
    }
}
```

清單 9-3：一個 Pester 的 context 區塊

雖說 context 區塊只是選用的，但稍後當你需要測試成打、甚至上百的元件時，它會顯現出自己的無上價值！

it 區塊

現在我們可以在 context 區塊裡加上 it 區塊了。一個 it 區塊其實是一個更小的元件，並標記了真正的測試內容。其語法如同清單 9-4，名稱後面就緊跟著區塊內容，就跟 describe 區塊一樣。

```
describe 'IIS' {
    context 'Windows features' {
        it 'installs the Web-Server Windows feature' {

        }
    }
}
```

清單 9-4：一個含有 it 區塊的 Pester describe 區塊

譯註 2　Go 語言有類似的作風。

注意，到目前為止，我們多少都只是在為測試的各種範圍加上不同的標籤。下一小節我們要來加入一些真正的測試內容。

宣告

你必須在 it 區塊裡加上一段以上的宣告。各位不妨把宣告（*assertions*）想成實際的測試內容，或是一段會把預期狀態和實際狀態拿來做比較的程式碼。最常見的 Pester 宣告就是 should 宣告。should 宣告有各種不同的運算子可以搭配，像是 be、bein、belessthan 等等。如果各位想看看完整的運算子清單，可以參閱 Pester wiki（*https://github.com/pester/Pester/wiki/*）。[譯註 3]

以上面的 IIS 為例，我們要檢查伺服器是否已建立了名為 test 的 app pool。這必須先寫好程式碼，以便找出伺服器中名為 Web-Server 的 Windows feature 現有狀態（伺服器名稱是 WEBSRV1）。用 Get-Command 檢視過所有現有的 PowerShell 命令之後，我們找到了 Get-WindowsFeature 命令的說明文字，各位可以看出程式碼會這樣動作：

```
PS> (Get-WindowsFeature -ComputerName WEBSRV1 -Name Web-Server).Installed
True
```

這時我們得知 Web-Server 這個功能已經安裝，因此 Installed 屬性會傳回 True；不然就會得到 False。有鑑於此，我們就可以把 Get-WindowsFeature 命令當成宣告放進測試區塊，而且預期它的 Installed 屬性會是 True。這時要測試的，就是命令的輸出是否會等於 True。這可以在 it 區塊中呈現出來，如清單 9-5 所示。

```
describe 'IIS' {
    context 'Windows features' {
        it 'installs the Web-Server Windows feature' {
            $parameters = @{
                ComputerName = 'WEBSRV1'
                Name         = 'Web-Server'
            }
            (Get-WindowsFeature @parameters).Installed | should be $true
        }
```

譯註 3　原 wiki 內容不再更新，新內容已轉至 https://pester.dev。

```
        }
}
```

清單 9-5：以 Pester 宣告一個測試條件

我們已經建立了一個初級的 Pester 測試，可以測出是否已經安裝了某個 Windows feature。首先我們輸入了要執行的測試內容，然後再用管線把測試結果傳給測試條件判斷式，而上例中的判斷條件是 should be $true。

撰寫 Pester 測試其實還有很多可以談的內容，因此筆者鼓勵大家自行研讀 *The Pester Book*，或是 4sysops 上的一系列文章（*https://4sysops.com/archives/powershell-pester -testing-getting-started/*）。這樣應該就足夠讓大家可以看懂本書的測試了。一旦讀完本書，自行撰寫 Pester 測試，會是測驗各位的 PowerShell 技能的最佳方式。

現在我們手中有一支 Pester 指令碼了。當然了，這時就可以來執行它試試看！

執行一段 Pester 測試

以 Pester 執行測試，最常用的方式就是透過 Invoke-Pester 命令。這個命令是 Pester 模組的一部份，測試者只需將測試指令碼的路徑當成引數傳給它，然後 Pester 就會解譯和執行，如清單 9-6 所示。

```
PS> Invoke-Pester -Path C:\Sample.Tests.ps1
Executing all tests in 'C:\Sample.Tests.ps1'

Executing script C:\Sample.Tests.ps1

  Describing IIS
    [+] installs the Web-Server Windows feature 2.85s
Tests completed in 2.85s
Tests Passed: 1, Failed: 0, Skipped: 0, Pending: 0, Inconclusive: 0
```

測試 9-6：執行一段 Pester 測試

各位可以看到 Invoke-Pester 命令執行了 *Sample.Tests.ps1* 指令碼，同時也輸出了基本的測試資訊，例如顯示了 describe 區塊的名稱、測試的結果、以及測試執行期間所有結果的總結。注意 Invoke-Pester 命令一定會對每一項做過的測試提供執行狀態總結。以上例而言，Web-Server Windows feature 的 install 測試是成功的，這可以從 + 符號和綠色的訊息文字明顯看出來。

總結

本章涵蓋了 Pester 測試架構的基礎。各位也自己下載、安裝和建置了一個簡單的 Pester 測試。這樣應該可以協助各位理解 Pester 測試是如何建構和執行的。在接下來的章節裡，我們會一再引用相同的測試結構。各位會用到很多的 describe 區塊、it 區塊、和各種宣告，但是基本的結構相對不會有太大變化。

這是第一篇的最後一章。大家已經學過了基本的語法和觀念，你會在撰寫 PowerShell 指令碼時用到它們。現在我們終於可以進入第二篇的有趣部份了，大家可以學到很多動手做的經驗、同時也可以體驗一些工作中的實際問題！

PART II

將日常任務自動化

如果第一篇讓你覺得只不過是一些學校裡的習題，沒有實用的內容（尤其是你在當下正苦惱不知如何著手的那一堆）別著急，筆者都能體會！但是說到頭來，你總不能還不會游泳就急著下水；先試試水的冷熱深淺總不會錯。這就是第一篇的任務：帶新手入門，為老手溫故知新。

到了第二篇，我們終於可以開始學些有趣的內容，把先前在第一篇當中學會的技能應用在真實世界的場合當中。各位會逐步學會如何使用 PowerShell，將技術專業人員每天都要面對的常見場景予以自動化。如果你已經是資深的技術專業人員，一定對以下的場景不陌生：睡眼惺忪地在 AD 裡點過來看過去，沒完沒了地在 Excel 表格間剪貼，拚老命地想安裝一些遠端控制軟體以便同時連接成打的機器，才能拼湊出管理階層幾天前要你提供的那些資訊。

本篇要來學習可以將上述任務自動化所需的工具。當然筆者不可能一一細述——要自動化的雜事實在多不勝數！以下列出的是筆者在 20 載業界生涯中曾經歷過的幾個常見的場合。如果你自己的問題不在此列也不必著急！等到讀完本書時，各位會擁有必備的基礎知識，足以自行找出如何將任務自動化的答案。

第二篇主要分成四大主題，一共有五個章節。

處理結構化資料

資料隨處可見。如果你曾經處理過資料，一定會知道資料的格式千奇百怪：SQL 資料庫、XML 檔案、JSON 物件、CSV 等等不勝枚舉。每一種類型的資料都擁有自己特有的結構，而每一種結構都必須以不同的方式處理。第 10 章就會教大家如何讀取、寫入和修改各種格式的資料。

將 Active Directory 任務自動化

Active Directory（AD）是一種目錄服務。籠統地說，我們可以把目錄服務想像成一種階層化的資訊管理方式，藉以追蹤使用者可以取用哪些 IT 資源。AD 是微軟的目錄服務版本，各位應該也想像得到，全球有多少個機構會使用它，AD 也因此成為自動化可以一展身手的領域。

第 11 章會說明如何從 PowerShell 主控台管理各種 AD 物件的基本知識。一旦各位習慣了 AD 的 cmdlets，我們就會用幾個小型專案來協助大家，運用各種 AD 的 cmdlets，把一些最常見的日常任務自動化。

控制雲端

就像近日來所有的科技一樣，PowerShell 對雲端也有充分的支援。若能了解 PowerShell 在雲端環境中如何運作，不論是微軟的 Azure 還是亞馬遜的 Amazon Web Services（AWS），都會為大家開啟一扇通往自動化新境界的輝煌大門。在第 12 與 13 章當中，各位會學著建立虛擬機器、網頁服務等等。甚至也會目睹如何以 PowerShell 同時與兩家雲端業者互動的實例。由於 PowerShell 並不在意我們使用的是哪一家雲端服務（PowerShell 是中立的），我們有能力控制任何一家雲端服務！

建立伺服器盤點指令碼

由於本書內容是逐漸累積起來的，因此各位必須先打好基礎，才能接受第三篇當中種種科技魔法的洗禮。這就是第 14 章的目的，它把各位在閱讀本書時所累積的所有知識結合起來，然後化為單一專案。這一章會教大家如何將分散的資訊來源整合成單一的整體性報告。其中會涉及向 AD 查詢電腦，同時逐一以 CIM/WMI 輪詢這些電腦，藉以取得有用的資訊，如主機名稱、RAM、CPU 速度、作業系統、IP 位址等等。

總結

讀完這一部之後，對於 PowerShell 如何將各種日常任務自動化，各位心中應該已經有數了。實現過幾次自動化之後，大家應該就會體認到，的確沒必要花大把鈔票去購入昂貴的軟體、或是敦請膨風的顧問來管理你的環境。PowerShell 有能力輔助數百種產品與服務。有志者（加上有 PowerShell），事竟成。

10

剖析結構化資料

憑藉對於任何 .NET 物件的徹底支援、以及幾乎你能想像得到的每一種 shell 方法，PowerShell 有能力從為數眾多的來源讀取、更新和移除資料。如果運氣好，你的資料是以某種結構化的方式儲存的，那麼這種資料處理起來就會容易得多。

本章會專注在幾種常見的結構化資料格式，如 CSV、微軟的 Excel 試算表，以及 JSON。各位會學到如何管理資料，不論是原生 PowerShell 的 cmdlets、還是 .NET 物件皆然。本章結束時，各位應該都已成為擺弄資料的好手，而且有能力以 PowerShell 來管理各式各樣的結構化資料。

CSV 檔案

儲存資料最簡單、也最常見的方法之一，就是利用 CSV 檔案。一個 *CSV* 檔案其實只不過是一個以簡單文字呈現的資料表。資料表中的每一行內容，其項目都會以一個事先定義好的共通符號來區隔，這個符號稱為分隔符號（*delimiter*，像逗號就是最常見的分隔符號）。每個 CSV 檔案都享有相同的基本結構：CSV 檔案的第一列為標題列，其中含有資料表中所有欄位的標題；以下各列資料才是資料表的內容所在。

在這個小節裡，我們要來學習幾種 CSV 的專用 cmdlets：Import-Csv 和 Export-Csv。

讀取 CSV 檔案

在所有 PowerShell 能夠支援的 CSV 處理任務中，最常見的就是讀取。由於 CSV 的結構既簡單又有效，所有公司和應用程式自然就會採用 CSV 檔案，在科技圈的世界裡毫不意外，於是也造就了 Import-Csv 這個 PowerShell 命令的名聲。

然而讀取一個 CSV 檔案究竟代表什麼？雖說 CSV 裡有著所有你需要的資訊，卻無法直接匯入至程式當中；通常必須先讀遍整個檔案，並將其轉換為可用的資料才行。這個過程稱為剖析（*parsing*）。Import-Csv 命令就會剖析 CSV 檔案：它會將檔案讀入、然後將其中的資料轉變成 PowerShell 的物件。筆者馬上就會說明 Import-Csv 的用法，但首先我們要來看一下 Import-Csv 的運作方式。

我們先從一個簡單的試算表開始，其中含有一家虛構公司幾名員工的資料，如圖 10-1 所示。

	A	B	C	D
1	First Name	Last Name	Department	Manager
2	Adam	Bertram	IT	Miranda Bertram
3	Barack	Obama	Executive Office	Michelle Obama
4	Miranda	Bertram	Executive Office	
5	Michelle	Obama	Executive Office	

圖 10-1：員工的 CSV 檔

圖 10-1 是一個 Excel 表格，但各位可以輕易看出它原本在 CSV 檔案中的純文字外觀。以本例而言，本章所附資源中就有這個 *Employees.csv* 可供操作練習；如清單 10-1 所示。

```
PS> Get-Content -Path ./Employees.csv -Raw

First Name,Last Name,Department,Manager
Adam,Bertram,IT,Miranda Bertram
Barack,Obama,Executive Office,Michelle Obama
```

```
Miranda,Bertram,Executive Office
Michelle,Obama,Executive Office
```

清單 10-1：以 *Get-Content* 讀取 CSV 檔案

以上我們使用了 Get-Content 命令來查閱文字檔（CSV）。Get-Content 是
一支可以用來讀取任何一種純文字檔案的 PowerShell 命令。

如上例所示，這是一個典型的 CSV 檔案，它有標題列、也有多筆資料
列，每筆資料列又以逗號作為分隔符號，以便區分欄位。注意這裡是
用 Get-Content 這個 cmdlet 讀取檔案的。由於 CSV 檔案也是文字檔的一
種，Get-Content 在讀取時自然也能運行無誤（這其實正是 Import-Csv 讀
取時會做的第一件事）。

但是也請注意 Get-Content 傳回的資訊：它們只是簡單的字串而已。這就
是替 Get-Content 加上 Raw 參數時會發生的事。否則的話，Get-Content 傳
回的就會是字串陣列，而每個陣列元素會代表 CSV 檔案中的一列資料：

```
PS> Get-Content ./Employees.csv -Raw | Get-Member

    TypeName: System.String
    --snip--
```

雖說 Get-Content 命令也可以讀入資料，但這個命令卻無法理解一個 CSV
檔案的結構（schema）。對於資料表中有區分標題列和資料列這件事，
Get-Content 是一無所知，也不知道要拿分隔符號做什麼。它只是單純地
把內容取出、再如實輸出到畫面上。這就是為何我們還要有 Import-Csv
的原因。

以 Import-Csv 處理資料

要比較 Import-Csv 運作的異同，請把清單 10-1 的輸出拿來和清單 10-2
中的 Import-Csv。

```
PS> Import-Csv -Path ./Employees.csv

First Name Last Name  Department        Manager
---------- ---------  ----------        -------
Adam       Bertram    IT                Miranda Bertram
Barack     Obama      Executive Office  Michelle Obama
```

```
Miranda    Bertram    Executive Office
Michelle   Obama      Executive Office

PS> Import-Csv -Path ./Employees.csv | Get-Member

    TypeName: System.Management.Automation.PSCustomObject

PS> $firstCsvRow = Import-Csv -Path ./Employees.csv | Select-Object -First
1
PS> $firstCsvRow | Select-Object -ExpandProperty 'First Name'
Adam
```

清單 10-2：使用 *Import-Csv*

你一開始會注意到的，應該是標題現在以一行虛線與資料列分開來了。
這代表 Import-Csv 讀取檔案後，會將最頂端一列視為標題列，也知道要
將標題列與檔案其他部份區隔開來。各位也許還注意到逗號消失了。當
命令讀取檔案時，它能真正理解一個 CSV 檔案的內容，也知道分隔符號
是用來區分資料表中的個別項目用的，因此不該任其出現在資料表的內
容當中。

那要是程式碼中有落單的分隔符號時會怎麼樣？不妨試著在 *Employees.csv*
的 *Adam* 字樣中間放進一個逗號，然後執行程式碼看看。怎麼樣？現在有
Adam 字樣的這一列，欄位全都向右移了一欄：新的 Last Name 欄位內
容變成 *am*，Bertram 則跑到 Department 欄位，*IT* 則跑到了 Manager 欄
位。Import-Csv 雖能理解 CSV 的格式，但卻沒有聰明到能夠分辨內容和
分隔符號的區別，這時你就該介入了。

將原始資料化為物件

Import-Csv 會做的不僅僅是讀入 CSV、然後以漂亮的格式印出畫面而
已。檔案的內容也會被放在一個名為 PSCustomObjects 的陣列裡[譯註1]。每
一個 PSCustomObject 物件都代表一列資料。而物件的屬性則一一對應到
標題列各個欄位的標題，如果你想取得某個標題欄位的資料，只需取出
物件屬性的內容即可。只需事先知道資料為何種格式，Import-Csv 就可
以把陌生的字串資料轉化為易於操作的物件，很酷吧！

譯註1　參見以上清單 10-2 的輸出：Import-Csv 把輸出導向給 Get-Member，TypeName 顯
　　　示的物件類型正是 PSCustomObject。

一旦資料轉換為 PSCustomObjects 陣列，資料運用起來就有效率得多了。假設你只想找出姓氏為 *Bertram* 的員工。由於 CSV 檔案中的每一列資料都對應一個 PSCustomObject 物件，因而可以用 Where-Object 逐一篩選：

```
PS> Import-Csv -Path ./Employees.csv | Where-Object { $_.'Last Name' -eq 'Bertram' }

First Name Last Name Department        Manager
---------- --------- ----------        -------
Adam       Bertram   IT                Miranda Bertram
Miranda    Bertram   Executive Office
```

相對地，如果你只是想從 CSV 檔找出 Executive Office 這個部門的資料列，也一樣簡單！只需使用和上面一樣的技巧，但是把屬性名稱從 Last Name 改為 Department，再把篩選的資料值從 Bertram 改成 Executive Office 即可：^{譯註 2}

```
PS> Import-Csv -Path ./Employees.csv |
Where-Object {$_.Department -eq 'Executive Office' }

First Name Last Name Department        Manager
---------- --------- ----------        -------
Barack     Obama     Executive Office Michelle Obama
Miranda    Bertram   Executive Office
Michelle   Obama     Executive Office
```

要是我們把分隔符號從逗號改成分號會怎麼樣？請試著把 CSV 檔案改成以分號區隔看看。結果不太對勁是吧？當然我們不是只能用逗號當作分隔符號，只不過逗號是 Import-Csv 天生就認得的分隔符號而已。如果你想改用別種分隔符號，就必須在使用 Import-Csv 命令時指定新的分隔符號。

讓我們試著把 *Employees.csv* 檔案裡的逗號都換成 tab 看看：

```
PS> (Get-Content ./Employees.csv -Raw).replace(',',"`t") | Set-Content ./Employees.csv
PS> Get-Content ./Employees.csv -Raw
First Name  Last Name   Department  Manager
Adam    Bertram IT  Miranda Bertram
```

譯註 2　注意不論是屬性名稱還是資料內容，中間若有空格時，就要以單引號包覆以維持資料字面完整。

```
Barack   Obama    Executive Office     Michelle Obama
Miranda Bertram Executive Office
Michelle    Obama    Executive Office
```

一旦檔案變成以 tab 區隔的內容就可以利用 Import-Csv 命令的 Delimiter
參數,把 tab 字元指定為新的分隔符號(tab 字元的表示法是以反引號加
上字母 t,也就是 `t,如清單 10-3 所示)。

```
PS> Import-Csv -Path ./Employees.csv -Delimiter "`t"

First Name Last Name Department           Manager
---------- --------- ----------           -------
Adam       Bertram   IT                   Miranda Bertram
Barack     Obama     Executive Office Michelle Obama
Miranda    Bertram   Executive Office
Michelle   Obama     Executive Office
```

清單 10-3:利用 *Import-Csv* 的 *Delimiter* 參數

注意這裡的輸出和清單 10-2 一模一樣。

定義自訂標題

假設你有一個資料表,但你想更改標題列、讓它讀起來比較淺顯易懂,
要怎麼做? Import-Csv 自然也做得到。就像剛剛更改分隔符號一樣,你
必須把參數傳給 Import-Csv 去處理。清單 10-4 便利用了 Header 參數,把
一連串以逗號區隔的字串(也就是新的標題)當成參數傳給 Import-Csv。

```
PS> Import-Csv -Path ./Employees.csv -Delimiter "`t"
-Header 'Employee FName','Employee LName','Dept','Manager'

Employee FName Employee LName Dept           Manager
-------------- -------------- ----           -------
First Name     Last Name      Department     Manager
Adam           Bertram        IT             Miranda Bertram
Barack         Obama          Executive Office Michelle Obama
Miranda        Bertram        Executive Office
Michelle       Obama          Executive Office
```

清單 10-4:利用 *Import-Csv* 的 *Header* 參數

瞧，一旦命令執行完畢，每一列資料的物件都有了新的屬性名稱作為欄位標籤。

建立 CSV 檔案

講了這麼多關於 CSV 檔案的讀取方式，要是我們想自己製作 CSV 檔案呢？當然你可以自己一行一行地輸入，不過那樣就太費力了，尤其是資料有上千列時更是不可能。還好 PowerShell 也有原生的 cmdlet 可以建立 CSV 檔案：它就是 Export-Csv。這個 cmdlet 可以從任何既有的 PowerShell 物件製作出 CSV 檔案；只需告訴 PowerShell 要把那些物件視為資料列、還有要把做好的檔案放到哪裡，就可以了。

我們先處理第二個部份。假設你執行了一些 PowerShell 命令，然後想把主控台的輸出結果設法儲存成檔案。當然你可以使用 Out-File，但是它做的只是把未經結構化的文字直接放進新檔案而已。如果你要的是結構好看的資料檔案、還要附有標題列和分隔符號，請改用 Export-Csv。

舉例來說，假設你要把電腦中所有正在運行的處理程序都取出來，並記錄每個程序的名稱、製作公司、還有說明文字。各位可以先用 Get-Process 取出處理程序、再以 Select-Object 篩選你想看到的屬性，如下所示：

```
PS> Get-Process | Select-Object -Property Name,Company,Description

Name                  Company                        Description
----                  -------                        -----------
ApplicationFrameHost  Microsoft Corporation          Application Frame Host
coherence             Parallels International GmbH   Parallels Coherence service
coherence             Parallels International GmbH   Parallels Coherence service
coherence             Parallels International GmbH   Parallels Coherence service
com.docker.proxy
com.docker.service    Docker Inc.
Docker.Service
--snip--
```

各位可以從清單 10-5 看到，如果透過 Export-Csv，把以上命令的輸出以結構化的方式提交給檔案系統，會是什麼模樣。

```
PS> Get-Process | Select-Object -Property Name,Company,Description |
Export-Csv -Path C:\Processes.csv -NoTypeInformation
PS> Get-Content -Path C:\Processes.csv
"Name","Company","Description"
"ApplicationFrameHost","Microsoft Corporation","Application Frame Host"
"coherence","Parallels International GmbH","Parallels Coherence service"
"coherence","Parallels International GmbH","Parallels Coherence service"
"coherence","Parallels International GmbH","Parallels Coherence service"
"com.docker.proxy",,
"com.docker.service","Docker Inc.","Docker.Service"
```

清單 10-5：使用 *Export-Csv*

以管線將輸出直接轉給 Export-Csv，並指定 CSV 檔所在的路徑（利用
Path 參數），再加上 NoTypeInformation 參數，就可以建立心目中的 CSV
檔案，具備期待中的標題列和正確的資料列。

NOTE　參數 NoTypeInformation 其實並非必要，但如果你不加上它，生成的 CSV 檔
案開頭就會帶有一行文字，敘述其內容的來源物件類型。除非你還需要直接
把同一個 CSV 檔案再重新匯入至 PowerShell，不然這行文字通常沒必要留
著。敘述文字通常會像 #TYPE Selected.System.Diagnostics.Process 這樣。

專案 1：建立一份電腦盤點報告

為了綜合運用各位到目前為止所學到的內容，我們來實施一個小型專
案，一個你在日常生活中會遇到的例子。

設想你的公司剛併購了另一家公司，但不知道對方的網路上有多少台伺
服器和個人電腦。對方只提供了一份 CSV 檔案，內含所有裝置的 IP 位址
和所在部門。管理階層在這時找上你，要求找出這些裝置的詳情、並提
供一份更完善的 CSV 檔案供他們參考。

那你該做些什麼？這個過程大致分成兩個步驟：讀入對方的 CSV 檔、然
後改寫成自己的版本。你的 CSV 檔案必須含有以下資訊：每個檢查過的
裝置 IP 位址、該裝置所屬的部門、該 IP 位址是否對 ping 有回應、以及
裝置的 DNS 名稱。

各位會先從具備以下片段外觀的 CSV 檔案著手。IP 位址屬於整個 class-C 的網段，遮罩長度是 255.255.255.0，因此有效位址會一直延續到 192.168.0.254：^{譯註 3}

```
PS> Get-Content -Path ./IPAddresses.csv
"192.168.0.1","IT"
"192.168.0.2","Accounting"
"192.168.0.3","HR"
"192.168.0.4","IT"
"192.168.0.5","Accounting"
--snip--
```

筆者在本章的資源頁面寫好了一支指令碼，檔名是 *Discover-Computer. ps1*。隨著實驗進展，請將程式碼逐步加入。

首先，你必須讀入 CSV 檔的每一列資料。Import-Csv 可以做到這一點，它會捕捉 CSV 的每一列、並放入一個陣列變數供後續處理：

```
$rows = Import-Csv -Path C:\IPAddresses.csv
```

現在你手中有資料了，接著要看如何運用它。我們要對每個 IP 位址執行兩個檢測動作：用 ping 偵測它、並找出它的主機名稱。我們先拿 CSV 檔案中的一列資料來實驗這兩個動作，確保我們寫出的語法無誤。

以下清單使用 Test-Connection 命令，它會對你指定的 IP 位址送出單一的 ICMP 封包（也就是 CSV 檔案中第一列資料的 IP 位址）。參數 Quiet 可以確保命令不會傳回檢測數據，而是只根據檢測結果傳回 True 或 False 值。

```
PS> Test-Connection -ComputerName $row[0].IPAddress -Count 1 –Quiet
PS> (Resolve-DnsName -Name $row[0].IPAddress -ErrorAction Stop).Name
```

程式碼的第二列，我們要利用 Resolve-DnsName 命令檢測同一個 IP 位址，以便取得其主機名稱。Resolve-DnsName 命令會傳回多項屬性。但由於我

譯註 3　不太可能，至少要被 subnet 本身和 default gateway 個消耗掉一個 IP 位址。

們在乎的只有名稱，因此我們將整道命令放在小括弧裡[譯註 4]，再以點句號註記取得 Name 屬性名稱。

一旦以上動作語法無誤，就可以對 CSV 的每一列資料執行相同動作。最簡單的方式就是透過 foreach 迴圈：

```
foreach ($row in $rows) {
    Test-Connection -ComputerName $row.IPAddress -Count 1 -Quiet
    (Resolve-DnsName -Name $row.IPAddress -ErrorAction Stop).Name
}
```

請執行程式碼試試。各位看到什麼呢？結果是一長串的 True/False、加上相應的主機名稱，但卻無法得知輸出結果中每一對 True/False 和主機名稱對應的 IP 位址。你必須為每一筆資料建立自己的雜湊表，並將元素賦予這個雜湊表。此外你還得設法因應 **Test-Connection** 或 **Resolve-DnsName** 執行發生錯誤的狀況。清單 10-6 顯示的就是達成以上目標的做法。

```
$rows = Import-Csv -Path C:\IPAddresses.csv
foreach ($row in $rows) {
    try { ❶
        $output = @{ ❷
            IPAddress   = $row.IPAddress
            Department  = $row.Department
            IsOnline    = $false
            HostName    = $null
            Error       = $null
        }
        if (Test-Connection -ComputerName $row.IPAddress -Count 1 -Quiet) { ❸
            $output.IsOnline = $true
        }
        if ($hostname = (Resolve-DnsName -Name $row.IPAddress -ErrorAction Stop).Name)
{ ❹
            $output.HostName = $hostName
        }
    } catch {
        $output.Error = $_.Exception.Message ❺
    } finally {
```

譯註 4 Resolve-DnsName 屬於 DnsClient 模組，Windows 10 已預先安裝。

```
    [pscustomobject]$output ❻
    }
}
```

我們一步步來分析上例的動作。首先我們建立了一個雜湊表，其資料值
正好對應每一列的欄位、以及我們要植入的額外資訊 ❷。接著用 ping
測試每個 IP 位址，檢測該電腦是否還在線上 ❸。如果它在線上，就把
IsOnline 設為 True。然後對 HostName 變數做一樣的測試，檢查它是否
存在 ❹，如果存在便更新雜湊表的對應值。如果過程中發生問題，便
把錯誤記錄到雜湊表的 Error 鍵值之下 ❺。最後把雜湊表轉換成一個
PSCustomObject 再取回（這部份不論有無錯誤都會進行）❻。注意整個函
式都包在一個 try/catch 區塊裡 ❶，如果 try 區塊裡的程式碼拋出錯誤，
就會執行 catch 區塊裡的程式碼。由於我們使用了 ErrorAction 參數，
如果發生始料未及的狀況，Resolve-DnsName 就會拋出一個例外（亦即錯
誤）。

執行看看，應該會看到如下的輸出：

```
HostName    :
Error       : 1.0.168.192.in-addr.arpa : DNS name does not exist
IsOnline    : True
IPAddress   : 192.168.0.1
Department  : HR

HostName    :
Error       : 2.0.168.192.in-addr.arpa : DNS name does not exist
IsOnline    : True
IPAddress   : 192.168.0.2
Department  : Accounting
--snip--
```

漂亮！你已經通過大部份的難關了，現在你可以分辨輸出內容跟哪一個
IP 位址有關了。接下來就只剩把輸出結果記錄到一個 CSV 檔案裡。先
前我們學過，可以用 Export-Csv 製作 CSV 檔案。只需以管線把剛產生的
PSCustomObject 物件轉給 Export-Csv，輸出結果便會直接送往 CSV 檔案，
而不再是只輸出至主控台。

接下來請注意，我們必須使用 Append 參數。根據預設，Export-Csv 會覆蓋原本的 CSV 檔案。因此要以 Append 參數把資料列附加到現有 CSV 檔案的結尾、而不是複寫檔案：

```
PS> [pscustomobject]$output |
Export-Csv -Path C:\DeviceDiscovery.csv -Append
-NoTypeInformation
```

一旦指令碼執行完畢，就會有一個 CSV 檔案出現，其內容跟未匯出成檔案前 PowerShell 在主控台的輸出一模一樣：

```
PS> Import-Csv -Path C:\DeviceDiscovery.csv

HostName   :
Error      : 1.0.168.192.in-addr.arpa : DNS name does not exist
IsOnline   : True
IPAddress  : 192.168.0.1
Department : HR

HostName   :
Error      :
IsOnline   : True
IPAddress  : 192.168.0.2
Department : Accounting
```

現在你應該有一個名為 *DeviceDiscovery.csv* 的 CSV 檔案了（或任何你指定的檔名），其中不但有原始 CSV 檔的每一列 IP 位址、也有原始 CSV 檔的資料文字，再加上你以 Test-Connection 和 Resolve-DnsName 檢測的結果。譯註 5

譯註 5　注意，由於 Resolve-DnsName 輸出的屬性，就算 IP 位址在線上，我們自訂的 HostName 欄位內容也會變成反向 ARPA 形式（例如 1.0.168.192.in-addr.arpa），如果根據 Resolve-DnsName 輸出的屬性，把 Discover-Computer.ps1 內容略改一下，改成 $hostname = (Resolve-DnsName -Name $row.IPAddress -ErrorAction Stop).NameHost)，就會有真正的主機名稱出現了。

Excel 試算表

現在很難找到一個完全不用 Excel 試算表的企業了。如果你受命進行一個專案，十有八九會跟某個 Excel 試算表扯上關係。但是在我們深入 Excel 的世界之前，最好先開門見山地說：如果可以的話，不要拿 Excel 來處理比較好！

用 CSV 檔也可以有效地儲存資料，不比 Excel 試算表難到哪裡去，而且在 PowerShell 中管理 CSV 檔案也容易得多。Excel 試算表屬於專屬格式，如果沒有外部程式庫協助，就算以 PowerShell 也無法直接讀取它們。如果你的 Excel 活頁簿（workbook）中只有一個工作表（worksheet），拜託各位把它另存成 CSV 檔。當然了，有時連做到這一點也有困難，如果可能的話儘量這樣做，你會為自己省下不少麻煩。我是說真的。

但若是實在無法存成 CSV 檔呢？這時你就需要使用一個由社群開發的模組來協助。很久以前，若想以 PowerShell 讀取 *.xls* 或 *.xlsx* 等 *Excel* 試算表，必須借助軟體開發人員的專長。還必須先裝有 *Excel*、再取得 *COM* 物件，而複雜的程式元件會把所有 PowerShell 的工作樂趣剝奪殆盡。還好有人為我們承擔了這份苦工，所以不用再去煩惱什麼勞什子的 COM 了，這個小節我們會借助 Doug Finke 的大作，ImportExcel 模組。這個免費的社群開發模組完全不需要事先安裝 Excel，而且用起來比 COM 物件簡單得多。

首先自然還是要先安裝模組。只須執行 Install-Module ImportExcel[譯註6]，就可以在 PowerShell Gallery 找到 ImportExcel 模組。一旦裝好 ImportExcel 模組，就可以著手研究它了。

譯註6　如果你先前未曾安裝過 NuGet，就依指示安裝 ImportExcel 模組，也許會收到 PowershellGet 的提示，要求先安裝特定版本的 NuGet provider，才能取用相關的 NuGet 存放庫。以譯者的 Windows 10 build 1903 搭配 Powershell v5.1 為例，你可以自己手動以 Install-PackageProvider -Name NuGet -MinimumVersion 2.8.5.201 安裝，或乾脆在執行上述安裝命令被問到時、直接按 Y 令其自動補裝就好，但是裝好 NuGet 套件後還是要再跑一次 ImportExcel 的模組安裝。

建立 Excel 試算表

開始之前,得先建立一個 Excel 試算表。當然你可以像平常一樣打開 Excel 然後做一個,不過這樣就沒什麼意思了。我們要用 PowerShell 來建立一個具備單一工作表的簡單試算表(要會走路也得先學會怎麼爬吧)。這時就得用到 Export-Excel 命令了。就像 Export-Csv 一樣,Export-Excel 會讀取它接收的每個物件的屬性名稱,並據以製作標題列,然後再繼續建立資料列。

Export-Excel 最簡單的用法,就是用管道把一個以上的物件送給它處理,就像使用 Export-Csv 時一樣。舉例來說,我們可以建立一個只包含單一工作表的 Excel 活頁簿,其資料則是自己電腦中正在執行的處理程序。

鍵入 Get-Process | Export-Excel .\Processes.xlsx 就會建立一個試算表,其外觀如同圖 10-2 所示。

	A	B	C	D	E	F	G	H
1	Name	SI	Handles	VM	WS	PM	NPM	Path
2	ApplicationFrameHost	1	315	2.19919E+12	26300416	7204864	17672	C:\WINDOWS\system32\ApplicationFrameHost.exe
3	coherence	0	120	62164992	5607424	1769472	7968	C:\Program Files (x86)\Parallels\Parallels Tools\Services\coherence.exe
4	coherence	1	113	82739200	5255168	1818624	7736	C:\Program Files (x86)\Parallels\Parallels Tools\Services\coherence.exe
5	coherence	1	130	78884864	5672960	1802240	8896	C:\Program Files (x86)\Parallels\Parallels Tools\Services\WOW\coherence.exe
6	com.docker.localhost-forwarder	1	343	35518222336	9560064	31272960	7592	C:\Program Files\Docker\Docker\Resources\com.docker.localhost-forwarder.exe
7	com.docker.proxy		74	35512229888	9891840	19812352	6632	C:\Program Files\Docker\Docker\Resources\com.docker.proxy.exe
8	com.docker.service	0	517	650498048	40833024	27496448	43120	C:\Program Files\Docker\Docker\com.docker.service
9	conhost	0	105	2.19908E+12	5926912	1486848	7056	C:\WINDOWS\system32\conhost.exe
10	conhost	0	105	2.19909E+12	5943296	1544192	7192	C:\WINDOWS\system32\conhost.exe

圖 10-2:Excel 試算表

如果你不曾把檔案轉換為 CSV,極有可能是因為 Excel 檔案內容遠比單一工作表還要複雜之故。讓我們替剛剛建立的活頁簿再加上幾個工作表。這需要用到參數 WorksheetName,如清單 10-7 所示。利用傳給 Export-Excel 的物件,我們於是建立了額外的工作表。

```
PS> Get-Process | Export-Excel .\Processes.xlsx -WorksheetName 'Worksheet2'
PS> Get-Process | Export-Excel .\Processes.xlsx -WorksheetName 'Worksheet3'
```

清單 10-7:為 Excel 活頁簿添加工作表

以 Export-Excel 建立試算表可能要複雜得多,但卻可以省下大量的時間(也替地球多救幾棵樹),這裡我們不再細究。如果你對過程感興趣,請自行檢視 Export-Excel 的說明文件,一定可以找到成打的參數供你運用!

讀取 Excel 試算表

當你要處理試算表時，請專注在讀取內部資料列這件事情上。要讀取試算表，可以使用 Import-Excel 命令。該命令會讀取活頁簿的其中一個工作表，並傳回一個以上的 PSCustomObject 物件，每個物件代表一列資料。這時操作命令的最簡單方式就是以 Path 參數指定 Excel 活頁簿檔案路徑。這時就會像清單 10-8 那樣，看到 Import-Excel 傳回物件，而且物件的屬性都對應到試算表的欄位名稱。

```
PS> Import-Excel -Path .\Processes.xlsx

Name                    : ApplicationFrameHost
SI                      : 1
Handles                 : 315
VM                      : 2199189057536
WS                      : 26300416
PM                      : 7204864
NPM                     : 17672
Path                    : C:\WINDOWS\system32\ApplicationFrameHost.exe
Company                 : Microsoft Corporation
CPU                     : 0.140625
--snip--
```

清單 10-8：使用 *Import-Excel*

根據預設，Import-Excel 只會處理活頁簿中的第一個工作表。而我們的範例活頁簿裡卻有多個工作表，因此你得設法把每個工作表都讀進來。但當你讀取該 Excel 活頁簿時，可能離先前建檔已有一段時間，你也不記得所有的工作表名稱。這不成問題。只要用 Get-ExcelSheetInfo 取出活頁簿的所有工作表名稱即可，如清單 10-9 所示。

```
PS> Get-ExcelSheetInfo -Path .\Processes.xlsx

Name        Index Hidden  Path
----        ----- ------  ----
Sheet1          1 Visible C:\Users\adam\Processes.xlsx
Worksheet2      2 Visible C:\Users\adam\Processes.xlsx
Worksheet3      3 Visible C:\Users\adam\Processes.xlsx
```

清單 10-9：使用 *Get-ExcelSheetInfo*

現在我們可以利用以上的輸出取得所有工作表的資料了。請加上 foreach 迴圈，並針對活頁簿中的每一個工作表都呼叫 Import-Excel，如清單 10-10 所示。

```
$excelSheets = Get-ExcelSheetInfo -Path .\Processes.xlsx
Foreach ($sheet in $excelSheets) {
    $workSheetName = $sheet.Name
    $sheetRows = Import-Excel -Path .\Processes.xlsx -WorkSheetName
    $workSheetName
❶   $sheetRows | Select-Object -Property *,@{'Name'='Worksheet';'Expression'={ $workSheetName }}
}
```

清單 10-10：取出全部工作表的所有資料列

注意，上例中我們利用了 Select-Object 的推導屬性（calculated property）❶。通常我們會以利用 Select-Object 的 Property 參數，搭配簡單的字串，藉以指定要觀看的部份物件屬性名稱。如果改用推導屬性，就必須為 Select-Object 提供一個雜湊表，裡面包括你自訂的屬性名稱（'Name'='WorkSheet'）、以及一個會在 Select-Object 接收輸入時執行的運算式（'Expression'={ $workSheetName }）。運算式的作用就是產生一個新推導屬性的內容資料值。[譯註 7]

根據預設，Import-Excel 的結果中不會替每個物件加上以工作表名稱為內容的屬性（亦即我們無從得知每筆資料屬於哪一個工作表）。為了因應這一點，我們特別為每筆資料列物件加上了一個名為 Worksheet 的屬性，以便我們參閱。

添加一個 Excel 工作表

在前一小節裡，我們憑空建立了一個 Excel 活頁簿。但不可諱言地，總會有要為工作表添加資料列的時候。還好有 ImportExcel 模組；只需運用 Export-Excel 命令的 Append 參數就可以幫上忙。

舉例來說，假設你要追蹤自己電腦上的處理程序執行史。你會把電腦在某一段時間內執行的所有處理程序都匯出來，然後在 Excel 中進行比較。

譯註 7　通常當我們需要製造一個 Select-Object 的輸入來源中不具備的屬性、但是該屬性可以從他處以運算式取得時，就會用到推導屬性。

這時就得把執行中的所有處理程序匯出，還須確保為每筆資料列加上時間戳記（timestamp），以便指出是何時取得處理程序資訊的。

讓我們再替示範的 Excel 活頁簿添加一個工作表，並將工作表命名為 **Processes OverTime**。這時也一樣要用到推導屬性，才能為每筆處理程序的資料列物件加上時間戳記屬性，就像這樣：

```
PS> Get-Process |
Select-Object -Property *,@{Name = 'Timestamp';Expression = { Get-Date -Format
'MM-dd-yy hh:mm:ss' }} |
Export-Excel .\Processes.xlsx -WorksheetName 'ProcessesOverTime'
```

執行以上命令，然後開啟 Processes 活頁簿檔案，各位應該可以看到一個新的工作表出現，名稱正是 ProcessesOverTime，而其內容就是你電腦上正在執行的所有處理程序，還加上了時間戳記欄位，指出當下查詢處理程序時的時刻。

到此你就可以利用跟上面一樣的命令，為工作表添加額外的資料列了，但這時記得要加上 Append 參數。這道命令可以一再地重複執行。它會把資料列一直附加到指定工作表的尾端：

```
PS> Get-Process |
Select-Object -Property *,@{Name = 'Timestamp';Expression = { Get-Date -Format
'MM-dd-yy hh:mm:ss' }} |     譯註 8
Export-Excel .\Processes.xlsx -WorksheetName 'ProcessesOverTime' -Append
```

資料蒐集完畢之後，就可以在 Excel 活頁簿裡看到你所有蒐集到的處理程序資訊了。

專案 2：建立一個 Windows 服務監視工具

在這個小節裡，我們要再度把各位已學會的技能結合起來，進行另一個小型專案。這回我們要建立一個程序，藉以追蹤 Windows 在一段時間內的服務狀態，並記錄在一個 Excel 工作表中。然後要再建立另一份報告，指出有不同的服務狀態發生變化，基本上這就是一個陽春的（lo-fi）監視工具。

譯註 8　注意 -Format 與引數 'MM-dd-yy hh:mm:ss' 中間有空格，這裡被換行遮住了。

首先要做的，自然是找出如何取得 Windows 服務資訊的方式，並且只取出其名稱和狀態就好。這只需透過 Get-Service | Select-Object -Property Name,Status 就可以輕易做到這一點。接著必須為 Excel 工作表中的每列資料加上時間戳記。這只需參照前例的做法，透過推導屬性即可；參照清單 10-11。

```
PS> Get-Service |
Select-Object -Property Name,Status,@{Name = 'Timestamp';Expression =
{ Get-Date -Format 'MM-dd-yy hh:mm:ss' }} |
Export-Excel .\ServiceStates.xlsx -WorksheetName 'Services'
```

清單 10-11：匯出服務狀態

此時你應該已經製作出一個名為 ServiceStates.xlsx 的 Excel 活頁簿了，而且其中有一個名為 Services 的工作表，其外觀應該像圖 10-3 這樣。

	A	B	C
1	Name	Status	Timestamp
2	AdtAgent	Stopped	04-22-18 10:06:58
3	AJRouter	Stopped	04-22-18 10:06:58
4	ALG	Stopped	04-22-18 10:06:58
5	AppHostSvc	Running	04-22-18 10:06:58
6	AppIDSvc	Stopped	04-22-18 10:06:58
7	Appinfo	Stopped	04-22-18 10:06:58

圖 10-3：一個 Excel 活頁簿

再度執行以上命令之前，我們得先更改幾個 Windows 服務的狀態。以便模擬服務的變化，繼而追蹤一段時間內的變化。請停止和啟動若干服務，改變其狀態。然後再度執行上例清單 10-11 的命令，不過這次請記得要替 Export-Excel 加上 Append 參數。現在你就有一些資料可以處理了（千萬別忘記 Appnd 參數，不然第二次執行的命令就會把前一次得出的工作表內容蓋掉）。

有了資料後，就該來歸納一下了。Excel 提供了數種方式來歸納資料，但目前你只需注意樞紐分析表就好。所謂的樞紐分析表（*pivot table*），是一種可以將一種以上屬性群聚在一起、然後可以對這些屬性的相應資料值採取動作（如計數、加總等），以便歸納資料的方式。透過樞紐分析表，就能輕易地找出哪些服務的狀態發生了變化。

只需藉助於 IncludePivotTable、PivotRows、PivotColumns 和 PivotData 等參數，就能建立總結的樞紐分析表（圖 10-4）。

A	B	C	D
Count of Timestamp	Column Labels		
Row Labels	Stopped	Running	Grand Total
AdtAgent	4		4
04-22-18 10:06:58	1		1
04-22-18 10:11:28	1		1
04-22-18 10:14:08	1		1
04-22-18 10:14:53	1		1
AJRouter	4		4
04-22-18 10:06:58	1		1
04-22-18 10:11:28	1		1
04-22-18 10:14:08	1		1
04-22-18 10:14:53	1		1
ALG	4		4
04-22-18 10:06:58	1		1
04-22-18 10:11:28	1		1
04-22-18 10:14:08	1		1
04-22-18 10:14:53	1		1
AppHostSvc	2	2	4
04-22-18 10:06:58		1	1
04-22-18 10:11:28		1	1
04-22-18 10:14:08	1		1
04-22-18 10:14:53	1		1
AppIDSvc	4		4

清單 10-4：服務狀態的樞紐分析表

如清單 10-12 所示，你其實讀入了 Services 工作表的資料，再利用它們來建立樞紐分析表。

```
PS> Import-Excel .\ServiceStates.xlsx -WorksheetName 'Services' |
Export-Excel -Path .\ServiceStates.xlsx -Show -IncludePivotTable -PivotRows Name,Timestamp
-PivotData @{Timestamp = 'count'} -PivotColumns Status
```

清單 10-12：以 PowerShell 建立 Excel 樞紐分析表

ImportExcel 這個 PowerShell 模組擁有豐富的選項可供運用。如果你想繼續在這個資料集上做實驗，儘管放手實驗。請參閱 ImportExcel 在 GitHub 的存放庫（*https://github.com/dfinke/ImportExcel*），或是如果你想拿別的資料來實驗，也不妨試試。只要你手邊有資料，PowerShell 就能加以操縱、並以任何你想要的方式將其呈現出來！

JSON 資料

如果你在過去五年中都從事資訊科技領域工作，必然對 JSON 不陌生。它誕生於 2000 年初期，全名為 *JavaScript Object Notation*（*JSON* 是縮寫），屬於一種可供機器閱讀、人類亦可理解的語言，用於呈現階層式的資料集。如同其名稱所示，JavaScript 應用程式對它的運用最多，亦即它在網頁開發中有極顯要的地位。

最近使用 *REST API*（這是一種可以在用戶端與伺服器之間傳送資料的技術）的線上服務數量有激增之勢，也連帶使得 JSON 的用量大增。如果你正以網頁處理一些事情，JSON 絕對是值得理解的格式，而且 PowerShell 也能輕易地管理它。

讀取 JSON

PowerShell 讀取 JSON 時有一點跟 CSV 相似，就是方式不只一種：要剖析、或不加剖析。由於 JSON 也是純文字格式，PowerShell 預設也將其視為字串。舉例來說，請從本章資源網頁取得 *Employees.json* 這個 JSON 檔案，內容如下：

```
{
    "Employees": [
        {
            "FirstName": "Adam",
            "LastName": "Bertram",
            "Department": "IT",
            "Title": "Awesome IT Professional"
        },
        {
            "FirstName": "Bob",
            "LastName": "Smith",
            "Department": "HR",
            "Title": "Crotchety HR guy"
        }
    ]
}
```

如果你只要看字串輸出，只需使用 `Get-Content -Path Employees.json -Raw` 就可以讀取檔案，並傳回字串內容。但字串能派上的用場不多。你需要的是結構的資訊。要取得這部份，必須要有可以理解 JSON 結構描述

（亦即 JSON 中呈現個別節點和節點陣列的方式）的工具，以便正確剖析檔案。我們需要的是 ConvertFrom-Json 這支 cmdlet。

ConvertFrom-Json 這個 cmdlet 是 PowerShell 中原生的 cmdlet，它可以把原始的 JSON 當成輸入、並將其轉換為 PowerShell 的物件。清單 10-13 顯示的便是 PowerShell 如何將 Employees 的內容化為屬性。

```
PS> Get-Content -Path .\Employees.json -Raw | ConvertFrom-Json

Employees
---------
{@{FirstName=Adam; LastName=Bertram; Department=IT;
Title=Awesome IT Professional}, @{FirstName=Bob;
LastName=Smith; Department=HR; Title=Crotchety H...
```

清單 10-13：將 JSON 轉換為物件

如果你觀察 ConvertFrom-Json 命令從 JSON 轉換所得物件的 Employees 屬性，就會注意到所有的員工節點（employee nodes）都已剖析出來，且每個鍵都代表一個欄位標題，而對應的鍵值則成為資料列的內容值：

```
PS> (Get-Content -Path .\Employees.json -Raw | ConvertFrom-Json).Employees

FirstName LastName Department Title
--------- -------- ---------- -----
Adam      Bertram  IT         Awesome IT Professional
Bob       Smith    HR         Crotchety HR guy
```

Employees 屬性現在成為物件的陣列，可供我們查詢和操作，就像處理任何一種陣列一樣。

建立 JSON 字串

假設你有來自各種資源的一大堆資料，而你想把它們轉換成 JSON 格式。該怎麼辦？這時就是 ConvertTo-Json 這支 cmdlet 施展魔法的時候了：它可以把任何 PowerShell 物件轉換成 JSON。

舉個例子，讓我們把本章早先建立的 CSV 檔轉換成 Employees.json。首先我們要把 CSV 檔先匯入：

```
PS> Import-Csv -Path .\Employees.csv -Delimiter "`t"

First Name Last Name Department         Manager
---------- --------- ----------         -------
Adam       Bertram   IT                 Miranda Bertram
Barack     Obama     Executive Office Michelle Obama
Miranda    Bertram   Executive Office
Michelle   Obama     Executive Office
```

要完成轉換，必須把以上的輸出再以管線送給 ConvertTo-Json，如清單
10-14 所示。

```
PS> Import-Csv -Path .\Employees.csv -Delimiter "`t" | ConvertTo-Json
[
    {
        "First Name":  "Adam",
        "Last Name":  "Bertram",
        "Department":  "IT",
        "Manager":  "Miranda Bertram"
    },
    {
        "First Name":  "Barack",
        "Last Name":  "Obama",
        "Department":  "Executive Office",
        "Manager":  "Michelle Obama"
    },
    {
        "First Name":  "Miranda",
        "Last Name":  "Bertram",
        "Department":  "Executive Office",
        "Manager":  null
    },
    {
        "First Name":  "Michelle",
        "Last Name":  "Obama",
        "Department":  "Executive Office",
        "Manager":  null
    }
]
```

清單 10-14：將物件轉換成 JSON

正如各位期待的，有幾個參數是可以用來修改轉換方式的。其中之一就
是 Compress 參數，它會把所有可能不需要的換行都去除、以縮減輸出：

```
PS> Import-Csv -Path .\Employees.csv -Delimiter "`t" | ConvertTo-Json –Compress
[{"First Name":"Adam","Last
Name":"Bertram","Department":"IT","Manager":"Miranda
Bertram"},{"First Name":"Barack","Last
Name":"Obama","Department":"Executive
Office","Manager":"Michelle Obama"},{"First
Name":"Miranda","Last Name":"Bertram","Department":"Executive
Office","Manager":null},{"First Name":"Michelle",
"Last Name":"Obama","Department":"Executive
Office","Manager":null}]
```

如果屬性和其資料值存在，ConvertTo-Json 就會履行職責。屬性一定
會成為節點鍵（node key），而其資料值則會一定成為節點值（node
value）。

專案 3：查詢與剖析某個 REST API

現在各位已經知道如何剖析 JSON 了，所以讓我們來玩點花招：用
PowerShell 來查詢某個 REST API，並對結果進行剖析。當然任何 REST
API 都可以測試，只不過有的 API 是需要認證的，而為簡化我們的練習起
見，最好是不要節外生枝。所以我們要找一個不需認證的 API 來練習。
筆者就找到一個 REST API，網址是 *postcodes.io*，這是一個可供人自由查
詢 UK 郵遞區號的 API，而且具備各種篩選條件。

查詢的網址是 *http://api.postcodes.io/random/postcodes*。當你存取這個網址
時，就等於是查詢 *postcodes.io* 的 API 服務，而且會以 JSON 格式隨機地傳
回一個郵遞區號。要以 PowerShell 查詢網址，可以用 Invoke-WebRequest
這個 cmdlet：

```
PS> $result = Invoke-WebRequest -Uri 'http://api.postcodes.io/random/postcodes'
PS> $result.Content
{"status":200,"result":{"postcode":"IP12
2FE","quality":1,"eastings":641878,"northings":250383,"country
":"England","nhs_ha":"East of England","longitude":
1.53013518866685,"latitude":52.0988661618569,"european_elector
al_region":"Eastern","primary_care_trust":"Suffolk","region":"
East of England","lsoa":"Suffo
lk Coastal 007C","msoa":"Suffolk Coastal
007","incode":"2FE","outcode":"IP12","parliamentary_constituen
cy":"Suffolk Coastal","admin_district":"Suffolk Coa
stal","parish":"Orford","admin_county":"Suffolk","admin_ward":
```

```
"Orford & Eyke","ccg":"NHS Ipswich and East
Suffolk","nuts":"Suffolk","codes":{"admin_distri
ct":"E07000205","admin_county":"E10000029","admin_ward":"E0501
449","parish":"E04009440","parliamentary_constituency":"E14000
81","ccg":"E38000086","nuts"
:"UKH14"}}}
```

現在讓我們試著把以上結果轉換成 PowerShell 物件：

```
PS> $result = Invoke-WebRequest -Uri 'http://api.postcodes.io/random/postcodes'
PS> $result.Content | ConvertFrom-Json

status result
------ ------
   200 @{postcode=DE7 9HY; quality=1; eastings=445564;
       northings=343166; country=England; nhs_ha=East Midlands;
       longitude=-1.32277519314161; latitude=...

PS> $result = Invoke-WebRequest -Uri 'http://api.postcodes.io/random/postcodes'
PS> $contentObject = $result.Content | ConvertFrom-Json
PS> $contentObject.result


postcode                     : HA7 2SR
quality                      : 1
eastings                     : 516924
northings                    : 191681
country                      : England
nhs_ha                       : London
longitude                    : -0.312779792807334
latitude                     : 51.6118279308721
european_electoral_region    : London
primary_care_trust           : Harrow
region                       : London
lsoa                         : Harrow 003C
msoa                         : Harrow 003
incode                       : 2SR
outcode                      : HA7
parliamentary_constituency   : Harrow East
admin_district               : Harrow
parish                       : Harrow, unparished area
admin_county                 :
admin_ward                   : Stanmore Park
ccg                          : NHS Harrow
nuts                         : Harrow and Hillingdon
codes                        : @{admin_district=E09000015;
                               admin_county=E99999999; admin_ward=E05000303;
                               parish=E43000205;
```

大家可以從 JSON 把回應轉換成物件，不會有何困難。但你必須引用兩個命令，Invoke-WebRequest 和 ConvertFrom-Json。如果一招就能致勝豈不更妙？顯然 PowerShell 已經有某個命令可以一箭雙鵰：它就是 Invoke-RestMethod。

Invoke-RestMethod 這個 cmdlet 與 Invoke-WebRequest 十分類似；它會把不同的 HTTP 動詞拋給網頁服務，並取得其回應。由於 *postcodes.io* 的 API 服務不需要認證，只需替 Invoke-RestMethod 加上參數 Uri，就可以取得 API 的回應：

```
PS> Invoke-RestMethod -Uri 'http://api.postcodes.io/random/postcodes'

status result
------ ------
   200 @{postcode=NE23 6AA; quality=1; eastings=426492;
       northings=576264; country=England; nhs_ha=North East;
       longitude=-1.5865793029774; latitude=55...
```

各位可以看到 Invoke-RestMethod 會傳回一個 HTTP 狀態碼，同時把取自 API 的回應放在 result 這個屬性裡。那 JSON 的格式內容跑哪去了？其實以上的命令已經順便處理了這個部份。無須再手動從 JSON 轉換至物件，因此各位就能直接以 result 屬性取出內容：

```
PS> (Invoke-RestMethod -Uri 'http://api.postcodes.io/random/postcodes').result

postcode                 : SY11 4BL
quality                  : 1
eastings                 : 332201
northings                : 331090
country                  : England
nhs_ha                   : West Midlands
longitude                : -3.00873643515338
latitude                 : 52.8729967314029
european_electoral_region : West Midlands
primary_care_trust       : Shropshire County
region                   : West Midlands
lsoa                     : Shropshire 011E
msoa                     : Shropshire 011
incode                   : 4BL
outcode                  : SY11
parliamentary_constituency : North Shropshire
admin_district           : Shropshire
```

```
parish                        : Whittington
admin_county                  :
admin_ward                    : Whittington
ccg                           : NHS Shropshire
nuts                          : Shropshire CC
codes                         : @{admin_district=E06000051;
                                admin_county=E99999999; admin_ward=E05009287;
                                parish=E04012256;
```

在 PowerShell 中對 JSON 的處理是很直截了當的。靠著 PowerShell 的簡易 cmdlets，就可躲過所有繁瑣的字串剖析，只需用管線把 JSON 格式的內容、或是即將 JSON 化的物件傳遞給命令，就可以見證奇蹟！

總結

本章涵蓋了幾種結構化資料的主題，同時也說明了如何在 PowerShell 中處理這些結構。PowerShell 原生的 cmdlet 讓這個過程如沐春風，將大量的複雜程式碼予以抽象化，讓使用者只須面對簡單易用的命令。但是不要讓這份簡潔捉弄了：PowerShell 其實有能力剖析和操作幾乎任何種類的資料。就算它沒有原生的命令可以處理某個資料類型，但憑藉著 .NET 的基礎，它仍能從任何 .NET 的類別中取得更高階的處理概念。

在下一章當中，我們要來面對微軟的 Active Directory（AD）。它充滿了重複性的任務，因此也是學習運用 PowerShell 時不可或缺的場合之一；在本書接下來的篇幅裡，我們會在這個龐大的資源中消磨很多時光。

Active Directory 的自動化

最值得以 PowerShell 將其自動化的產品之一，就是微軟的 Active Directory（AD）。機構內的員工有進有出、也經常在部門之間調動。因而需要一套動態系統來追蹤員工的組織人事動態，而這正是 AD 發揮作用的地方。IT 專家們經常得在 AD 當中進行重複性的相似任務，因而使得 AD 成為最適合發揮自動化的場合。

在這一章中我們要逐步介紹，如何以 PowerShell 將若干與 AD 相關的場合自動化。雖說 PowerShell 能操作的 AD 物件千奇百怪，但我們只會談及其中最常用的三種：使用者帳戶、電腦帳戶、以及群組。這些類型的物件都是 AD 管理員在日常基本工作中最常遇到的物件。

先決條件

在各位開始實驗本章的範例之前，筆者假設各位的電腦環境已滿足以下的需求。

首先是你使用的 Windows 電腦，已經是某個 Active Directory 網域的成員。當然也有辦法可以從工作群組電腦以替代身分操縱 AD，但那不在本章的範疇之內。

其次是你操作的網域，應該就是你的電腦所隸屬的網域。複雜的跨網域和樹系信任問題同樣不在本章的範疇之內。

最後是你登入電腦的 AD 帳戶，應該有足夠的權限可以讀取、修改和建立一般的 AD 物件，像是使用者、電腦、群組和組織單位（organizational units，通稱 OU）。筆者設計的練習，都是從一台以 Domain Admins 群組成員身分的帳戶登入的電腦（亦即我有權掌控網域內的一切事物）。雖說未必要如此，而且通常也不建議在正式環境中這樣做，這樣的設定卻可以讓我不受限制地進行各種示範，而不用煩惱物件的權限問題，畢竟安全問題不是本書的主題[譯註 1]。

安裝 ActiveDirectory 的 PowerShell 模組

現在各位應該已經知道，PowerShell 要完成一件任務的方式絕對不只一種。同理，如果你有現成的工具可以把事情做得更好，何必煩惱要從頭製造輪子？在這一章裡，我們只需仰賴一個模組：ActiveDirectory。雖說現成工具也不是毫無缺點（包括莫名所以的參數、奇特的篩選語法、怪異的錯誤行為）但它仍是到目前為止最完備的 AD 管理用模組。

通常在 *Remote Server Administration Tools* 軟體套件裡都會附有一份 ActiveDirectory 模組。該套件是一個多樣工具的軟體組合包，但可惜的是，在本書付梓之前，該套件還是取得 Active Directory 模組的唯一途徑。在你繼續讀下去之前，筆者鼓勵大家先下載和安裝 RSAT 套件。一旦完成，Active Directory 模組就也已裝好了。

譯註 1　一般安全控管較嚴謹的正式環境，也許會另外制訂一組管理用帳戶，供管理員在尋常身分以外使用。通常只需善用 runas、搭配網域管理用帳戶，還是可以繼續做實驗，不過還是小心為上。

為確認 ActiveDirectory 是否真的裝好，請利用 Get-Module 命令：

```
PS> Get-Module -Name ActiveDirectory -List
Directory: C:\WINDOWS\system32\WindowsPowerShell\v1.0\Modules

ModuleType  Version  Name            ExportedCommands
----------  -------  ----            ----------------
Manifest    1.0.0.0  ActiveDirectory {Add-ADCentralAccessPolicyMember,...
```

如果你看到的輸出就像上面這樣，代表 ActiveDirectory 模組已經裝好了。

查詢和篩選 AD 物件

一旦你確認以上所有先決條件都已達成，也已裝好了 ActiveDirectory 模組，就可以開始了。

要熟悉一個新的 PowerShell 模組，最好的辦法之一就是觀察它所包含的、以 Get 為動詞的全部命令。開頭是 *Get* 的命令一律只會讀取資訊，因此不慎改到某件事物的機會微乎其微。我們也會用這個方式來研究 ActiveDirectory 模組，並觀察其中和我們先前提及本章會處理的物件相關的命令。清單 11-1 的開頭就是教大家如何取得以 *Get* 開頭、而且名詞部份會帶有 *computer* 字樣的 ActiveDirectory 模組成員命令。

```
PS> Get-Command -Module ActiveDirectory -Verb Get -Noun *computer*

CommandType  Name                        Version  Source
-----------  ----                        -------  ------
Cmdlet       Get-ADComputer              1.0.0.0  ActiveDirectory
Cmdlet       Get-ADComputerServiceAccount 1.0.0.0 ActiveDirectory

PS> Get-Command -Module ActiveDirectory -Verb Get -Noun *user*

CommandType  Name                            Version  Source
-----------  ----                            -------  ------
Cmdlet       Get-ADUser                      1.0.0.0  ActiveDirectory
Cmdlet       Get-ADUserResultantPasswordPolicy 1.0.0.0 ActiveDirectory

PS> Get-Command -Module ActiveDirectory -Verb Get -Noun *group*

CommandType  Name                            Version  Source
```

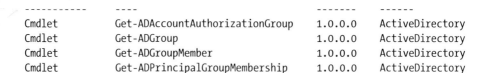

| ----------- | ---- | ------- | ------ |
Cmdlet	Get-ADAccountAuthorizationGroup	1.0.0.0	ActiveDirectory
Cmdlet	Get-ADGroup	1.0.0.0	ActiveDirectory
Cmdlet	Get-ADGroupMember	1.0.0.0	ActiveDirectory
Cmdlet	Get-ADPrincipalGroupMembership	1.0.0.0	ActiveDirectory

清單 11-1：*ActiveDirectory* 模組中的 *Get* 命令

各位可以看到若干有趣的命令。本章中會用到的會有 Get-ADComputer、Get-ADUser、Get-ADGroup、以及 Get-ADGroupMember。

篩選物件

許多以 Get 開頭的常用 AD 命令，都會附帶一個共通的變數 Filter。Filter 的作用與 PowerShell 的 Where-Object 命令相彷彿，同樣會篩選每個命令傳回的物件，但完成任務的方式則不盡相同。

Filter 參數具備自己的語法，而且可能不太容易理解，尤其是篩選的方式相對複雜的時候。要觀察詳細的 Filter 參數語法解析，請利用 Get-Help about_ActiveDirectory_Filter。

在這一章當中，我們會儘量保持簡單、避免使用任何繁瑣的高階篩選。首先我們要用 Get-ADUser 命令搭配 Filter 參數，取得網域中全部的使用者物件，如清單 11-2 所示。不過請留意：如果你的網域中有大量的使用者帳戶，也許要等上好一會才會看到有資料輸出。

```
PS> Get-ADUser -Filter *


DistinguishedName : CN=adam,CN=Users,DC=lab,DC=local
Enabled           : True
GivenName         :
Name              : adam
ObjectClass       : user
ObjectGUID        : 5e53c562-4fd8-4620-950b-aad8fbaa84db
SamAccountName    : adam
SID               : S-1-5-21-930245869-402111599-3553179568-500
Surname           :
UserPrincipalName :
--snip--
```

清單 11-2：找出網域中所有的使用者帳戶

如上例所示，Filter 參數可以接收萬用字元 * 作為引數字串值。光靠這個引數，就可以讓（幾乎）所有的 Get 命令傳回任何它們找出的事物。雖說這種方式自有其用途，但大多數的時候我們還是不會想要取得全部的可能物件。但是如果使用恰當，萬用字元還是相當強大的工具。

假設你想找出 AD 中所有名稱開頭為 *C* 的電腦帳戶。這時就可以鍵入 Get-ADComputer -Filter 'Name -like "C*"'，C* 代表的是 *C* 後面可以接有任何字元。你也可以反其道而行；假設你要找的是所有姓氏結尾有 *son* 字樣的使用者，可以鍵入 Get-ADComputer -Filter 'Name -like "*son"' 命令。

如果你想找出所有姓氏為 *Jones* 的使用者，可以執行 Get-ADUser -Filter "surName -eq 'Jones'"；若是只想找到特定姓名的單一使用者，可以鍵入 Get-ADUser -Filter "surName -eq 'Jones' -and givenName -eq 'Joe'"。參數 Filter 讓我們得以利用各種 PowerShell 的運算子，像是 like 和 eq，據以建立篩選條件，進而傳回你要尋找的結果。Active Directory 的屬性（attributes）都儲存在 AD 資料庫裡，其名稱則遵循所謂的駝峰式大小寫（lower camel case），亦即筆者在上例中的篩選寫法，但不代表在技術上非要這樣寫不可。

另一個經常用來篩選 AD 物件的常用命令，則是 Search-ADAccount。這道命令內建了大部份常用的篩選條件，例如找出所有密碼已逾期的使用者、或是找出已經被鎖住的使用者、甚至是找出已經啟用的電腦帳戶等等。請自行查閱 Search-ADAccount 這個 cmdlet 的說明頁，看有哪些參數可用。

大部份的狀況下，Search-ADAccount 的語法都是一望即知的。有些切換型參數（switch parameters），像是 PasswordNeverExpires、AccountDisabled、以及 AccountExpired 等等，都不需要其他參數就可以運作。

除了這些花俏的參數之外，Search-ADAccount 也擁有各種需要額外輸入引數的參數，像是要指出日期時間屬性有多久、或是需要將結果限制為特定物件類型（例如使用者或電腦）等等。

我們以 AccountInactive 參數為例。假設你想找出已逾 90 天未使用的所有使用者帳戶。這時就是 Search-ADAccount 發揮的大好時機。利用清單

11-3 的語法，加上 -UsersOnly 以挑出使用者物件類型、再加上 -TimeSpan 篩選出過去 90 天都沒有活動的物件，就可以迅速找出所有要查詢的使用者。

```
PS> Search-ADAccount -AccountInactive -TimeSpan 90.00:00:00 -UsersOnly
```

清單 11-3：利用 *Search-ADAccount*

Search-ADAccount 這個 cmdlet 會傳回類型為 Microsoft.ActiveDirectory.Management.ADUser 的物件。這和 Get-ADUser 及 Get-ADComputer 傳回的物件類型相同。如果你覺得 Get 一族的 AD 命令用到一半就卡關，不知如何找出 Filter 參數的語法時，Search-ADAccount 是很好的替代工具。

傳回單一物件

有時其實你已確知你要尋找的 AD 物件為何，就無需請出 Filter 了。這時只需引用 Identity 參數就好。

Identity 是很有彈性的參數，它接受你輸入可以唯一識別 AD 物件的屬性；因而傳回單一物件。每個使用者帳戶都有一個獨特的屬性，稱為 samAccountName。各位可以利用 Filter 參數找出所有具備特定 samAccountName 的使用者，就像這樣：

```
Get-ADUser -Filter "samAccountName -eq 'jjones'"
```

改用 Identity 參數的更簡潔寫法如下：

```
Get-ADUser -Identity jjones
```

專案 4：找出過去 30 天內未更改密碼的使用者帳戶

現在各位已經對如何查詢 AD 物件有基本的認識了，我們來寫一支小型的指令碼，把學過的東西派上用場。以下是運用的場景：你任職的公司正要實施一項新的密碼逾期控管原則，而你的任務就是找出所有過去 30 天內還沒改過密碼的帳戶。

首先我們要想想該用哪一道命令。你的首選很可能是剛剛學過的 Search-ADAccount 命令。不過 Search –ADAccount 的用途雖多，既能搜尋又能篩選不同的物件，但是你無法用它自訂篩選條件。要能仔細調校出自己的搜尋條件，還是要回頭改用 Get-ADUser 命令才有辦法。

決定要用哪一道命令之後，下一步就是找出該篩選些什麼。我們已經知道目標是篩選出過去 30 天內都沒有改過密碼的帳戶，但如果你這樣做，所得到的帳戶數目也許遠超過預期。這是何故？如果你不挑出狀態為 Enabled（仍在活動中）的帳戶，很可能就會連同已經無用的老帳戶（也許是已經離職、或是已經沒有電腦權限的某人）都翻出來。因此你只需要找出過去 30 天內沒有改過密碼的、仍在活動的帳戶。

我們先篩選出仍在活動的使用者帳戶。加上 -Filter "Enabled -eq 'True'" 就可以做到。很簡單。下一步則是找出如何取得使用者設置密碼時所儲存的時間戳記屬性。

根據預設，Get-ADUser 不會傳回使用者的全部屬性。因此你可以利用 Properties 參數，指定你想調閱的屬性；這裡我們需要的是 name 跟 passwordlastset 這兩個屬性。注意，有些使用者是不具備 passwordlastset 屬性的。這是因為他們從未設置密碼的緣故。

```
PS> Get-AdUser -Filter * -Properties passwordlastset  | select name,passwordlastset

name                passwordlastset
----                ---------------
adam                2/22/2019 6:45:40 AM
Guest
DefaultAccount
krbtgt              2/22/2019 3:03:32 PM
Non-Priv User       2/22/2019 3:12:38 PM
abertram
abertram2
fbar
--snip--
```

現在你有了屬性名稱，該利用它來撰寫篩選條件了。記住你只需要找出過去 30 天內沒改過密碼的帳戶。要找出日期的差異，需要兩個日期：一個是距今 30 日之前的日期、另一個則是當下的今日。當天日期可以

靠 Get-Date 命令取得。而距今 30 日之前的日期則可以利用相同命令的 AddDays 方法來計算而知。這兩個值都先放入變數，以便聽候調用。

```
PS> $today = Get-Date
PS> $30DaysAgo = $today.AddDays(-30)
```

現在有了兩個日期，可以寫篩選條件了：

```
PS> Get-ADUser -Filter "passwordlastset -lt '$30DaysAgo'"
```

現在就只剩下把 Enabled 放到篩選條件裡了。清單 11-4 展示了做法。

```
$today = Get-Date
$30DaysAgo = $today.AddDays(-30)
Get-ADUser -Filter "Enabled -eq 'True' -and passwordlastset -lt
'$30DaysAgo'"
```

清單 11-4：找出過去 30 天中沒改過密碼的活動中帳戶

現在你手上有程式碼可以找出過去 30 天內都未曾改過密碼、而且是活動中的 Active Directory 使用者了。[譯註 2]

建立和更改 AD 物件

現在我們已經知道如何找出既有的 AD 物件了，接著我們要學習如何更改和建立它們。本節分成兩部份：首先是處理使用者和電腦、其次則是處理群組。

使用者與電腦

若要更改使用者與電腦帳戶，必須借助 Set 命令：像是 Set-ADUser 或 Set-ADComputer。這些命令能夠更改物件的任一屬性。通常你會把 Get 命令取得的物件以管線餵給 Set 命令處理（就像前一章介紹的一樣）。

譯註 2　在做密碼逾期未改的稽核時，最常見的就是要找出已逾 30 日未改密碼的人（亦即近 30 日內未改，或是先前改過但距今已超過 30 日），如果是要找 30 日內曾改過密碼的人，上例的 -lt 可以改成 -gt，也就是找出那些 passwordlastset 所含日期晚於 $30DaysAgo 的人。做日期的比較時，越大的日期距今越近。

舉例來說，假設有一位名為 Jane Jones 的員工結婚了，因此你被要求把她的使用者帳戶訂正為夫姓。如果你手邊沒有該帳戶的識別屬性（identity attribute），還是可以用 Get-ADUser 加上 Filter 參數來找到她。但首先你得先搞清楚 AD 是如何儲存使用者姓名的，然後就可以把這些屬性的值傳給 Filter 參數做篩選。

要找出 AD 物件所有的屬性，方法之一是利用一點 .NET 知識。利用 schema 物件，就可以找出使用者的類別、並遍歷其全部屬性：

```
$schema =[DirectoryServices.ActiveDirectory.ActiveDirectorySchema]::GetCurrentSchema()
$userClass = $schema.FindClass('user')
$userClass.GetAllProperties().Name
```

檢視過現有的屬性清單後，我們找到了 givenName 和 surname 兩個屬性，可以用在 Get-ADUser 命令的 Filter 參數裡頭，以便找出使用者帳戶。接著請把物件傳給 Set-ADUser，如清單 11-5 所示。

```
PS> Get-ADUser -Filter "givenName -eq 'Jane' -and surName -eq
'Jones'" | Set-ADUser -Surname 'Smith'
PS> Get-ADUser -Filter "givenName -eq 'Jane' -and surName -eq
'Smith'"

DistinguishedName : CN=jjones,CN=Users,DC=lab,DC=local
Enabled           : False
GivenName         : Jane
Name              : jjones
ObjectClass       : user
ObjectGUID        : fbddbd77-ac35-4664-899c-0683c6ce8457
SamAccountName    : jjones
SID               : S-1-5-21-930245869-402111599-3553179568-3103
Surname           : Smith
UserPrincipalName :
```

清單 11-5：以 *Set-ADUser* 更改 AD 物件屬性

我們也可以一次更改多種屬性。Jane 似乎不只結了婚、還調了部門升了官，這兩件資訊也需要訂正。這時只需引用可以對應部門和職稱這兩種 AD 屬性的參數即可：

```
PS> Get-ADUser -Filter "givenName -eq 'Jane' -and surname -eq
'Smith'" | Set-ADUser -Department 'HR' -Title Director
PS> Get-ADUser -Filter "givenName -eq 'Jane' -and surname -eq
'Smith'" -Properties GivenName,SurName,Department,Title

Department        : HR
DistinguishedName : CN=jjones,CN=Users,DC=lab,DC=local
Enabled           : False
GivenName         : Jane
Name              : jjones
ObjectClass       : user
ObjectGUID        : fbddbd77-ac35-4664-899c-0683c6ce8457
SamAccountName    : jjones
SID               : S-1-5-21-930245869-402111599-3553179568-3103
Surname           : Smith
Title             : Director
UserPrincipalName :
```

最後，我們還可以用 New-AD* 一族的命令來建立 AD 物件。建立新的 AD 物件時，方法和更改既有物件相去不遠，但這時我們沒有 Identity 參數可用了。建立新的 AD 電腦帳戶很容易，只要執行 New-ADComputer -Name FOO 即可；同理，執行 New-ADUser -Name adam 也會建立 AD 使用者。各位會發現 New-AD* 一族的命令也和 Set-AD* 系列的命令一樣，擁有可以對應 AD 屬性的各種參數。

群組

較之使用者與電腦，群組的觀念更為繁瑣一點。各位不妨把群組想像成一個可以容納許多 AD 物件的容器。在這個概念裡，群組代表的是一堆東西。但同時它本身又是一個單獨的容器，亦即它就像使用者和電腦一樣，群組也是單一 AD 物件。也就是說你可以像對待使用者和電腦一般，查詢、建立和更改群組，只不過略有差異而已。

也許你任職的機構成立了一個新部門，叫做 AdamBertram Lovers（大家都愛本書作者），新人多到滿出來。現在你必須建立一個同名的群組。清單 11-6 便是建立這個群組的範例。參數 Description 會對命令傳入字串（亦即描述群組的文字），而參數 GroupScope 則可確保群組類型一定會是 DomainLocal。如果有需要，也可以將類型指定為 Global 或 Universal。

```
PS> New-ADGroup -Name 'AdamBertramLovers'
-Description 'All Adam Bertram lovers in the company'
-GroupScope DomainLocal
```

清單 11-6：建立 AD 群組

一旦群組成立，就可以像修改使用者或電腦那樣修改它。譬如要更改描述文字，可以這樣做：

```
PS> Get-ADGroup -Identity AdamBertramLovers |
Set-ADGroup -Description 'More Adam Bertram lovers'
```

當然了，群組和使用者 / 電腦的關鍵差異，在於它可以容納使用者和電腦。當電腦或使用者帳戶被包含在一個群組中時，我們稱其為群組的成員。但若是要為群組增刪成員，就不能使用與剛剛相似的命令。而是要改用 Add-ADGroupMember 和 Remove-ADGroupMember 這兩個命令。

舉例來說，如果要把 Jane 放到我們新建的粉絲群組裡，可以利用 Add-ADGroupMember，如果 Jane 退團了，就用 Remove-ADGroupMember 將她除名。當你自行實驗 Remove-ADGroupMember 命令時，會發現它還會提示你是否確定要移除群組成員：

```
PS> Get-ADGroup -Identity AdamBertramLovers | Add-ADGroupMember Members 'jjones'
PS> Get-ADGroup -Identity AdamBertramLovers | Remove-ADGroupMember-Members 'jjones'

    Confirm
Are you sure you want to perform this action?
Performing the operation "Set" on target
"CN=AdamBertramLovers,CN=Users,DC=lab,DC=local".
[Y] Yes  [A] Yes to All  [N] No  [L] No to All  [S] Suspend
[?]
Help (default is "Y"): a
```

如果你懶得一一確認，就加上 Force 參數，但是使用前請小心，如果留著確認動作，有時可以救你一條小命也說不定！

專案 5：建立員工身分開通指令碼

讓我們把以上所學內容拼湊起來，試著應付真實生活中的另一個場景。你任職的公司新聘了一名員工。身為系統管理員的你，必須執行一連串的任務；建立一個 AD 使用者、建立其電腦帳戶、並將其置入特定群組。你需要寫出一支指令碼，將以上過程全部自動化。

在你開始撰寫之前（其實應該是在展開任何專案之前），都應該先想好指令碼的任務為何，並逐一將定義資訊記下來。以這支指令碼為例，你需要建立 AD 使用者，動作包括：

- 按照使用者姓名，動態地建立一個使用者名稱

- 為使用者指定一個隨機密碼

- 強制使用者必須在初次登入時修改密碼

- 根據提供的部門資訊設置部門屬性

- 為員工指派內部員工編號

然後你需要把使用者帳戶放入群組，群組名稱則等同於部門名稱。最後則是將使用者帳戶移往一個名稱等同於使用者隸屬部門名稱的組織單位（organizational units, OU）。

現在需求已經列出來了，我們可以著手撰寫指令碼。完成的指令碼檔案會命名為 *New-Employee.ps1*，本書資源網頁有範本可供參考。

我們希望這支指令碼是可以重複使用的。理想上每當有新人加入時，都可以再次使用這支指令碼。亦即你必須找出一種彈性化的方式，可以處理指令碼所需的輸入。看過上述需求後，我們確知指令碼會需要名字、姓氏、部門別、以及員工編號等輸入資訊。清單 11-7 寫出了指令碼的大體輪廓，其中事先定義了所有的參數、以及一個 try/catch 來捕捉任何會導致終止的錯誤。#requires 陳述句位於指令碼頂端，其目的在於確保每當指令碼執行時，都會先檢查執行的機器中是否裝有 ActiveDirectory 模組。

```
#requires -Module ActiveDirectory
```

```
[CmdletBinding()]
param (
    [Parameter(Mandatory)]
    [string]$FirstName,

    [Parameter(Mandatory)]
    [string]$LastName,

    [Parameter(Mandatory)]
    [string]$Department,

    [Parameter(Mandatory)]
    [int]$EmployeeNumber
)

try {

} catch {
    Write-Error -Message $_.Exception.Message
}
```

清單 11-7：基本的 *New-Employee.ps1* 指令碼

建立基礎之後，現在我們來把 try 區塊填滿。

首先，各位必須按照先前定義的需求格式建立 AD 使用者。我們要動態地建立一個使用者名稱。做法有好幾種：有的機構喜歡以名字的首字母加上姓氏作為使用者名稱，有的則喜歡把名字和姓氏組合，還有的機構根本不管這一套。假設各位任職的機構使用的是以名字的首字母加上姓氏的方式。如果拚出來的名字已有人用過，就把名字的第二個字母也加進來，直到拼湊出沒人用過的使用者名稱為止。

我們先來處理基本情況。首先要利用每一個字串物件都具備的 Substring 方法，取出名字的首字母。然後把這個首字母和姓氏串連在一起。這時必須仰賴字串格式（*string formatting*）為之，該格式允許我們用多筆運算式在字串中定義出不同的預留位置（placeholders），然後在執行階段時將預留位置替換為運算式的實際資料值，就像這樣：

```
$userName = '{0}{1}' -f $FirstName.Substring(0, 1), $LastName
```

當你建立了初步的使用者名稱之後，就必須用 Get-ADUser 查詢 AD，確認這個名字是否已有人用過。

```
Get-ADUser -Filter "samAccountName -eq '$userName'"
```

如果以上指令真的傳回什麼，代表使用者名稱已有人用過，這時就必須嘗試下一個使用者名稱的組合了。亦即你必須找出可以動態產生新名稱的方式，而且在遇上該名稱有人用過時，還要有備案可用。要確認使用者名稱是否已有人用過，利用 while 迴圈來檢查方才呼叫 Get-ADUser 的結果，會是不錯的方式。但此時你還需要加上另一個條件，以便因應當你已經把名字的每一個字母都耗盡在使用者名稱時的狀況。因為我們不希望迴圈無法結束，因此第二個條件就會像 $userName -notlike "$FirstName*" 一樣，把迴圈停下來。

這個 while 條件寫起來像這樣：

```
(Get-ADUser -Filter "samAccountName -eq '$userName'") –and
($userName -notlike "$FirstName*")譯註 3
```

一旦建立了 while 所需的條件，就可以把剩下的迴圈填滿：

```
$i = 2
while ((Get-ADUser -Filter "samAccountName -eq '$userName'") –and
($userName -notlike "$FirstName*")) {
    Write-Warning -Message "The username [$($userName)] already exists. Trying
another..."
    $userName = '{0}{1}' -f $FirstName.Substring(0, $i), $LastName
    Start-Sleep -Seconds 1
    $i++
}
```

每一輪迭代迴圈時，都會從名字中的第 0 個字元位置開始、以長度 $i 取出一個字串，形成比上一輪還多一個字母的部份字串（substring），再與姓氏拼湊成新建議的使用者名稱，$i 是一個計數用的變數，而且會

譯註 3　讀者們可以拿一個姓名來實驗：如果全名是作者的 Adam Beltram，就會從 abeltram 開始；如果 abeltram 有人用過（為真）、而名稱還沒到 adambeltram（為真）的最後地步，就改成 adbeltram 再試一次，不然就再改成 adabeltram 再試一次……直到連 adambeltram 都有人用過時（為偽），就會跳出 while 迴圈了。

從 2 開始（因為 1 已經在初始的 $userName = '{0}{1}' -f $FirstName. Substring(0, 1), $LastName 用過了），在每一輪迴圈都遞增 1（因為 $i++ 的關係）。當 while 迴圈結束時，如果不是找到一個還沒人用過的使用者名稱（-and 前半的條件邏輯為偽）、就是已經把全部名字都加上姓氏，還是無法找到沒人用過的使用者名稱（-and 後半的條件邏輯為偽）。

如果確認使用者名稱沒人用過，我們就可以放心建立這個新使用者名稱了。但就算使用者名稱成立，也還是有幾件事需要繼續確認。這時還需確認使用者帳戶所屬的組織單位（*organizational unit, OU*）和群組是否也已存在：

```
if (-not ($ou = Get-ADOrganizationalUnit -Filter "Name -eq '$Department'")) {
    throw "The Active Directory OU for department [$($Department)] could not be found."
} elseif (-not (Get-ADGroup -Filter "Name -eq '$Department'")) {
    throw "The group [$($Department)] does not exist."
}
```

完成這些檢查之後，就可以建立使用者帳戶了。這時你必須再次檢視剛剛的定義：為使用者指定一個隨機密碼。你必須在每次執行指令碼時都會產生一個隨機的密碼。有一個簡單的方式可以產生安全的密碼，就是利用 System.Web.Security.Membership 物件的 GeneratePassword 這個靜態方法，就像這樣：

```
Add-Type -AssemblyName 'System.Web'
$password = [System.Web.Security.Membership]::GeneratePassword(
    (Get-Random Minimum 20 -Maximum 32), 3)
$secPw = ConvertTo-SecureString -String $password -AsPlainText -Force
```

筆者選擇產生一個長度不少於 20 個字元的密碼、但也不超過 32 個字元，不過，這些都是可以調整的。如果有必要，也可以執行 Get-ADDefaultDomain PasswordPolicy | Select-object -expand[譯註4] minPasswordLength 來找出 AD 要求的最短密碼長度。以上的方法甚至允許你指定新密碼的長度和複雜性。

現在你有一個安全字串形式的密碼了，所有根據先前定義、建立新使用者時必須準備的參數值，也已齊備。

譯註4　這是 ExpandProperty 參數的簡寫，通常是拿來取出屬性內容用的。

```
$newUserParams = @{
    GivenName               = $FirstName
    EmployeeNumber          = $EmployeeNumber
    Surname                 = $LastName
    Name                    = $userName
    AccountPassword         = $secPw
    ChangePasswordAtLogon   = $true
    Enabled                 = $true
    Department              = $Department
    Path                    = $ou.DistinguishedName
    Confirm                 = $false
}
New-ADUser @newUserParams
```

產生使用者後，接下來就是把它放到部門專屬群組裡了，只需靠 Add-ADGroupMember 命令就可以做到：

```
Add-ADGroupMember -Identity $Department -Members $userName
```

請務必詳閱本書資源網頁所附的 *New-Employee.ps1* 指令碼，以便觀察完整版本應有的模樣。

與其他資料來源同步

如果企業使用了 Active Directory，尤其是大型企業，其中就可能含有數百萬的物件，而且每天可能會好幾打的人會對它們進行修改。既然有這麼多的活動和輸入，問題一定少不了。最大的問題之一，就是你必須讓 AD 資料庫與組織架構同步。

一間公司的 AD 組織方式，應該要能呼應該公司的組織架構。亦即每個部門可能都會有自己的相關 AD 群組，每個實體的辦公室都有自己的 OU，諸如此類。儘管如此，確保 AD 始終與組織架構保持同步，身為系統管理員的你是責無旁貸的。同時也是最適合 PowerShell 發揮的任務。

透過 PowerShell，我們可以把 AD 跟任何其他的資訊來源「連結」起來，亦即你可以用 PowerShell 持續地讀取外部資料來源，並視需要對 AD 做出適度的修改，以便形成同步的過程。

同步的過程一旦發動，大致上會包括以下六個步驟：

1. 查詢外部資料來源（SQL 資料庫、CSV 檔案等等）。

2. 從 AD 取出物件。

3. 從來源中找出可以讓 AD 以獨特的屬性（attribute）匹配對應的每個物件。這種屬性通常稱為 *ID*。所謂的 ID 可以是員工編號（employee ID），或者甚至只是使用者名稱而已。最重要的是，屬性必須獨一無二。如果沒有匹配的對象，就可以選擇是否要根據來源的內容，在 AD 中新建或移除物件^{譯註 5}。

4. 找出 AD 和外部資料雙方都匹配的物件。

5. 針對前項 4 匹配到的物件，將所有的外部資料來源對應到該 AD 物件的屬性。

6. 根據前項 5 的屬性對應結果，修正既有的 AD 物件屬性，或乾脆建立新的物件。

我們會在下一小節中將計畫付諸實現。

專案 6：建立一個同步用的指令碼

在這一小節裡，各位會學到如何建置一支指令碼，能夠從外部 CSV 檔案將員工資料同步到 AD 當中。要做到這一點，我們要把第 10 章學過的若干命令都派上用場，本章前幾個小節所學的內容也不例外。在動手之前，筆者鼓勵大家先去觀察一下本書資源網頁所附的 *Employees.csv* 和 *Invoke-AdCsvSync.ps1* 內容，熟悉一下這個專案的前因後果。

要建立好的 AD 同步工具，關鍵在於同質性（sameness）。筆者的原意並非要保持相同的資料來源（因為從技術上來說資料來源不可能只有一處），而是你建立的指令碼，必須能夠以一致的方式向每一個資料儲存（datastore）做查詢，同時讓每一個資料儲存都能傳回一致的物件種類。最棘手的部份在於當你遇上兩個資料來源的結構描述彼此不一致的

譯註 5　如果外部來源的資料在 AD 中沒有物件匹配，就表示物件可能要新建；反之如果 AD 物件無法匹配到外部來源的資料，就是要移除物件。

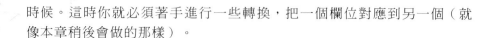

時候。這時你就必須著手進行一些轉換,把一個欄位對應到另一個(就像本章稍後會做的那樣)。

設想:你已經知道 AD 中每一個使用者帳戶都具備的共同屬性(如名字、姓氏、部門等等),這些就是屬性的結構描述(*schema*)。然而你想要同步的資料儲存來源卻有可能使用不一樣的屬性。而且就算屬性一致,其名稱卻也有可能不一樣。為了因應這一點,你必須自己在兩個資料儲存之間建立對應。

對應資料來源的屬性

有一個簡單的方式可以建立此類對應,就是利用雜湊表,其資料鍵正好是第一個資料儲存的屬性名稱,而對應鍵的資料值則是第二個資料儲存的屬性名稱。要觀察實際的例子,設想你為一家名叫 Acme 的公司工作。Acme 需要把一個 CSV 檔案裡的員工資料同步到 AD 當中。說精確點,他們就是要同步 *Employees.csv*,而各位可以在本書資料網頁看到這個檔案:

```
"fname","lname","dept"
"Adam","Bertram","IT"
"Barack","Obama","Executive Office"
"Miranda","Bertram","Executive Office"
"Michelle","Obama","Executive Office"
```

既然你已知道 CSV 檔的標頭,也知道 AD 裡的屬性名稱,就可以自行建立一個對應的雜湊表,以 CSV 的欄位值做為資料鍵名稱、而 AD 屬性名稱則是對應鍵的資料值。

```
$syncFieldMap = @{
    fname = 'GivenName'
    lname = 'Surname'
    dept = 'Department'
}
```

這樣就可以在兩個資料儲存的結構描述之間處理轉換了。但你還需要找出可以代表每一位員工的獨特 ID。到目前為止,我們還未找到一個獨特的 ID,可以把每個 AD 物件對應到 CSV 裡的每一列資料。舉例來說,你有可能發現不只一個人名叫 Adam、IT 部門裡不只一個人、或是有很多人姓氏都是 Bertram。這代表你必須自己產生一個獨特的 ID。為簡化起見，假設公司中不會有員工正好同名又同姓。不然的話，這個 ID 也可以視你自己的組織結構描述來產生。基於此項假設，只需把每個資料儲存中相應的姓氏和名字欄位串連起來，就可以產生一個臨時的獨特 ID 了。

這個獨特的 ID 可以用另一個雜湊表來呈現。我們這時還未處理到串連的動作，但已經先把所需的基礎結構準備好了：

```
$fieldMatchIds = @{
    AD = @('givenName','surName')
    CSV = @('fname','lname')
}
```

現在你已經定義出可以對應不同欄位的方式了，接下來就該把這些程式碼置入到幾個函式當中，「迫使」兩個資料儲存可以傳回相同性質的屬性，以便進行公平的比對。

建立一個會傳回類似屬性的函式

現在你有兩個雜湊表了，這時應該轉譯欄位名稱、並建立獨特的 ID 了。首先要建立一個函式，用它來查詢 CSV 檔案、並同時輸出 AD 可以理解的屬性、以及你可以用來對應兩個資料儲存的屬性。要達到目的，你必須建立名為 Get-AcmeEmployeeFromCsv 的函式，就像清單 11-8 所示。我已自行把 CsvFilePath 參數訂為 *C:\Employees.csv*，假設 CSV 檔就位在此處：

```
function Get-AcmeEmployeeFromCsv
{
[CmdletBinding()]
    param (
        [Parameter()]
        [string]$CsvFilePath = 'C:\Employees.csv',

        [Parameter(Mandatory)]
        [hashtable]$SyncFieldMap,

        [Parameter(Mandatory)]
        [hashtable]$FieldMatchIds
    )
    try {
```

```
        ## 讀取 $SyncFieldMap 中的每一對鍵 / 值，建立轉換過的欄位，
        ## 以便稍後交給 Select-Object 處理，這樣一來我們就能
        ## 傳回可以與 Active Directory 屬性呼應的屬性名稱，
        ## 而不是 CSV 檔原有的欄位名稱。
 ❶ $properties = $SyncFieldMap.GetEnumerator() | ForEach-Object {
        @{
            Name = $_.Value
            Expression = [scriptblock]::Create("`$_.$($_.Key)")
        }
    }
    ## 根據 $FieldMatchIds 裡定義的獨特欄位來產生
    ## 獨特的 ID
 ❷ $uniqueIdProperty = '"{0}{1}" -f '
    $uniqueIdProperty = $uniqueIdProperty +=
    ($FieldMatchIds.CSV | ForEach-Object { '$_.{0}' -f $_ }) -join ','
    $properties += @{
        Name = 'UniqueID'
        Expression = [scriptblock]::Create($uniqueIdProperty)
    }
    ## 讀取 CSV 檔案，然後把 CSV 的欄位 " 轉換 " 成 AD 屬性
    ## 以便公平地比對
 ❸ Import-Csv -Path $CsvFilePath | Select-Object –Property $properties
    } catch {
        Write-Error -Message $_.Exception.Message
    }
}
```

清單 11-8：*Get-AcmeEmployeeFromCsv* 函式

這個函式主要分成三大部份：首先把 CSV 的屬性對應到 AD 的屬性 ❶；其次是產生獨特的 ID、並將其化為屬性 ❷；最後則是讀取 CSV、並以 Select-Object 和轉換過的屬性名稱，指定取出你需要的屬性內容 ❸。

正如以下程式碼所顯示的，你可以把 $syncFieldMap 和 $fieldMatchIds 這兩個雜湊表當成引數，交給新完成的 Get-AcmeEmployeeFromCsv 函式，藉以取得可以和 Active Directory 屬性同步的屬性名稱、還有你需要的新獨特 ID：

```
PS> Get-AcmeEmployeeFromCsv -SyncFieldMap $syncFieldMap
-FieldMatchIds $fieldMatchIds

GivenName Department       Surname UniqueID
--------- ----------       ------- --------
Adam      IT               Bertram AdamBertram
```

```
Barack     Executive Office Obama     BarackObama
Miranda    Executive Office Bertram MirandaBertram
Michelle   Executive Office Obama     MichelleObama
```

現在還要再建立另一個查詢 AD 的函式。幸好這一回不必再做什麼複雜的屬性名稱轉換了，因為 AD 屬性名稱已經是共通的。這個函式要做的就只需呼叫 Get-ADUser，然後確保取回你所需的屬性，如清單 11-9 所示。

```
function Get-AcmeEmployeeFromAD
{
    [CmdletBinding()]
    param (
        [Parameter(Mandatory)]
        [hashtable]$SyncFieldMap,

        [Parameter(Mandatory)]
        [hashtable]$FieldMatchIds
    )

    try {
        $uniqueIdProperty = '"{0}{1}" -f '
        $uniqueIdProperty += ($FieldMatchIds.AD | ForEach Object { '$_.{0}' -f $_ }) -join ','

        $uniqueIdProperty = @{ ❶
            Name = 'UniqueID'
            Expression = [scriptblock]::Create($uniqueIdProperty)
        }

        Get-ADUser -Filter * -Properties @($SyncFieldMap.Values) | Select-Object
*,$uniqueIdProperty ❷

    } catch {
        Write-Error -Message $_.Exception.Message
    }
}
```

清單 11-9：*Get-AcmeEmployeeFromAD* 函式

筆者在此再度為各位指出程式碼重點所在：首先建立獨特的 ID 以便進行對應 ❶；然後查詢 AD 使用者，並只傳回欄位對應雜湊表所對應屬性的資料值，同時也傳回你稍早建立的獨特 ID ❷。

執行時，各位會發現它會傳回帶有正確屬性的 AD 使用者帳戶、還有你建立的獨特 ID 屬性。

在 Active Directory 中找出匹配內容

現在你有兩個類似的函式，都可以從資料儲存取得資料、並回傳相同的屬性名稱了。下一步則是要找出 CSV 和 AD 之間所有彼此匹配的內容。為簡便起見，可以利用清單 11-10 的程式碼，建立一個函式 Find-UserMatch，它會執行以上兩個函式，並取得兩組資料。一但有了資料，就會開始對 UniqueID 欄位進行匹配。[譯註 6]

```
function Find-UserMatch {
    [OutputType()]
    [CmdletBinding()]
    param
    (
        [Parameter(Mandatory)]
        [hashtable]$SyncFieldMap,

        [Parameter(Mandatory)]
        [hashtable]$FieldMatchIds
    )
    $adusers = Get-AcmeEmployeeFromAD -SyncFieldMap $SyncFieldMap -FieldMatchIds
$FieldMatchIds ❶

    $csvUsers = Get-AcmeEmployeeFromCSV -SyncFieldMap $SyncFieldMap -FieldMatchIds
$FieldMatchIds ❷

    $adUsers.foreach({
        $adUniqueId = $_.UniqueID
        if ($adUniqueId) { ❸
            $output = @{
                CSVProperties = 'NoMatch'
                ADSamAccountName = $_.samAccountName
            }
            if ($adUniqueId -in $csvUsers.UniqueId) { ❹
                $output.CSVProperties = ($csvUsers.Where({$_.UniqueId -eq $adUniqueId})) ❺
            }
            [pscustomobject]$output
        }
    })
}
```

清單 11-10：找出匹配的使用者

譯註 6　此處範例內容比 GitHub 的內容正確，練習時請以此處為準。

我們來逐行審視以上的程式碼。首先從 AD 取得使用者清單 ❶；然後
從 CSV 取得使用者清單 ❷。針對 AD 的每一位使用者，檢查其 UniqueID
屬性是否存在 ❸。如果有，就檢查是否可以在 CSV 和 AD 之間找出匹
配的使用者 ❹，如果也有找到，就在我們的自訂 $output 物件中更新名
為 CSVProperties 的屬性內容，其中含有所有與匹配的使用者相關的屬
性 ❺。

一旦找出匹配的使用者，函式便會傳回 AD 使用者的 samAccountName 及
其他該使用者在 CSV 檔案中的屬性；不然的話就傳回一個 NoMatch。傳
回 samAccountName 會讓你得以識別 AD 中的獨特 ID，以便事後比對該使
用者。

```
PS> Find-UserMatch -SyncFieldMap $syncFieldMap -FieldMatchIds $fieldMatchIds

ADSamAccountName CSVProperties
---------------- -------------
user             NoMatch
abertram         {@{GivenName=Adam; Department=IT;
                 Surname=Bertram; UniqueID=AdamBertram}}
dbddar           NoMatch
jjones           NoMatch
BSmith           NoMatch
```

走到這裡，我們已寫出一個可以在 AD 資料和 CSV 資料之間找出一對一
匹配對象的函式。現在你已準備好展開好玩的（同時也很驚悚的）AD 大
量修改作業之旅！

更改 Active Directory 的屬性

現在我們已經有辦法找出哪一行 CSV 資料列屬於哪一個 AD 使用者帳
戶。然後可以透過獨特 ID、用 Find-UserMatch 函式找出 AD 使用者，再
更新其 AD 資訊，以便符合 CSV 裡的資料，如清單 11-11 所示。

```
## 找出所有 CSV <--> AD 彼此相符的使用者
$positiveMatches = (Find-UserMatch -SyncFieldMap $syncFieldMap -FieldMatchIds
$fieldMatchIds).where({ $_.CSVProperties -ne 'NoMatch' })
foreach ($positiveMatch in $positiveMatches) {
    ## 利用 AD 的 samAccountName 屬性
    ## 建立 SetADUser 所需的參數集合展開
    $setADUserParams = @{
```

```
        Identity = $positiveMatch.ADSamAccountName
    }

    ## 讀取 CSV 檔中與 AD 比對相符物件的每一個屬性值
    $positiveMatch.CSVProperties.foreach({
        ## 為所有的 CSV 屬性加上 Set-ADUser 所需的
        ## 參數，但不包括 UniqueId
        ## 找出 CSV 資料列中所有非 UniqueId 的屬性
        $_.PSObject.Properties.where({ $_.Name -ne 'UniqueID' }).foreach({
            $setADUserParams[$_.Name] = $_.Value
        })
    })
    Set-ADUser @setADUserParams
}
```

清單 11-11：將 CSV 同步至 AD 屬性

要寫出既耐用又靈活的 AD 同步指令碼，需要下相當的苦功。這一路上你會遇到大量的瑣碎細節和顛簸，尤其是當你要建置更複雜的指令碼的時候。

以上我們還只是觸及了以 PowerShell 進行同步的皮毛罷了。如果各位有興趣繼續深究這個概念，請研究 PowerShell Gallery 裡的 **PSADSync** 模組（Find-Module PSADSync）。這個模組原本就是設計用來處理同步任務的，但它能處理更為複雜的狀況。如果各位對練習內容仍然摸不著頭緒，筆者鄭重建議大家再反覆檢視程式碼，幾次都不嫌多。學習 PowerShell 的不二法門就是反覆練習！請執行程式碼、看哪裡出錯、自行設法修復，然後繼續嘗試。

總結

在這一章裡，各位已經熟悉 ActiveDirectory 的 PowerShell 模組了，也學到如何在 AD 中建立和更新使用者、電腦及群組。藉由若干真實生活中的案例，各位都已看到如何用 PowerShell 把乏味的 Active Directory 工作自動化了。

接下來的兩個章節，我們要上雲端了！我們會繼續這段一切全面自動化之旅，並著手把一些在微軟 Azure 和 Amazon Web Services（AWS）中都常見的任務自動化。

12

處理 Azure

隨著越來越多的機構把服務送上雲端,從事自動化的人勢必也需要理解如何在雲端作業。多虧了 PowerShell 的模組功能、以及幾乎能和任何 API 協作的能力,它與雲端搭配起來有如清風拂面。在這一章和下一章當中,筆者會教大家如何利用 PowerShell 將任務自動化。本章的主題是微軟的 Azure,下一章則是 Amazon Web Services。

先決條件

如果各位要執行本章的程式碼,筆者會對各位的環境做幾項假設。首先,你必須擁有一個有效的微軟 Azure 訂閱帳戶。我們在本章中會操作實際的雲端資源,因此你的帳戶必定會出現一些費用,但數字應該很合理。只要你沒有忘記把任何實驗用的虛擬機器忘記在雲端任其持續運行,費用應該不會超過 10 元美金。

當你訂閱的 Azure 生效之後,接著是安裝 Az 這個 PowerShell 的模組包(module bundle)。微軟這個模組包中含有上百個命令,足以為幾乎所有 Azure 服務執行任務。只需在主控台執行 **Install-Module Az**（請確認以管理員身分執行）即可下載。筆者要提醒大家，我自己使用的是 2.4.0 版的 **Az** 模組。如果您使用的是較新的版本，我就不敢保證本書示範的命令都能以相同的方式運作了。譯註 1

Azure 認證

Azure 提供數種方式以便認證服務。本章中各位會使用服務主體做認證。所謂的服務主體（*service principal*），是一種 Azure 應用程式的身分識別。它是一種代表應用程式的物件，可以賦予各種權限（permission）。

為何要建立服務主體？因為我們需要執行沒有人為互動的自動化指令碼，而這段程式碼需要 Azure 的認證。要達到目的，Azure 會要求你使用服務主體或是組織帳戶（organizational account）。不論使用何種帳戶，筆者希望大家都能順利操作範例，因此請以服務主體作為 Azure 的認證對象。

建立一個服務主體

矛盾的是，要建立一個服務主體，各位必須先以傳統的方式認證。這時必須利用 Connect-AzAccount，它會帶出一個像圖 12-1 的視窗。

譯註 1　譯者以 find-module 找到並下載的 Az 模組是 4.5.0 版。

圖 12-1：*Connect-AzAccount* 的身分認證提示

請提供你的 Azure 使用者名稱與密碼，該視窗會隨之關閉、輸出則會像清單 12-1 所示。

PS> **Connect-AzAccount**

```
Environment           : AzureCloud
Account               : email
TenantId              : tenant id
SubscriptionId        : subscription id
SubscriptionName      : subscription name
CurrentStorageAccount :
```

清單 12-1：*Connect-AzAccount* 的輸出

務必把輸出所得的 subscription ID 和 tenant ID 都記錄下來。因為稍後在指令碼中會需要用到。如果你以 Connect-AzAccount 認證時因故未能紀錄以上資訊，事後可以透過 Get-AzSubscription 命令重新取得。^{譯註 2}

譯註 2　譯者以 4.5.0 版的 Az 模組測試發現，Connect-AzAccount 只能看到 Account、SubscriptionName、TenantId 和 Environment 等欄位了，所以一定要靠 Get-AzSubscription 協助取得相關資訊。

現在你已（以互動方式）通過認證，可以著手建立服務主體了。這個過程分成三個步驟：首先要建立一個新的 Azure AD 應用程式；其次要建立服務主體本身；最後才是替服務主體建立角色分派（role assignment）。

要建立 Azure AD 應用程式，可以利用任何一個名稱和 URI（如清單 12-2）。你所指定的 URI 內容並不影響我們的目標，但 URI 卻是建立 AD 應用程式的必要條件。為確認你有適當權限建立 AD 應用程式，請參閱以下網址：

https://docs.microsoft.com/zh-tw/azure/active-directory/develop/app-objects-and-service-principals

```
PS> ❶$secPassword = ConvertTo-SecureString -AsPlainText -Force -String 'password'
PS> ❷$myApp = New-AzADApplication -DisplayName AppForServicePrincipal -IdentifierUris
'http://Some URL here' -Password $secPassword
```

清單 12-2：建立一個 Azure AD 應用程式

以上可以看到，我們先以密碼（password）建立一個安全字串 ❶。一旦有了格式正確的密碼，就可以據以建立新的 Azure AD 應用程式了 ❷。服務主體需要先建立 Azure AD 應用程式。

接下來可以用 New-AzADServicePrincipal 命令來建立服務主體了，如清單 12-3 所示。這時必須參照清單 12-2 所建立的應用程式（就是變數 $myApp）。

```
PS> $sp = New-AzADServicePrincipal -ApplicationId $myApp.ApplicationId
PS> $sp

ServicePrincipalNames : {application id, http://appforserviceprincipal}
ApplicationId         : application id
DisplayName           : AppForServicePrincipal
Id                    : service principal id
Type                  : ServicePrincipal
```

清單 12-3：以 PowerShell 建立一個 Azure 服務主體

最後，你必須為服務主體指派一個角色。清單 12-4 便為我們建立的服務主體指派了 Contributor 的角色，確保服務主體擁有執行本章作業所需的一切取用權限。

```
PS> New-AzRoleAssignment -RoleDefinitionName Contributor -ServicePrincipalName
$sp.ServicePrincipalNames[0]

RoleAssignmentId    : /subscriptions/subscription id/providers/Microsoft.Authorization/
                      roleAssignments/assignment id
Scope               : /subscriptions/subscription id
DisplayName         : AppForServicePrincipal
SignInName          :
RoleDefinitionName  : Contributor
RoleDefinitionId    : id
ObjectId            : id
ObjectType          : ServicePrincipal
CanDelegate         : False
```

清單 12-4：對服務主體建立角色指派

於是服務主體就此建立，也擁有了角色。

接下來要做的，就是把剛剛為應用程式所設、以安全字串呈現的加密
密碼儲存在磁碟裡。這可以靠 ConvertFrom-SecureString 命令做到。
ConvertFrom-SecureString 命令（剛好是 ConvertTo-SecureString 的對立
互補命令）會把原本以 PowerShell 安全字串呈現的加密文字再轉換成一
般字串，以便儲存和日後參照：

```
PS>
$secPassword | ConvertFrom-SecureString | Out-File -FilePath C:\AzureAppPassword.txt
```

密碼儲存至磁碟之後，就可以準備設置 Azure 所需的非互動式認證了。

以 Connect-AzAccount 進行非互動式認證

Connect-AzAccount 會提示我們手動輸入使用者名稱和密碼。而在指令碼
裡，你當然會希望一切都儘量不要以互動方式進行，因為你最不想看到
的，就是還非得有人坐在電腦前面鍵入密碼！幸好你可以把 PSCredential
物件傳給 Connect-AzAccount 去參照。

你得寫出一支小巧的指令碼來處理非互動式的認證。首先，我們要建立
一個 PSCredential 物件，其中含有 Azure app ID（參見清單 12-3 當中
$sp 輸出的 ApplicationId 屬性）和密碼：

```
$azureAppId = 'application id'
$azureAppIdPasswordFilePath = 'C:\AzureAppPassword.txt'
$pwd = (Get-Content -Path $azureAppIdPasswordFilePath | ConvertTo-SecureString)
$azureAppCred = (New-Object System.Management.Automation.PSCredential $azureAppId,$pwd)
```

還記得剛剛記下的 subscription ID 和 tenant ID 嗎？你必須把這些資訊交給 Connect-AzAccount：

```
$subscriptionId = 'subscription id'
$tenantId = 'tenant id'
Connect-AzAccount -ServicePrincipal -SubscriptionId $subscriptionId -TenantId $tenantId
-Credential $azureAppCred
```

你的非互動式認證已經設好了！現在有了以上設定，只需將其儲存起來，就可以隨時取用、不必再另外認證了。

如果你想閱覽濃縮的程式碼，請到本書的資源網頁下載 *AzureAuthentication.ps1* 指令碼。

建立 Azure 虛擬機器和所有相依內容

現在該來設立一個 Azure 的虛擬機器了。*Azure 虛擬機器*是 Azure 最受歡迎的服務之一，而有能力建立 Azure 的虛擬機器，對於任何在 Azure 環境中工作的人來說，亦是一大優勢。

當筆者初次訂閱 Azure、正想開始好好體會一下虛擬機器的便利之時，也曾以為只需一道命令（如 New-AzureVm）就能完成 VM 設置！天曉得我那時錯得有多離譜。

當時的我對於一套 VM 在真正運作之前需要事先準備多少相依內容，根本一無所知。各位可曾注意到本章的「先決條件」一節短得蹊蹺？筆者是故意為之的：為了進一步地熟悉 PowerShell，所有與建立 Azure 虛擬機器有關的必備相依內容，各位都必須自行安裝。你必須安裝一個資源群組（resource group）、一段虛擬網路（virtual network）、一個儲存體帳戶（storage account）、一個公共 IP 位址、一個網路介面、以及一個作業系統映像檔。簡而言之，就是要你自己從零打造一個。所以就讓我們開始吧！

建議資源群組

在 Azure 裡,一切事物皆是資源,而任何事物都必須屬於某個資源群組
(*resource group*)。因此首要任務便是建立一個資源群組。這就要靠 New-
AzResourceGroup 命令了。此一命令需要的引數包括資源群組名稱、以
及它所在的地理區域(geographic region)。以本例來說,群組名稱為
PowerShellForSysAdmins-RG,其地域位置則是美東地區(如清單 12-5 所
示)。若要知道有那些地域可選,請執行 Get-AzLocation 命令。

```
PS> New-AzResourceGroup -Name 'PowerShellForSysAdmins-RG' -Location 'East US'
```

清單 12-5:建立 Azure 的資源群組

資源群組建立完成後,就可以建立 VM 需要用到的網路堆疊了。

建立網路堆疊

為了讓你建立的 VM 可以連結至外部世界、抑或是其他的 Azure 資源,
你需要有一個網路堆疊(*network stack*):包括子網路(subnet)、虛擬
網路(virtual network)、公共 IP 位址(public IP address,非必要),
以及一個 VM 要用到的虛擬網卡(virtual network adapter, vNIC)。

子網路

第一步便是建立子網路。所謂子網路(*subnet*)就是指一段 IP 位址構成
的邏輯網路,可以不經過路由器就能自行互通。子網路會「進入」虛擬
網路。子網路會將虛擬網路切割成較小的網路。

要建立子網路設定,就要用到 New-AzVirtualNetworkSubnetConfig 命令。
(清單 12-6)。這個命令需要以名稱和 IP 位址首碼、或是網路識別身分
(network identity)作為引數。

```
PS> $newSubnetParams = @{
    'Name' = 'PowerShellForSysAdmins-Subnet'
    'AddressPrefix' = '10.0.1.0/24'
}
PS> $subnet = New-AzVirtualNetworkSubnetConfig @newSubnetParams
```

清單 12-6:建立一個虛擬網路的子網路設定

於是就建立了一個名為 PowerShellForSysAdmins-Subnet 的子網路，其 IP 首碼為 10.0.1.0/24。

虛擬網路

子網路已經設定完成之後，以它建立一個虛擬網路。所謂的虛擬網路（*virtual network*）也是一項 Azure 資源，它允許你把其他各種資源（例如來自其他資源的虛擬機器）區隔開來。所謂的虛擬網路，不妨將其想像成一段背景相同的邏輯網路，可以在其中建立以路由器為邊界的自有網路。

要建立虛擬網路，請執行 New-AzVirtualNetwork 命令，如清單 12-7 所示。

```
PS> $newVNetParams = @{
❶ 'Name' = 'PowerShellForSysAdmins-vNet'
❷ 'ResourceGroupName' = 'PowerShellForSysAdmins-RG'
❸ 'Location' = 'East US'
❹ 'AddressPrefix' = '10.0.0.0/16'
}
PS> $vNet = New-AzVirtualNetwork @newVNetParams -Subnet $subnet
```

清單 12-7：建立虛擬網路

請注意，為了建立虛擬網路，你必須指定虛擬網路的名稱 ❶、其所在的資源群組 ❷、所在的地域（位置）❸、以及你的子網路所屬的總體私有網路 ❹。

公共 IP 位址

現在各位已經設置好虛擬網路，還需要一組公共 IP 位址，以便讓 VM 連結至網際網路、也可以讓用戶端連線到你的 VM。請注意，從技術上說本步驟並非絕對必要，倘若你只打算把自家 VM 公開給其他的 Azure 資源，就不需要用到公共 IP 位址。但要是你對自己的 VM 有更遠大的計畫，就請指派一組公共 IP 位址。

同樣地，公共 IP 位址也只需一道命令就能設置：New-AzPublicIpAddress。該指令的參數所需的引數先前大多都已提過或已經做好，但是仍有一個新參數要注意：就是 AllocationMethod。這個參數會告訴 Azure 是否要建立動態或靜態的 IP 位址資源。如清單 12-8 所示，便是指定要取得一個動態的 IP 位址。之所以要為虛擬機器指派動態 IP 位址，是因為此舉可以讓我們少費點功夫。由於我們並不需要一個始終保持一致的 IP 位址，使用動態的 IP 位址可以讓我們騰出手去忙別的事。

```
PS> $newPublicIpParams = @{
    'Name' = 'PowerShellForSysAdmins-PubIp'
    'ResourceGroupName' = 'PowerShellForSysAdmins-RG'
    'AllocationMethod' = 'Dynamic' ## 靜態或動態
    'Location' = 'East US'
}
PS> $publicIp = New-AzPublicIpAddress @newPublicIpParams
```

清單 12-8：建立一個公共 IP 位址

雖然有了這個公共 IP 位址，卻不表示有何作用；因為它尚未與任何事物綁在一起。你必須把它繫結（*bind*）到一個 vNIC 上。

虛擬網卡

要建立一個 vNIC，必須使用另一道單行命令 New-AzNetworkInterface，並沿用許多方才已經用到的參數。此外也需要方才建立的子網路 ID 和公共 IP 位址 ID。子網路和公共 IP 位址都是以物件型態儲存的，具有 ID 這項屬性；只需如清單 12-9 一般取用該屬性即可。

```
PS> $newVNicParams = @{
    'Name' = 'PowerShellForSysAdmins-vNIC'
    'ResourceGroupName' = 'PowerShellForSysAdmins-RG'
    'Location' = 'East US'
    'SubnetId' = $vNet.Subnets[0].Id
    'PublicIpAddressId' = $publicIp.Id
}
PS> $vNic = New-AzNetworkInterface @newVNicParams
```

清單 12-9：建立一個 Azure 的 vNIC

現在網路堆疊已經完備了！下一步便是建立一個儲存體帳戶。

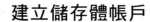

建立儲存體帳戶

虛擬機器終歸要有個地方儲存的。這個地方就是所謂的*儲存體帳戶*（*storage account*）。建立基本的儲存體帳戶十分容易，只要使用 New-AzStorageAccount 命令即可。就像先前幾種命令一樣，你需要提供名稱（儲存體帳戶的）、資源群組、以及地域位置等引數；但這裡又多了一個新的參數 Type，其作用為指定儲存體帳戶能支援的備援程度（level of redundancy）。如果按照清單 12-10 那般以 Standard_LRS 作為引數，那麼就會設定最便宜的一種本地備援的（*locally redundant*）儲存體帳戶。

```
PS> $newStorageAcctParams = @{
    'Name' = 'powershellforsysadmins'
    'ResourceGroupName' = 'PowerShellForSysAdmins-RG'
    'Type' = 'Standard_LRS'
    'Location' = 'East US'
}
PS> $storageAccount = New-AzStorageAccount @newStorageAcctParams
```

清單 12-10：建立一個 Azure 的儲存體帳戶

現在你有地方可以儲存 VM，可以繼續設置作業系統映像（image）了。

建立一個作業系統映像

作業系統映像會是你的虛擬主機所使用虛擬磁碟的基礎。我們在此並不會將 Windows 安裝到虛擬機器上，而是利用現成的作業系統映像，直接把你帶到只需開機就好的位置上。

建立作業系統映像分成兩個步驟：首先定義若干 OS 組態設定，其次則是定義所謂的訂閱詳情、或是要使用的 OS 映像。Azure 用 *offer*（訂閱詳情）這個字眼來代表 VM 映像。

要設置所有的組態設定，必須先建立一個 VM 設定物件（configuration object）。此一物件定義了你要建立的 VM 的名稱和大小。這要用到 New-AzVMConfig 命令。清單 12-11 所建立的便是一個 Standard_A3 的 VM。（只須執行 Get-AzVMSize、並指定所在的地域（region），就可以得到一份清單，知道有哪些規模大小的 VM 可用）。

```
PS> $newConfigParams = @{
    'VMName' = 'PowerShellForSysAdmins-VM'
    'VMSize' = 'Standard_A3'
}
PS> $vmConfig = New-AzVMConfig @newConfigParams
```

清單 12-11：建立一份 VM 組態

一旦組態建立，就可以把該物件當成參數 VM 的引數、交給 Set-AzVMOperatingSystem 命令處理。這個命令會定義出 VM 主機名稱之類的作業系統特有屬性，同時也會啟用 Windows Update 等其他屬性。這裡我們會儘量保持簡單，但如果各位想試試各種可能的組合，請用 Get-Help 查詢 Set-AzVMOperatingSystem 的相關資訊。

清單 12-12 建立了一個 Windows 作業系統物件，其主機名稱（hostname）為 Automate-VM（注意：主機名稱不得超過 16 個字元）。同時利用 Get-Credential 命令取得所需的使用者名稱和密碼，以便建立新的管理員使用者（包括密碼），同時再以 EnableAutoUpdate 參數指定要自動套用任何新進的 Windows updates。

```
PS> $newVmOsParams = @{
    'Windows' = $true
    'ComputerName' = 'Automate-VM'
    'Credential' = (Get-Credential -Message 'Type the name and password of the
    local administrator account.')
    'EnableAutoUpdate' = $true
    'VM' = $vmConfig
}
PS> $vm = Set-AzVMOperatingSystem @newVmOsParams
```

清單 12-12：建立一個作業系統映像

接下來是建立 VM 的訂閱詳情。所謂的訂閱詳情（offer）係指 Azure 允許你可以選擇安裝在 VM 的 OS 磁碟上的作業系統種類。本例使用的是 Windows Server 2012 R2 Datacenter 的映像。這個映像係由微軟所提供，你不需要自己準備。

建立 offer 物件後，就可以用 Set-AzVMSourceImage 命令繼續建立來源映像（source image），如清單 12-13 所示。

```
PS> $offer = Get-AzVMImageOffer -Location 'East US'❶ –PublisherName
'MicrosoftWindowsServer'❷ | Where-Object { $_.Offer -eq 'WindowsServer' }❸
PS> $newSourceImageParams = @{
    'PublisherName' = 'MicrosoftWindowsServer'
    'Version' = 'latest'
    'Skus' = '2012-R2-Datacenter'
    'VM' = $vm
    'Offer' = $offer.Offer
}
PS> $vm = Set-AzVMSourceImage @newSourceImageParams
```

清單 12-13：找出和建立一個 VM 的來源映像

這裡我們首先查詢了所有美東地域的 offers❶、publisher name 則是
MicrosoftWindowsServer❷。如果要知道 publishers 的完整清單，可以使
用 Get-AzVMImagePublisher 命令查詢。然後我們把 offers 的種類限制在
WindowsServer❸。找到所需的來源映像後，就可以將其指派給 VM 物件
了。如此便完成了 VM 的虛擬磁碟設置。

要把映像指派給 VM 物件，你需要替剛剛建立的 OS 磁碟準備一個 URI，
而這個 URI 必須和 VM 物件一起交給 Set-AzVMOSDisk 命令去處理（清單
12-14）。

```
PS> $osDiskName = 'PowerShellForSysAdmins-Disk'
PS> $osDiskUri = '{0}vhds/PowerShellForSysAdmins-VM{1}.vhd' -f $storageAccount
            .PrimaryEndpoints.Blob.ToString(), $osDiskName
PS> $vm
= Set-AzVMOSDisk -Name $osDiskName -CreateOption 'fromImage' -VM $vm -VhdUri $osDiskUri
```

清單 12-14：將作業系統磁碟指派給 VM

做到這裡，我們已經有了一個 OS 磁碟、也已把它指派給一個 VM 物件
了。現在該來收尾了！

收尾

我們已經做得差不多了。現在就只剩下把先前做好的 vNIC 掛進 VM，然
後完成真正的 VM 建置。

要把 vNIC 掛載到 VM 上，要借助 Add-AzVmNetworkInterface 命令，同時把剛剛建立的 VM 物件、還有先前做好的 vNIC 的 ID 當成引數，如清單 12-15 所示。

```
PS> $vm = Add-AzVMNetworkInterface -VM $vm -Id $vNic.Id
```

清單 12-15：將 vNIC 掛載到 VM 內

終於可以建立我們的 VM 了，如同清單 12-16 所示。只須執行 New-AzVm 命令，並加上 VM 物件、資源群組和地域等引數，總算做出 VM 了！注意這個動作會將 VM 啟動，也就是從這一刻起，要開始收費了。

```
PS> New-AzVM -VM $vm -ResourceGroupName 'PowerShellForSysAdmins-RG' -Location 'East US'

RequestId IsSuccessStatusCode StatusCode ReasonPhrase
--------- ------------------- ---------- ------------
          True                OK OK
```

清單 12-16：建立一個 Azure 虛擬機器

這個全新的 Azure VM，主機名稱是 Automate-VM。為確認起見，可以執行 Get-AzVm 檢查有哪些 VM 存在。請參閱清單 12-17 的輸出。

```
PS>
Get-AzVm -ResourceGroupName 'PowerShellForSysAdmins-RG' -Name PowerShellForSysAdmins-VM


ResourceGroupName : PowerShellForSysAdmins-RG
Id                : /subscriptions/XXXXXXXXXXXXX/resourceGroups/
PowerShellForSysAdmins-RG/
                    providers/Microsoft.Compute/virtualMachines/
PowerShellForSysAdmins-VM
VmId              : e459fb9e-e3b2-4371-9bdd-42ecc209bc01
Name              : PowerShellForSysAdmins-VM
Type              : Microsoft.Compute/virtualMachines
Location          : eastus
Tags              : {}
DiagnosticsProfile : {BootDiagnostics}
Extensions        : {BGInfo}
HardwareProfile   : {VmSize}
NetworkProfile    : {NetworkInterfaces}
OSProfile         : {ComputerName, AdminUsername, WindowsConfiguration, Secrets}
```

```
ProvisioningState  : Succeeded
StorageProfile     : {ImageReference, OsDisk, DataDisks}
```

清單 12-17：找到自己的 Azure VM

如果你有類似的輸出結果，就已成功地建立一套 Azure 虛擬機器了！

將 VM 建立過程自動化

呼！光是讓一台虛擬機器上線、還有準備所有的相依內容，就花了這麼多功夫；如果下一台 VM 還要這麼費事，我可不想再來一次。那何不建立一個函式，讓它處理所有的動作？經由這個函式，我們可以把以上所有的程式碼都整合成單獨一段可執行程式碼，以後愛用幾次都可以。

如果你有心冒險一試，筆者已經寫好一支自製的 PowerShell 函式，名為 New-CustomAzVm，就在本書的資源網頁裡。它提供了絕佳的示範，教大家如何把本小節的各個任務合併成一個單一的整合函式，只需輸入少許資訊就能使用。

部署一個 Azure 的 Web App

如果你會用到 Azure，就一定要知道如何部署一個 Azure 的 web app。*Azure web apps* 允許你可以迅速地開通運作在 IIS、Apache 等伺服器上的網站及各種網頁服務，卻毋須煩惱如何建置網頁伺服器本身。一旦各位學會如何以 PowerShell 部署一份 Azure 的 web app，就可以將這段過程整合至更大的工作流程當中，像是開發用的建置管線、測試環境的開通、實驗環境的開通等等。

部署一套 Azure 的 web app 分成兩個步驟：首先要建立一個 app service 方案、然後是建立 web app 本身。Azure 的 web apps 屬於 Azure 應用程式服務（Azure App Services）的一員，任何位於其中的資源都必須有自己的 app service 方案。*App service* 方案（*app service plan*）會告訴 web app，要將程式建構在何種底層的運算資源之上。

建立一個 App Service 方案和 Web App

建立 Azure 服務方案很容易。一如往常，只需用到一道命令。再加上 app service 方案的名稱、其運作所在的地域、其所屬的資源群組、以及可以定義 web app 賴以運作的底層伺服器效能類型的選用層（optional tier）即可。

就像先前的小節一樣，我們必須先建立一個資源群組，用它來容納所有相關的資源；我們會這樣做：**New-AzResourceGroup -Name 'PowerShellForSysAdmins-App' -Location 'East US'**。一旦資源群組準備好，就可以著手建立 app service 方案，並將其置於資源群組當中了。

我們將這個 app service 方案命名為 Automate、其所在地域則是 East US（美東地區），所使用的是 Free 層的應用程式。清單 12-18 就是完成這一切所需執行的程式碼內容。

```
PS> New-AzAppServicePlan -Name 'Automate' -Location 'East US'
-ResourceGroupName 'PowerShellForSysAdmins-App' -Tier 'Free'
```

清單 12-18：建立一個 Azure 的 app service 方案

以上命令執行完畢後，app service 方案就算是準備好了，接下來就是要著手建立 web app 本身。

如果說建立一個 Azure 的 web app 只需用到一道 PowerShell 命令，各位應該也不會大驚小怪了。只須執行 New-AzWebApp，加上各位已經熟稔於心的常見參數群（如資源群組名稱、web app 自己的名稱、以及運作所在地域），再加上這個 web app 會採用的 app service 方案就好了。

清單 12-19 便是以 New-AzWebApp 命令來建立一個名為 AutomateApp 的 web app，其所屬資源群組為 PowerShellForSysAdmins-App、使用的 app service 方案則是 Automate（上面剛建立的那一個）。注意，只要這個 app 一啟用，就會有費用產生了。

```
PS> New-AzWebApp -ResourceGroupName 'PowerShellForSysAdmins-App' -Name
'AutomateApp' -Location 'East US' -AppServicePlan 'Automate'
```

清單 12-19：建立一個 Azure 的 web app

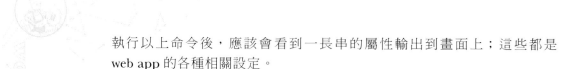

執行以上命令後，應該會看到一長串的屬性輸出到畫面上；這些都是 web app 的各種相關設定。

部署一個 Azure 的 SQL 資料庫

另一種常見的 Azure 任務，就是部署一個 Azure 的 SQL 資料庫。要部署一套 Azure 的 SQL 資料庫，必須做三件事：首先是建立一個資料庫賴以運作的 Azure SQL 伺服器，其次是建立資料庫本身，最後則是建立一個 SQL 伺服器的防火牆規則，以便允許連接資料庫。

一如往常，各位必須先建立一個容納相關資源的資源群組。執行 `New-AzResourceGroup -Name 'PowerShellForSysAdmins-SQL' -Location 'East US'` 就可以做到。然後就要建立資料庫賴以運作的 SQL 伺服器。

建立一套 Azure 的 SQL 伺服器

建立 Azure 的 SQL 伺服器一樣也只需要一道命令：`New-AzSqlServer`。但是也一樣必須提供資源群組名稱、SQL 伺服器本身的名稱、還有地域（但此處還須加上伺服器的 SQL 管理員的使用者名稱及其密碼）。這會多費點功夫。由於你必須建立一份認證（credential）以便傳給 New-AzSqlServer，我們先處理這個部份。筆者在 196 頁的「建立一個服務主體」小節中已經介紹過如何建立 `PSCredential` 物件了，所以這裡不再贅述。

```
PS> $userName = 'sqladmin'
PS> $plainTextPassword = 's3cretp@SSw0rd!'
PS> $secPassword = ConvertTo-SecureString -String $plainTextPassword -AsPlainText -Force
PS> $credential = New-Object -TypeName System.Management.Automation.PSCredential -ArgumentList
$userName,$secPassword
```

一旦有了身分認證，剩下就只需把所有的參數放進一個雜湊表，再把雜湊表餵給 `New-AzSqlServer` 函式即可，如清單 12-20 所示。

```
PS> $parameters = @{
    ResourceGroupName = 'PowerShellForSysAdmins-SQL'
    ServerName = 'PowerShellForSysAdmins-SQLSrv'
```

```
    Location =  'East US'
    SqlAdministratorCredentials = $credential
}
PS> New-AzSqlServer @parameters

ResourceGroupName         : PowerShellForSysAdmins-SQL
ServerName                : powershellsysadmins-sqlsrv
Location                  : eastus
SqlAdministratorLogin     : sqladmin
SqlAdministratorPassword  :
ServerVersion             : 12.0
Tags                      :
Identity                  :
FullyQualifiedDomainName  : powershellsysadmins-sqlsrv.database.windows.net
ResourceId                : /subscriptions/XXXXXXXXXXXXX/resourceGroups
                            /PowerShellForSysAdmins-SQL/providers/Microsoft.Sql
                            /servers/powershellsysadmins-sqlsrv
```

清單 12-20：建立一套 Azure 的 SQL 伺服器

現在 SQL 伺服器已經就緒了，資料庫的基石已經就定位。

建立一套 Azure 的 SQL 資料庫

要建立 SQL 資料庫，請如清單 12-21 所示那般使用 New-AzSqlDatabase 命令。其參數包括 ResourceGroupName 和剛剛才建立的伺服器名稱、以及你要建立的資料庫名稱（本例中命名為 AutomateSQLDb）。

```
PS> New-AzSqlDatabase -ResourceGroupName 'PowerShellForSysAdmins-SQL'
-ServerName 'PowerShellSysAdmins-SQLSrv' -DatabaseName 'AutomateSQLDb'

ResourceGroupName           : PowerShellForSysAdmins-SQL
ServerName                  : PowerShellSysAdmins-SQLSrv
DatabaseName                : AutomateSQLDb
Location                    : eastus
DatabaseId                  : 79f3b331-7200-499f-9fba-b09e8c424354
Edition                     : Standard
CollationName               : SQL_Latin1_General_CP1_CI_AS
CatalogCollation            :
MaxSizeBytes                : 268435456000
Status                      : Online
CreationDate                : 9/15/2019 6:48:32 PM
CurrentServiceObjectiveId   : 00000000-0000-0000-0000-000000000000
CurrentServiceObjectiveName : S0
RequestedServiceObjectiveName : S0
```

```
RequestedServiceObjectiveId  :
ElasticPoolName              :
EarliestRestoreDate          : 9/15/2019 7:18:32 PM
Tags                         :
ResourceId                   : /subscriptions/XXXXXXX/resourceGroups
                               /PowerShellForSysAdmins-SQL/providers
                               /Microsoft.Sql/servers/powershellsysadmin-sqlsrv
                               /databases/AutomateSQLDb
CreateMode                   :
ReadScale                    : Disabled
ZoneRedundant                : False
Capacity                     : 10
Family                       :
SkuName                      : Standard
LicenseType                  :
```

清單 12-21：建立一份 Azure 的 SQL 資料庫

執行至此，你已經在 Azure 當中擁有一套運作中的 SQL 資料庫了。但是
當你嘗試取用它時，卻不能動作。根據預設，當新建的 Azure SQL 資料
庫上線時，它會封鎖自己、禁止外部的連線進入。你必須再建立一條防
火牆規則，才能連線到資料庫。

建立 SQL 伺服器的防火牆規範

建立防火牆規則的命令是 New-AzSqlServerFirewallRule。該命令需要
的參數包括資源群組名稱、你剛剛建立的伺服器名稱、防火牆規則本
身的名稱、以及起始和結尾的 IP 位址。起始和結尾的 IP 位址的作用
在於定義單一或一系列的 IP 位址，然後允許從這些 IP 連線進入資料
庫。由於你只會從一台本地端電腦去管理 Azure，因此只需限制可以從
你現有的電腦連線至 SQL 伺服器就好。這時就得找出你自己的公共 IP
位址為何。這也可以用一行 PowerShell 命令辦到：**Invoke-RestMethod
http://ipinfo.io/json | Select -ExpandProperty ip**[譯註 3]。

然後各位就可以以公共 IP 位址同時作為 StartIPAddress 和 EndIPAddress
兩個參數的引數。然而，每當你的對外公共 IP 位址有所變動，就必須重
頭再來一次。

譯註 3　select -expandproperty ip 與 select –property ip 有微妙的差異，前者只取出屬性
的內容字串、後者卻是取出屬性物件本身；讀者們不妨試試看。當然，如果寫成
(Invoke-RestMethod http://ipinfo.io/json).ip 會更簡潔。

此外請注意清單 12-22 之中所使用的主機名稱一定要改成全部都是小寫
字母、連字號（-）、以及數字。否則就會在嘗試建立防火牆規則時碰到
錯誤訊息。

```
PS> $parameters - @{
    ResourceGroupName = 'PowerShellForSysAdmins-SQL'
    FirewallRuleName = 'PowerShellForSysAdmins-FwRule'
    ServerName = 'powershellsysadmin-sqlsrv'
    StartIpAddress = 'Your Public IP Address'
    EndIpAddress = 'Your Public IP Address'
}
PS> New-AzSqlServerFirewallRule @parameters

ResourceGroupName : PowerShellForSysAdmins-SQL
ServerName        : powershellsys-sqlsrv
StartIpAddress    : 0.0.0.0
EndIpAddress      : 0.0.0.0
FirewallRuleName  : PowerShellForSysAdmins-FwRule
```

清單 12-22：建立一條 Azure SQL 伺服器的防火牆規則

行了！你的資料庫應該已經順利跑起來了。

測試你的 SQL 資料庫

要測試各位建立的資料庫，我們來寫一支小函式，利用 System.Data.
SqlClient.SqlConnection 物件的 Open() 方法，嘗試一次簡單的連線；參
見清單 12-23。

```
function Test-SqlConnection {
    param(
        [Parameter(Mandatory)]
    ❶ [string]$ServerName,

        [Parameter(Mandatory)]
        [string]$DatabaseName,

        [Parameter(Mandatory)]
    ❷ [pscredential]$Credential
    )

    try {
        $userName = $Credential.UserName
    ❸ $password = $Credential.GetNetworkCredential().Password
```

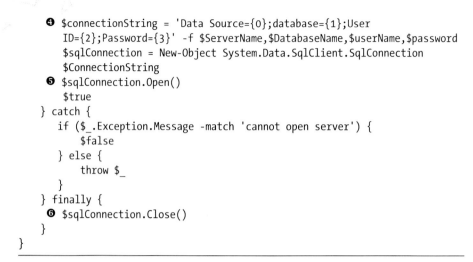

```
❹  $connectionString = 'Data Source={0};database={1};User
    ID={2};Password={3}' -f $ServerName,$DatabaseName,$userName,$password
    $sqlConnection = New-Object System.Data.SqlClient.SqlConnection
    $ConnectionString
❺  $sqlConnection.Open()
    $true
} catch {
    if ($_.Exception.Message -match 'cannot open server') {
        $false
    } else {
        throw $_
    }
} finally {
❻  $sqlConnection.Close()
    }
}
```

清單 12-23：測試一個通往 Azure SQL 資料庫的 SQL 連線

這個函式會以我們剛建立的 SQL 伺服器的完整網域名稱（fully qualified domain name）作為 ServerName 參數的引數 ❶、再加上取自 PSCredential 物件的 SQL 管理員使用者名稱和密碼 ❷，也是擔任引數。

接著我們把 PSCredential 物件析成純文字的使用者名稱和密碼 ❸，並建立據以連接資料庫的連接字串（connection string）❹，然後叫用 SqlConnection 物件的 Open() 方法，嘗試連接資料庫 ❺，最後則是將資料庫連線關閉 ❻。

要執行以上函式，正確內容是 Test-SqlConnection -ServerName 'powershellsysadmins-sqlsrv.database.windows.net' -DatabaseName 'AutomateSQLDb' -Credential (Get-Credential)。如果你成功地連接到資料庫，函式便會傳回 True；否則就會傳回 False（而這時就得詳究其原因了）。

若要將以上動作的痕跡一把抹除乾淨，只需移除資源群組即可，其命令為 Remove-AzResourceGroup -ResourceGroupName 'PowerShellForSysAdmins-SQL'。

總結

本章帶領各位進入以 PowerShell 將微軟 Azure 自動化的世界裡。我們設置了非互動式的認證、也部署了一部虛擬機器、一套 web app、和一套 SQL 資料庫。而且全都是用 PowerShell 達成的，這樣就不必再跑一趟 Azure 入口網站（Azure portal）了。

如果沒有 Az 這個 PowerShell 模組、以及其作者群的辛苦奉獻，以上的事情我們一件都別想做到。就跟其他的 PowerShell 雲端模組一樣，所有這些命令都仰賴那些隱藏在檯面下的 API。感謝模組，我們不必擔心如何才能學會呼叫 REST 方法、或是如何操作端點 URL 了。

下一章，各位要學習以 PowerShell 把 Amazon Web Services 自動化。

13

處理 AWS

在前一章當中，各位已經學會如何以 PowerShell 來處理微軟的 Azure。現在我們要來看看如何處理亞馬遜的 Amazon Web Services（AWS）。在本章當中，各位將會深入學習在 AWS 中使用 PowerShell。一旦你學會如何以 PowerShell 向 AWS 認證，就可以學習如何從頭建立一個 EC2 的執行個體（instance）、如何部署一個 Elastic Beanstalk（EBS）應用程式、以及如何建立一套亞馬遜的關聯式資料庫服務（Amazon Relational Database Service, Amazon RDS）和微軟的 SQL 伺服器資料庫。

和 Azure 一樣，AWS 也是雲端世界的巨擘。如果你任職 IT 業界，十之八九有機會在生涯中用到 AWS。另外它也跟 Azure 一樣有一套方便的 PowerShell 模組可以用來操作：就是 AWSPowerShell。

從 PowerShell Gallery 安裝 AWSPowerShell 的方式，就跟安裝 Az 模組時一樣並無二致，只須執行 **Install-Module AWSPowerShell** 即可。一旦模組下載並安裝完畢，就可以動手了。

先決條件

筆者假設各位已經有一個 AWS 帳戶，而且有權取用 root 使用者。你可以到 *https://aws.amazon.com/free/* 註冊一個 AWS 免費帳戶。並非所有的事都要靠 root 才能完成，但各位還是需要建立自己的第一個身分和存取管理（*identity and access management*（*IAM*））的使用者。你還得下載和安裝 AWSPowerShell 模組，如前所述。

AWS 認證

在 AWS 裡，認證是靠 IAM 服務來進行的，該服務負責處理 AWS 中的一切認證、授權、計量（accounting）、以及稽核（auditing）。要在 AWS 中進行認證，你的訂閱內容必須包括一個 IAM 使用者，而該使用者必須有權取用適當的資源。要處理 AWS 的第一步，就是建立一個 IAM 使用者。

一旦建立了 AWS 帳戶，就會自動隨之建立一個 root 使用者，於是就可以透過 root 使用者來建立你的 IAM 使用者。從技術上說，你確實可以只用 root 使用者在 AWS 裡從事任何行為，但我們鄭重建議不要如此。

以 Root 使用者認證

我們先來建立一個 IAM 使用者，以便在接下來的章節中運用。首先要先通過認證。如果還沒有另一個 IAM 使用者的身分可用，唯一能通過認證的方式就是利用 root 使用者。亦即這時你得把 PowerShell 放在一邊。先用 AWS 管理主控台（AWS Management Console）的圖形使用介面，取得 root 使用者的存取金鑰（access key）和私密存取金鑰（secret key）。

首先登入你的 AWS 帳戶。然後瀏覽至畫面右上角，點開帶有你的 AWS 帳戶名稱的下拉式選單，如圖 13-1 所示。

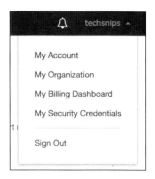

清單 13-1：我的安全登入資料選項

請點選**我的安全登入資料**（**My Security Credentials**）選項[譯註1]。這時就會出現一個畫面，提醒我們沒事不要亂搞自己的安全登入資料[譯註2]；如圖 13-2 所示。但現在是不得已而為之，因為我們要先建立一個 IAM 使用者之故。

> You are accessing the security credentials page for your AWS account. The account credentials provide unlimited access to your AWS resources.
>
> To help secure your account, follow an AWS best practice by creating and using AWS Identity and Access Management (IAM) users with limited permissions.
>
> **Continue to Security Credentials**　**Get Started with IAM Users**
>
> ○ Don't show me this message again

圖 13-2：認證相關警訊

請點選**繼續進入安全登入資料頁面**（**Continue to Security Credentials**），然後點選**存取金鑰**（**Access Keys**）。點選**建立新的存取金鑰**（**Create New Access Key**），應該就會看到一個提示視窗，告訴我們如何檢視自己帳戶的存取金鑰 ID 和私密存取金鑰。它應該還會提醒我們可以選擇下載內含以上兩個金鑰的金鑰檔案。如果你還未下載該檔案，請即下載它並妥善保管。但目前各位只需把以上頁面看到的存取金鑰和私密存取金鑰複製到你的 PowerShell 工作階段的預設設定檔當中。

譯註 1　AWS 的管理主控台是有繁體中文介面的，註冊也毋需費用（但有架設內容就會收錢了），大家不妨玩玩看。

譯註 2　中文版介面似乎沒有這個警訊視窗、佈局也不太一樣。

請把這兩支金鑰交給 Set-AWSCredential 命令，它會將其儲存起來，以便在我們操作建立 IAM 使用者的命令時隨時調用。完整命令內容請參照清單 13-1。

```
PS> Set-AWSCredential -AccessKey 'access key' -SecretKey 'secret key'
```

清單 13-1：設置 AWS 的存取金鑰

一旦完成，就可以著手建立 IAM 使用者了。

建立一個 IAM 使用者和角色

現在你的身分已經是認證過的 root 使用者，可以建立 IAM 使用者了。請利用 New-IAMUser 命令，並指定你需要的 IAM 使用者名稱（例如 Automator）。一旦建立，就會看到像清單 13-2 的輸出。

```
PS> New-IAMUser -UserName Automator

Arn                 : arn:aws:iam::013223035658:user/Automator
CreateDate          : 9/16/2019 5:01:24 PM
PasswordLastUsed    : 1/1/0001 12:00:00 AM
Path                : /
PermissionsBoundary :
UserId              : AIDAJU2WN5KIFOUMPDSR4
UserName            : Automator
```

清單 13-2：建立一個 IAM 使用者

下一步就該指定適當的權限給這個新建的 IAM 使用者了。此舉係透過對使用者指派角色進行，而角色本身則被指派了政策（policy）。AWS 會將特定的權限聚集成一個單元，亦即所謂的角色（*roles*），如此一來管理員就可以輕鬆地委派權限（這種策略謂之基於角色的存取控制（*role-based access control*），簡稱 *RBAC*）。而政策則決定了角色擁有那些權限。

要建立 IAM 的角色，必須使用 New-IAMRole 命令，但首先你得先建立一份 AWS 稱為信任關係政策文件（*trust relationship policy document*）的檔案：這是一個 JSON 格式的文字字串檔，其中定義了使用者可以取用的服務、以及能夠取用的程度。

清單 13-3 便是一份信任關係政策文件的範例。

```
{
    "Version": "2019-10-17",
    "Statement": [
        {
            "Effect": "Allow",
            "Principal" : { "AWS": "arn:aws:iam::013223035658:user/Automator"
},
            "Action": "sts:AssumeRole"
        }
    ]
}
```

清單 13-3：信任政策文件的範例

這份 JSON 檔案改變了角色本身（修改其信任政策），允許你的 Automator 使用者可以取用該角色。它把 AssumeRole 權限賦予了你的 IAM 使用者，這是建立角色時所必需的。關於如何建立關係信任政策文件的詳情，請參閱以下網址：*https://amzn.to/35UAmWu*

將這個 JSON 字串賦值給變數 $json，然後把變數作為 New-IamRole 的參數 AssumeRolePolicyDocument 的引數，如清單 13-4 所示。

```
PS> $json = '{
>>      "Version": "2012-10-17",
>>      "Statement": [
>>          {
>>              "Effect": "Allow",
>>              "Principal" : { "AWS": "arn:aws:iam::013223035658:user/Automator" },
>>              "Action": "sts:AssumeRole"
>>          }
>>      ]
>> }'
PS> New-IAMRole -AssumeRolePolicyDocument $json -RoleName 'AllAccess'

Path            RoleName             RoleId                    CreateDate
----            --------             ------                    ----------
/               AllAccess            AROAJ2B7YC3HH6M6F2WOM      9/16/2019 6:05:37 PM
```

清單 13-4：建立一個新的 IAM 角色

現在 IAM 角色已經做好了[譯註3]，我們原本該對其賦予權限、以便讓它可以存取必須的各種資源。但我們不會用上百頁的篇幅去詳細說明 AWS 的 IAM 角色和安全性，而是只簡單地對 Automator 直接賦予一切事物的最大權限（基本上就是把它變成 root 使用者了）。

注意，實務上我們不該這樣做。最好的做法自然是設限只給予必須的取用權。詳情請檢視 AWS 的「IAM 中的安全最佳實務一文」（IAM Best Practices guide, *https://amzn.to/3kXXzvn*）。但目前我們先用 Register-IAMUserPolicy 命令，對使用者賦予 AdministratorAccess 這個受管政策（managed policy）。其中需要用到該政策的亞馬遜資源名稱（Amazon Resource Name, ARN）。這時必須先以 Get-IAMPolicies 命令篩選政策名稱，然後將政策的資源名稱放在變數裡，再傳給 Register-IAMUserPolicy（內容請參閱清單 13-5）。

```
PS> $policyArn = (Get-IAMPolicies | where {$_.PolicyName -eq 'AdministratorAccess'}).Arn[譯註4]
PS> Register-IAMUserPolicy -PolicyArn $policyArn -UserName Automator
```

清單 13-5：將策略套用到使用者身上

最後要做的就只剩下產生一個存取金鑰，以便認證該使用者了。請利用 New-IAMAccessKey 命令，按照清單 13-6 操作。

```
PS> $key = New-IAMAccessKey -UserName Automator
PS> $key

AccessKeyId     : XXXXXXXX
CreateDate      : 9/16/2019 6:17:40 PM
SecretAccessKey : XXXXXXXXX
Status          : Active
UserName        : Automator
```

清單 13-6：建立一個 IAM 存取金鑰

現在新的 IAM 使用者已經準備好了。我們來完成其認證吧。

譯註3　事後可以再用 Get-IAMRole -RoleName AllAccess 觀察角色本身。做錯也可以用 Remove-IAMRole -RoleName AllAccess 打掉重來。

譯註4　事先先用 Get-IAMPolicies | where {$_.PolicyName -eq 'AdministratorAccess'} 看一下輸出物件的模樣，就會知道 PolicyName 和 Arn 等屬性各自的意義。

認證你的 IAM 使用者

在前面的小節裡，我們已以 root 使用者通過了認證，但這只是權宜之計，各位應當以自己的 IAM 使用者身分進行認證，才能完成應有的工作。你應該先完成自己的 IAM 使用者身分認證，然後才以該身分在 AWS 中從事任何運作。這時就該再次使用 Set-AWSCredential 命令，用新產生的存取金鑰和私密存取金鑰去更新你的設定檔。不過命令要稍作變動，這時要加上 StoreAs 參數，如清單 13-7 所示。因為各位在接下來的工作階段中都要仰賴這個 IAM 使用者，故而必須把存取密鑰和私密存取密鑰都儲存至 AWS 預設設定檔當中，這樣就不必再為每個工作階段都重複執行這道命令了。

```
PS> Set-AWSCredential -AccessKey $key.AccessKeyId -SecretKey
$key.SecretAccessKey -StoreAs 'Default'
```

清單 13-7：設置預設的 AWS 存取金鑰

最後要執行的命令，是 Initialize-AWSDefaultConfiguration -Region *your region here*，此舉可以讓你免於每次呼叫命令時都得加註所在地域。這是一次性的步驟。如果要知道自己離哪個地域最近，可以用 Get-AWSRegion 查詢得知。

成了！現在你已有一個通過認證的 AWS 工作階段，可以繼續處理 AWS 的服務了。為確認起見，請執行 Get-AWSCredentials 並加上 ListProfileDetail 參數，觀察所有已儲存的登入資料。如果一切無誤，就會看到如下的預設設定檔：

```
PS> Get-AWSCredentials -ListProfileDetail
ProfileName StoreTypeName          ProfileLocation
----------- -------------          ---------------
Default     NetSDKCredentialsFile
```

建立一個 AWS EC2 的執行個體

在第 12 章時，各位已經建立了一個 Azure 虛擬機器。這裡我們要建立的則是一個 *AWS 的 EC2 執行個體*（*AWS EC2 instance*）。AWS EC2 執行個體所提供的學習內容，其實跟 Azure 虛擬機器一樣；不論是在 Azure 還是 AWS 上，建立 VM 都是稀鬆平常的事。然而要在 AWS 中建立 VM，所使用的開通方式還是與 Azure 有所不同。由於 AWS 這裡的底層 API 完全不同，亦即所使用的命令也會不同，但是說到頭來，你要進行的左右不過還是一樣的任務：建立一台虛擬機器。就算 AWS 所用的術語不一樣也沒差！筆者已經試著將前一章建立 VM 的步驟對應到本章，但是此舉當然會因為 Azure 和 AWS 之間架構和語法的差異，而產生顯著的分別。

幸好還有像 Azure 的 Az 一樣的 AWSPowerShell 模組，讓我們得以輕易地從零開始。就跟前一章一樣，你必須從基礎著手：先設置所有的相依內容，再建立 EC2 的執行個體。

虛擬私有雲

首先要準備的相依內容，就是網路。當然你可以使用既有的網路、或是另外新建一個。由於本書著重動手實作，因此各位必須自己從頭設置一個網路。在 Azure 裡，各位建立了 vNet（虛擬網路），但是在 AWS 裡要建立的叫做虛擬私有雲（*virtual private clouds, VPC*），這是一個網路架構，讓你的虛擬機器得以與雲端其他部份互通。要仿製近似 Azure 的 vNet 所使用的設定，只須建立一個內含單一子網路為基礎的 VPC 即可。由於 AWS 可供選擇的設定選項實在太多，筆者決定在此只仿製先前的 Azure 網路設定。

在動手之前，得先決定你可以建立的子網路。我們先用 10.10.0.0/24 做為示範網路。這些資訊可以儲存在變數中，然後利用 New-EC2Vpc 命令建立之，如清單 13-8 所示。

```
PS> $network = '10.0.0.0/16'
PS> $vpc = New-EC2Vpc -CidrBlock $network
PS> $vpc

CidrBlock                  : 10.0.0.0/16
CidrBlockAssociationSet    : {vpc-cidr-assoc-03f1edbc052e8c207}
DhcpOptionsId              : dopt-3c9c3047
InstanceTenancy            : default
Ipv6CidrBlockAssociationSet : {}
IsDefault                  : False
State                      : pending
Tags                       : {}
VpcId                      : vpc-03e8c773094d52eb3
```

清單 13-8：建立一個 AWS 的 VPC

一旦建立了 VPC，還須手動啟用 DNS 支援（Azure 會自動處理這個部份）。所謂手動啟用 DNS 支援，意指將附掛在此一 VPC 中伺服器的 DNS 解譯來源，指向某一部 Amazon 內部的 DNS 伺服器。同理，你還需要手動提供一個公共主機名稱（這個在 Azure 裡也一樣由 Azure 代勞）。要完成這個動作，必須啟用 DNS 主機名稱。清單 13-9 的程式碼會完成以上兩件事。

```
PS> Edit-EC2VpcAttribute -VpcId $vpc.VpcId -EnableDnsSupport $true
PS> Edit-EC2VpcAttribute -VpcId $vpc.VpcId -EnableDnsHostnames $true
```

清單 13-9：啟用 VPC 的 DNS 支援和主機名稱

注意，兩個動作都是由 Edit-EC2VpcAttribute 命令完成的。如名稱所示，命令可以編輯數種 EC2 的 VPC 屬性。

網際網路閘道

下一步則是要建立網際網路閘道。這樣一來 EC2 執行個體方能與網際網路互通流量。這也一樣必須手動執行 New-EC2InternetGateway 命令（清單 13-10）。

```
PS> $gw = New-EC2InternetGateway
PS> $gw

Attachments InternetGatewayId      Tags
----------- -----------------      ----
{}          igw-05ca5aaa3459119b1  {}
```

清單 13-10：建立一個網際網路閘道

一旦閘道建好，就該把它掛到你的 VPC 裡，使用的命令是 Add-EC2InternetGateway，如清單 13-11 所示。

```
PS> Add-EC2InternetGateway -InternetGatewayId $gw.InternetGatewayId -VpcId $vpc.VpcId
```

清單 13-11：將 VPC 附掛到一個網際網路閘道上

處理完 VPC，下一步就要為你的網路加上路由。

路由

建立閘道後，現在必須建立路由表和一條路由，以便 VPC 中的 EC2 執行個體可以接觸到網際網路。所謂的路由係指一條路徑，網路流量可以透過它找到目的地。而路由表說白了就是一張充滿路由的表單。既然路由需要以表單格式維護，自然就該先建立路由表。請使用 New-EC2RouteTable 命令，並將 VPC ID 傳給它參照（清單 13-12）。

```
PS> $rt = New-EC2RouteTable -VpcId $vpc.VpcId
PS> $rt

Associations    : {}
PropagatingVgws : {}
Routes          : {}
RouteTableId    : rtb-09786c17af32005d8
Tags            : {}
VpcId           : vpc-03e8c773094d52eb3
```

清單 13-12：建立一份路由表

你還需要在路由表裡建立一條指向閘道（剛做好的）的路由。這時建立的是所謂預設路由、或稱為預設閘道，意指如果沒有其他更為精確的路由可用，那麼外出的網路流量便會取道此一路由。你會把所有的流量（0.0.0.0/0）都送往預設你的網際網路閘道。請執行 New-EC2Route 命令，如果執行成功便會傳回 True，如清單 13-13 所示。

```
PS> New-EC2Route -RouteTableId $rt.RouteTableId -GatewayId
$gw.InternetGatewayId -DestinationCidrBlock '0.0.0.0/0'

True
```

清單 13-13：建立路由

如上述，你的路由應該已經成功建立了！

子網路

接下來就該在你的 VPC 當中建立子網路，並將它和路由表掛在一起了。記住，子網路定義的是一個邏輯網路、而你的 EC2 執行個體的網卡會連到該子網路。要建立子網路，就要執行 New-EC2Subnet 命令，然後用

Register-EC2RouteTable 命令把子網路登錄到你剛剛建立的路由表當中。不過，你得先替這個新建的子網路定義一個所謂的可用區域（*availability zone*，亦即 AWS 資料中心託管你的子網路的所在之處）。如果你不確定自己要用的是哪一個可用區域，可以執行 Get-EC2AvailabilityZone 命令把名單調閱一遍。清單 13-14 顯示的就是執行結果。

```
PS> Get-EC2AvailabilityZone

Messages RegionName State     ZoneName
-------- ---------- -----     --------
{}       us-east-1  available us-east-1a
{}       us-east-1  available us-east-1b
{}       us-east-1  available us-east-1c
{}       us-east-1  available us-east-1d
{}       us-east-1  available us-east-1e
{}       us-east-1  available us-east-1f
```

清單 13-14：列舉 EC2 的可用區域

如果以上結果與你自己所見的沒差別，就直接使用 us-east-1d 這個可用區域。清單 13-15 顯示的則是建立子網路的程式碼，首先使用的是 New-EC2Subnet 命令，它需要的參數包括你剛建立的 VPC ID、一個 CIDR 區塊（子網路本身）、最後則是你剛剛找到的可用區域，然後是登錄路由表的程式碼（執行 Register-EC2RouteTable 命令）。

```
PS> $sn = New-EC2Subnet -VpcId $vpc.VpcId -CidrBlock '10.0.1.0/24' -AvailabilityZone 'us-east-1d'
PS> Register-EC2RouteTable -RouteTableId $rt.RouteTableId -SubnetId $sn.SubnetId
rtbassoc-06a8b5154bc8f2d98
```

清單 13-15：建立和登錄一個子網路

現在你的子網路已經建立、也已完成登錄，網路堆疊終於準備完畢！

將 AMI 指派給你的 EC2 執行個體

建好網路堆疊之後，就可以把亞馬遜主機映像（Amazon Machine Image, AMI）指派給 VM 了。所謂的 *AMI* 其實就是一個磁碟的快照，用來當成部署的範本，如此一來就不必替 EC2 執行個體從頭安裝作業系統。我們必須從既有的 AMI 中找出適合自己需求的版本：這裡指的是支援 Windows Server 2016 的執行個體，因此首先必須知道執行個體的名稱。

這就必須以 **Get-EC2ImageByName** 命令遍詢所有可用的執行個體，應該可以找到名為 `WINDOWS_2016_BASE` 的映像。很好，我們就使用它。

現在你已經知道映像名稱了，於是我們再度執行 Get-EC2ImageByName，但這次加上要使用的映像名稱作為引數。這樣就可以取回我們所需的映像物件，如清單 13-16 所示。

```
PS> $ami = Get-EC2ImageByName -Name 'WINDOWS_2016_BASE'
PS> $ami

Architecture          : x86_64
BlockDeviceMappings   : {/dev/sda1, xvdca, xvdcb, xvdcc...}
CreationDate          : 2019-08-15T02:27:20.000Z
Description           : Microsoft Windows Server 2016...
EnaSupport            : True
Hypervisor            : xen
ImageId               : ami-0b7b74ba8473ec232
ImageLocation         : amazon/Windows_Server-2016-English-Full-Base-2019.08.15
ImageOwnerAlias       : amazon
ImageType             : machine
KernelId              :
Name                  : Windows_Server-2016-English-Full-Base-2019.08.15
OwnerId               : 801119661308
Platform              : Windows
ProductCodes          : {}
Public                : True
RamdiskId             :
RootDeviceName        : /dev/sda1
RootDeviceType        : ebs
SriovNetSupport       : simple
State                 : available
StateReason           :
Tags                  : {}
VirtualizationType    : hvm
```

清單 13-16：找出 AMI

現在映像已經齊備，可以著手部署了。此時我們總算可以建立自己的 EC2 執行個體。現在只需決定執行個體的類型；但可惜的是這部份資訊無法單靠一行 PowerShell 的 cmdlet 就全部列出來，只能參閱 *https:// amzn.to/3kWM2wq*。我們就使用免費的這一種：**t2.micro**。請把參數載入，包括映像的 ID（image ID）、你是否要指派一個公共 IP 位址、執行個體的類型、subnet 的 ID 等等，然後執行 New-EC2Instance 命令（清單 13-17）。

```
PS> $params = @{
>>      ImageId = $ami.ImageId
>>      AssociatePublicIp = $false
>>      InstanceType = 't2.micro'
>>      SubnetId = $sn.SubnetId
}
PS> New-EC2Instance @params

GroupNames    : {}
Groups        : {}
Instances     : {}
OwnerId       : 013223035658
RequesterId   :
ReservationId : r-05aa0d9b0fdf2df4f
```

清單 13-17：建立一個 EC2 執行個體

完成了！你應該會在你的 AWS 管理主控台下看到一個全新的 EC2 執行個體，或者用 Get-EC2Instance 命令也可以取得新建立的執行個體資訊。

收尾

現在我們已經搞定了建立 EC2 執行個體所需的程式碼，但是它們還是很瑣碎。因此讓我們設法加以簡化，以便日後可以反覆使用。事實上，我們經常需要建立 EC2 執行個體，因此你應該撰寫一支自訂函式，避免一次只能做一個動作。從具體的角度來說，這個函式的運作方式應該和第 12 章的 Azure 版本相同；筆者在此不會再仔細說明函式的運作，但各位還是可以參閱本書資源網頁，不過筆者鄭重建議大家試著自行撰寫這個函式。

一旦呼叫這段自訂函式指令碼、而所有的相依內容都已齊備（唯一的例外是 EC2 執行個體本身），加上 Verbose 參數執行後就會看到像是清單 13-18 的輸出。

```
PS> $parameters = @{
>>     VpcCidrBlock = '10.0.0.0/16'
>>     EnableDnsSupport = $true
>>     SubnetCidrBlock = '10.0.1.0/24'
>>     OperatingSystem = 'Windows Server 2016'
>>     SubnetAvailabilityZone = 'us-east-1d'
>>     InstanceType = 't2.micro'
>>     Verbose = $true
}
PS> New-CustomEC2Instance @parameters

VERBOSE: Invoking Amazon Elastic Compute Cloud operation 'DescribeVpcs' in region 'us-east-1'
VERBOSE: A VPC with the CIDR block [10.0.0.0/16] has already been created.
VERBOSE: Enabling DNS support on VPC ID [vpc-03ba701f5633fcfac]...
VERBOSE: Invoking Amazon EC2 operation 'ModifyVpcAttribute' in region 'us-east-1'
VERBOSE: Invoking Amazon EC2 operation 'ModifyVpcAttribute' in region 'us-east-1'
VERBOSE: Invoking Amazon Elastic Compute Cloud operation 'DescribeInternetGateways' in region
         'us-east-1'
VERBOSE: An internet gateway is already attached to VPC ID [vpc-03ba701f5633fcfac].
VERBOSE: Invoking Amazon Elastic Compute Cloud operation 'DescribeRouteTables' in region
         'us-east-1'
VERBOSE: Route table already exists for VPC ID [vpc-03ba701f5633fcfac].
VERBOSE: A default route has already been created for route table ID [rtb-0b4aa3a0e1801311f
         rtb-0aed41cac6175a94d].
VERBOSE: Invoking Amazon Elastic Compute Cloud operation 'DescribeSubnets' in region
         'us-east-1'
VERBOSE: A subnet has already been created and registered with VPC ID [vpc-03ba701f5633fcfac].
VERBOSE: Invoking Amazon EC2 operation 'DescribeImages' in region 'us-east-1'
VERBOSE: Creating EC2 instance...
VERBOSE: Invoking Amazon EC2 operation 'RunInstances' in region 'us-east-1'

GroupNames    : {}
Groups        : {}
Instances     : {}
OwnerId       : 013223035658
RequesterId   :
ReservationId : r-0bc2437cfbde8e92a
```

清單 13-18：執行自製的 EC2 執行個體建置函式

　　下回要在 AWS 中建置 EC2 執行個體這種無聊的任務時，你就有現成的工具可以代勞了！

部署一個 Elastic Beanstalk 應用程式

AWS 也有自己的 web app 服務，就像微軟 Azure 的 Web App 服務一樣。
Elastic Beanstalk (EB) 是一個允許我們把網頁套件上傳、並託管給 AWS 基
礎設施的服務。在這個小節裡，各位會學到如何建立一個 EB 應用程式、
然後在上面部署套件。過程涵蓋五個步驟：

1. 建立應用程式。

2. 建立環境。

3. 上傳套件，讓應用程式可以使用。

4. 建立新版應用程式。

5. 將新版本部署至環境當中。

我們先從建立新應用程式開始。

建立應用程式

要建立新的應用程式，請執行 New-EBApplication 命令，並提供應用程式
名稱。我們將測試的應用程式命名為 AutomateWorkflow。請執行命令，應
該會看到像是清單 13-19 的內容。

```
PS> $ebApp = New-EBApplication -ApplicationName 'AutomateWorkflow'
PS> $ebSApp

ApplicationName         : AutomateWorkflow
ConfigurationTemplates  : {}
DateCreated             : 9/19/2019 11:43:56 AM
DateUpdated             : 9/19/2019 11:43:56 AM
Description             :
ResourceLifecycleConfig : Amazon.ElasticBeanstalk.Model
                          .ApplicationResourceLifecycleConfig
Versions                : {}
```

清單 13-19：建立一個新的 Elastic Beanstalk 應用程式

下一步便是建立一個環境（*environment*），亦即應用程式託管所在的
基礎設施。建立新環境的命令為 New-EBEnvironment。可惜的是，建立

環境並不像建立應用程式時那樣直截了當。其中有些參數，像是應用程式名稱及環境名稱，是由各位自行決定的，但你還需要提供引數給 SolutionStackName、Tier_Type 和 Tier_Name 等參數。我們這就來介紹它們。

SolutionStackName 的用途是指定執行 app 所需的作業系統和 IIS 版本。至於可用的解決方案堆疊清單，可執行 Get-EBAvailableSolutionStackList 命令、並觀察 SolutionStackDetails 屬性得知，如清單 13-20 所示。

```
PS> (Get-EBAvailableSolutionStackList).SolutionStackDetails

PermittedFileTypes SolutionStackName
------------------ -----------------
{zip}              64bit Windows Server Core 2016 v1.2.0 running IIS 10.0
{zip}              64bit Windows Server 2016 v1.2.0 running IIS 10.0
{zip}              64bit Windows Server Core 2012 R2 v1.2.0 running IIS 8.5
{zip}              64bit Windows Server 2012 R2 v1.2.0 running IIS 8.5
{zip}              64bit Windows Server 2012 v1.2.0 running IIS 8
{zip}              64bit Windows Server 2008 R2 v1.2.0 running IIS 7.5
{zip}              64bit Amazon Linux 2018.03 v2.12.2 runni...
{jar, zip}         64bit Amazon Linux 2018.03 v2.7.4 running Java 8
{jar, zip}         64bit Amazon Linux 2018.03 v2.7.4 running Java 7
{zip}              64bit Amazon Linux 2018.03 v4.5.3 running Node.js
{zip}              64bit Amazon Linux 2015.09 v2.0.8 running Node.js
{zip}              64bit Amazon Linux 2015.03 v1.4.6 running Node.js
{zip}              64bit Amazon Linux 2014.03 v1.1.0 running Node.js
{zip}              32bit Amazon Linux 2014.03 v1.1.0 running Node.js
{zip}              64bit Amazon Linux 2018.03 v2.8.1 running PHP 5.4
--snip--
```

清單 13-20：找出可用的解決方案堆疊

如上所示，可用的選項甚眾。舉例來說，我們可以選 64-bit Windows Server Core 2012 R2 running IIS 8.5（64 位元的 Windows Server 2012 R2 core 版本加上 IIS 8.5）。

現在要來解釋 Tier_Type。Tier_Type 指定的是你的 web 服務要執行在何種環境之上。如果你把網站託管給以上的環境，就必須選用 Standard 類型。

最後則是 Tier_Name 參數，這裡有 WebServer 和 Worker 兩個選項可挑。我們會選擇 WebServer，因為你要託管的是網站（如果你託管的是一個 API，才會選 Worker）。

現在你的參數都已一目暸然，我們可以執行 New-EBEnvironment 了。清單 13-21 辨識該命令的執行輸出。

```
PS> $parameters = @{
>>      ApplicationName = 'AutomateWorkflow'
>>      EnvironmentName = 'Testing'
>>      SolutionStackName = '64bit Windows Server Core 2012 R2 running IIS 8.5'
>>      Tier_Type = 'Standard'
>>      Tier_Name = 'WebServer'
}
PS> New-EBEnvironment @parameters

AbortableOperationInProgress : False
ApplicationName              : AutomateWorkflow
CNAME                        :
DateCreated                  : 9/19/2019 12:19:36 PM
DateUpdated                  : 9/19/2019 12:19:36 PM
Description                  :
EndpointURL                  :
EnvironmentArn               : arn:aws:elasticbeanstalk:...
EnvironmentId                : e-wkba2k4kcf
EnvironmentLinks             : {}
EnvironmentName              : Testing
Health                       : Grey
HealthStatus                 :
PlatformArn                  : arn:aws:elasticbeanstalk...
Resources                    :
SolutionStackName            : 64bit Windows Server Core 2012 R2 running IIS
8.5
Status                       : Launching
TemplateName                 :
Tier                         : Amazon.ElasticBeanstalk.Model.EnvironmentTier
VersionLabel                 :
```

清單 13-21：建立一個 Elastic Beanstalk 應用程式

各位會注意到狀態（status）顯示為發動中（Launching）。意即 app 尚未準備好，因此你得等上一會，讓環境完全啟動。你可以定期地執行 Get-EBEnvironment -ApplicationName 'AutomateWorkflow'

-EnvironmentName 'Testing' 以便檢查 app 狀態。環境可能會停留在 Launching 狀態長達數分鐘之久。

一旦 Status 屬性轉變為 Ready，環境便已齊備，現在可以把套件部署到網站上了。

部署套件

我們來試著部署看看。部署的套件應當含有你要交付給網站的任何檔案。任何內容都可以放，根據我們的目的，內容無甚差異。只需確保上傳格式是 ZIP 檔案即可。請以 Compress-Archive 命令把你要部署的所有檔案都打包：

```
PS> Compress-Archive -Path 'C:\MyPackageFolder\*' -DestinationPath 'C:\package.zip'
```

一旦打包完畢，就該把它放到一個可以讓應用程式看到的地方。這種地方有好幾處，但本例只需我們將其置於一個 Amazon 的 S3 bucket 即可，這是一種 AWS 中常見的資料儲存方式。但是要能把它放上 Amazon S3 bucket，必須先有一個 Amazon S3 bucket 可用啊！那我們就先來用 PowerShell 做一個。請執行 New-S3Bucket -BucketName 'automateworkflow'。

有了等待上傳內容的 S3 bucket，就可以用 Write-S3Object 命令將 ZIP 檔上傳，如清單 13-22 所示。

```
PS> Write-S3Object -BucketName 'automateworkflow' -File 'C:\package.zip'
```

清單 13-22：將一個套件上傳至 S3

現在你必須把應用程式指向剛剛建立的 S3 鍵（key），並為其指定一個版本標籤。版本標籤的內容可以任意指定，但通常會用一個與時間有關的獨特數字。因此我們就以當下的日期和時間來指定這個數字。一旦版本標籤確定，就可以執行 New-EBApplicationVersion，加上幾個參數，如清單 13-23 所示。

```
PS> $verLabel = [System.DateTime]::Now.Ticks.ToString()
PS> $newVerParams = @{
>>      ApplicationName     = 'AutomateWorkflow'
>>      VersionLabel        = $verLabel
>>      SourceBundle_S3Bucket = 'automateworkflow'
>>      SourceBundle_S3Key    = 'package.zip'
}
PS> New-EBApplicationVersion @newVerParams

ApplicationName        : AutomateWorkflow
BuildArn               :
DateCreated            : 9/19/2019 12:35:21 PM
DateUpdated            : 9/19/2019 12:35:21 PM
Description            :
SourceBuildInformation :
SourceBundle           : Amazon.ElasticBeanstalk.Model.S3Location
Status                 : Unprocessed
VersionLabel           : 636729573206374337
```

清單 13-23：建立一個新的應用程式版本

你的應用程式版本已經成立了！現在可以把這個版本部署至環境當中了。請使用 Update-EBEnvironment 命令為之，如清單 13-24 所示。

```
PS> Update-EBEnvironment -ApplicationName 'AutomateWorkflow'  -EnvironmentName
'Testing' -VersionLabel $verLabel -Force

AbortableOperationInProgress : True
ApplicationName              : AutomateWorkflow
CNAME                        : Testing.3u2ukxj2ux.us-ea...
DateCreated                  : 9/19/2019 12:19:36 PM
DateUpdated                  : 9/19/2019 12:37:04 PM
Description                  :
EndpointURL                  : awseb-e-w-AWSEBL...
EnvironmentArn               : arn:aws:elasticbeanstalk...
EnvironmentId                : e-wkba2k4kcf
EnvironmentLinks             : {}
EnvironmentName              : Testing
Health                       : Grey
HealthStatus                 :
PlatformArn                  : arn:aws:elasticbeanstalk:...
Resources                    :
SolutionStackName            : 64bit Windows Server Core 2012 R2 running IIS 8.5
Status                       : ❶Updating
TemplateName                 :
```

```
Tier                          : Amazon.ElasticBeanstalk.Model.EnvironmentTier
VersionLabel                  : 636729573206374337
```

清單 13-24：將應用程式部署到 EB 環境中

現在你應該會注意到狀態會從 Ready 變成 Updating ❶。但是一樣也要等上
一會，才會看到狀態再變回 Ready，如清單 13-25 所示。

```
PS> Get-EBEnvironment -ApplicationName 'AutomateWorkflow'
-EnvironmentName 'Testing'

AbortableOperationInProgress : False
ApplicationName              : AutomateWorkflow
CNAME                        : Testing.3u2ukxj2ux.us-e...
DateCreated                  : 9/19/2019 12:19:36 PM
DateUpdated                  : 9/19/2019 12:38:53 PM
Description                  :
EndpointURL                  : awseb-e-w-AWSEBL...
EnvironmentArn               : arn:aws:elasticbeanstalk...
EnvironmentId                : e-wkba2k4kcf
EnvironmentLinks             : {}
EnvironmentName              : Testing
Health                       : Green
HealthStatus                 :
PlatformArn                  : arn:aws:elasticbeanstalk:...
Resources                    :
SolutionStackName            : 64bit Windows Server Core 2012 R2 running IIS 8.5
Status                       : ❶Ready
TemplateName                 :
Tier                         : Amazon.ElasticBeanstalk.Model.EnvironmentTier
VersionLabel                 :
```

清單 13-25：確認應用程式已準備好

如上所示，狀態又變回 Ready 了 ❶。看來一切順利！

在 AWS 中建立一個 SQL 伺服器資料庫

身為 AWS 管理員，你會需要設置各種類型的關聯式資料庫。AWS 提供了 Amazon 關聯式資料庫服務（Amazon Relational Database Service，簡稱 Amazon RDS），允許管理員輕而易舉地開通數種資料庫。資料庫選項有好幾種，但目前我們只需專注在 SQL 上就好。

在這個小節中，各位要在 RDS 中建立一個空白的微軟 SQL 伺服器資料庫。主要的命令為 New-RDSDBInstance。就跟 New-AzureRmSqlDatabase 一樣，New-RDSDBInstance 也有大量的參數可以搭配，數目多到用這個小節也講不完。如果各位對於其他開通 RDS 執行個體的方式有興趣，筆者鼓勵大家去看看 New-RDSDBInstance 的說明內容。

要達成目標，需要先準備以下資訊：

- 執行個體的名稱
- 資料庫引擎（SQL Server、MariaDB、MySQL 等等）
- 執行個體的類別，指定 SQL 伺服器運行所需的資源類型
- master 使用者名稱和密碼
- 資料庫的大小（單位為 GB）

此處有幾件事是各位可以輕易搞清楚的，包括：資料庫執行個體名稱、使用者名稱與密碼、以及資料庫大小等等。其他則需要進一步蒐集資訊。

我們先從資料庫引擎的版本著手。請利用 Get-RDSDBEngineVersion 命令取得所有現有的資料庫引擎及其版本清單。此一命令若不加上參數，就會傳回大量的資訊——遠遠超過我們調查所需的資訊。請加上 Group-Object 命令，按照資料庫引擎的類別，將輸出的物件分類，這樣就可以很容易地看出各種單一引擎的所有版本編號清單。如清單 13-26 所示，分類後的輸出顯然清爽許多，可以輕鬆地分辨出有哪些引擎可用。

```
PS> Get-RDSDBEngineVersion | Group-Object -Property Engine

Count Name                          Group
----- ----                          -----
    1 aurora-mysql                  {Amazon.RDS.Model.DBEngineVersion}
    1 aurora-mysql-pq               {Amazon.RDS.Model.DBEngineVersion}
    1 neptune                       {Amazon.RDS.Model.DBEngineVersion}
--snip--
   16 sqlserver-ee                  {Amazon.RDS.Model.DBEngineVersion,
                                    Amazon.RDS.Model.DBEngineVersion,
                                    Amazon.RDS.Model.DBEngineVersion,
                                    Amazon.RDS.Mo...

   17 sqlserver-ex                  {Amazon.RDS.Model.DBEngineVersion,
                                    Amazon.RDS.Model.DBEngineVersion,
                                    Amazon.RDS.Model.DBEngineVersion,
                                    Amazon.RDS.Mo...

   17 sqlserver-se                  {Amazon.RDS.Model.DBEngineVersion,
                                    Amazon.RDS.Model.DBEngineVersion,
                                    Amazon.RDS.Model.DBEngineVersion,
                                    Amazon.RDS.Mo...

   17 sqlserver-web                 {Amazon.RDS.Model.DBEngineVersion,
                                    Amazon.RDS.Model.DBEngineVersion,
                                    Amazon.RDS.Model.DBEngineVersion,
                                    Amazon.RDS.Mo...
--snip--
```

清單 13-26：查閱 RDS 的 DB 引擎版本

上例輸出清單中，總共有四個 sqlserver 項目可用，它們分別代表 SQL
Server Express、Web、Standard Edition 和 Enterprise Edition 四種版本。
由於這裡只是示範，各位大可只需選用 SQL Server Express；這是一個
精簡的資料庫引擎，而且最要緊的是，它是免費的，亦即我們愛怎麼調
整它都沒有關係。請選擇 **sqlserver-ex**，以便使用 SQL Server Express
引擎。

挑選好資料庫引擎之後，就該指定其版本了。根據預設，New-
RDSDBInstance 會以最新版（亦即各位所使用的版本）來做籌設，但我
們還是可以透過 EngineVersion 參數來指定不同的引擎版本。如欲觀察有
哪些版本號碼可用，只須再執行一次 Get-RDSDBEngineVersion，但這次把
搜尋範圍訂在 **sqlserver-ex**，就可以取得引擎版本編號（清單 13-27）。

```
PS> Get-RDSDBEngineVersion -Engine 'sqlserver-ex' |
Format-Table -Property EngineVersion

EngineVersion
-------------
10.50.6000.34.v1
10.50.6529.0.v1
10.50.6560.0.v1
11.00.5058.0.v1
11.00.6020.0.v1
11.00.6594.0.v1
11.00.7462.6.v1
12.00.4422.0.v1
12.00.5000.0.v1
12.00.5546.0.v1
12.00.5571.0.v1
13.00.2164.0.v1
13.00.4422.0.v1
13.00.4451.0.v1
13.00.4466.4.v1
14.00.1000.169.v1
14.00.3015.40.v1
```

清單 13-27：找出 SQL Server Express 的資料庫引擎版本

下一個要指定的 `New-RDSDBInstance` 參數值，是執行個體的類別（instance class）。執行個體的類別代表的是底層基礎設施的性能──記憶體、CPU 等等──亦即資料庫的託管所在。可惜的是，我們沒有現成的 PowerShell 命令可以輕易調出所有的執行個體類別選項，但我們可以參閱以下網頁：

https://amzn.to/2UQdUYz

在選擇執行個體類別時，務必確認你先前選用的引擎真的可以支援該類別。這裡我們選了 `db2.t2.micro` 執行個體類別，藉以建立我們所需的 RDS DB，但有很多其他的選項是無效的。完整的執行個體類和 RDS DB 的支援對照表，請參閱 AWS RDS FAQs（*https://amzn.to/35Wr2BD*）。如果你採用的引擎無法支援你選擇的執行個體類別，就會收到像清單 13-28 所示的錯誤訊息。

```
New-RDSDBInstance : RDS does not support creating a DB instance with the
following combination: DBInstanceClass=db.t1.micro, Engine=sqlserver-ex,
EngineVersion=14.00.3015.40.v1, LicenseModel=license-included. For supported
combinations of instance class and database engine version, see the
documentation.
```

清單 13-28：指定無效的執行個體設定時會發生的錯誤

一旦選好了（受支援的）執行個體類別，接著就必須決定使用者名稱與
密碼。注意 AWS 不接受老式密碼：亦即密碼中不能有斜線 / 、@zj6cl4、
逗點、或空格，不然就會被類似清單 13-29 的錯誤訊息轟炸。

```
New-RDSDBInstance : The parameter MasterUserPassword is not a valid password.
Only printable ASCII characters besides '/', '@', '"', ' ' may be used.
```

清單 13-29：以 *New-RDSDBInstance* 指定一個無效的密碼

現在所有的參數都齊備，可以下達 New-RDSDBInstance 命令了！預期的輸
出會像清單 13-30 所示。

```
PS> $parameters = @{
>>      DBInstanceIdentifier = 'Automating'
>>      Engine = 'sqlserver-ex'
>>      DBInstanceClass = 'db.t2.micro'
>>      MasterUsername = 'sa'
>>      MasterUserPassword = 'password'
>>      AllocatedStorage = 20
}
PS> New-RDSDBInstance @parameters

AllocatedStorage                   : 20
AutoMinorVersionUpgrade            : True
AvailabilityZone                   :
BackupRetentionPeriod              : 1
CACertificateIdentifier            : rds-ca-2015
CharacterSetName                   :
CopyTagsToSnapshot                 : False
--snip--
```

清單 13-30：開通一個新的 RDS 資料庫執行個體

恭喜！你的 AWS 應該有一個金光閃閃的新 RDS 資料庫了。

總結

本章涵蓋了以 PowerShell 操作 AWS 的基礎。各位學過了 AWS 認證、也目睹了幾種常見的 AWS 任務：建立 EC2 執行個體、部署一個 Elastic Beanstalk 網頁應用程式、以及開通一個 Amazon RDS 的 SQL 資料庫。

完成前一章和本章之後，各位應該對於如何以 PowerShell 操作雲端服務略有心得了。當然要學的遠不只如此，甚至用盡本書篇幅來介紹都遠遠不夠，但是目前讀者們只管繼續讀下去：建立自己的全功能 PowerShell 模組。

14

建立伺服器盤點指令碼

本書講到這裡，著重的都是將 PowerShell 視為程式語言來學習，並熟悉其語法與命令。但 PowerShell 其實並不僅是一種程式語言，更是一項工具。現在各位已經掌握了 PowerShell 的諸多竅門，可以來做些有趣的事情了！

PowerShell 的真正強大之處，在於它製作工具的能力。在這個概念下，工具可以是一支 PowerShell 的指令碼、模組、函式、或是可以協助各位完成管理任務的任何事物。無論是要產生報表、蒐集電腦資訊、建立公司使用者帳戶、或是更複雜的任務，我們都要學習如何以 PowerShell 將其自動化。

在本章中，筆者會教大家如何以 PowerShell 蒐集資料，以便做出睿智的決策。準確地說，是要建立一個盤點伺服器的專案。各位要學習如何建立具備參數的指令碼、如何提供伺服器名稱、以及如何找出豐富的資訊供作參考：像是作業系統的規格，或是儲存容量、尚餘儲存空間、記憶體等硬體資訊之類。

先決條件

在本章開始之前，必須先準備一台已加入網域的 Windows 電腦，並具備讀取 Active Directory 電腦物件的權限，以及一個內含電腦帳戶的 Active Directory 組織單位（organizational unit, OU），還要安裝遠端伺服器管理工具組（Remote Server Administration Toolkit, RSAT）軟體套件，這個可以到 *https://www.microsoft.com/en-us/download/details.aspx?id=45520* 下載。

建立專案用的指令碼

由於我們會在本章當中建立指令碼，而不僅僅是在主控台中執行程式碼，首先我們要建立一個新的 PowerShell 指令碼。這段指令碼就命名為 *Get-ServerInformation.ps1*。筆者自己的版本是放在 *C:* 底下。各位可以隨著本章進展逐步將程式碼加入到這段指令碼內。

定義最終的輸出

在動手撰寫程式碼之前，不妨先對自己預期的結果輸出應該是何模樣，畫個「草圖」來看看。這個塗鴉雖然簡單，卻是追蹤進度的絕佳方式，對於大型的指令碼尤為有用。

對於這支伺服器盤點指令碼，我們會希望當它完成時，對 PowerShell 主控台的輸出會是這般模樣：

ServerName	IPAddress	OperatingSystem	AvailableDriveSpace (GB)	Memory (GB)	UserProfilesSize (MB)	StoppedServices
MYSERVER	x.x.x.x	Windows....	10	4	50.4	service1,service2,service3

現在你知道自己要看到些什麼了，我們來實現它吧！

發掘作為指令碼輸入的內容

首先，我們必須決定如何指示指令碼，該查詢些什麼。各位必須從多部伺服器蒐集資料。正如「先決條件」一節中所述，我們必須從 Active Directory 找出你需要的伺服器名稱。

當然了，你可以從文字檔查詢伺服器名稱、或是從 PowerShell 指令碼中儲存的伺服器名稱陣列、從登錄樹（Registry）、從 Windows Management Instrumentation（WMI）的存放庫、甚至從資料庫去查詢，是什麼都無所謂。只要到頭來我們的指令碼能產出一個代表伺服器名稱的字串陣列，就可以拿來用了。但是現在這個專案，將會從 Active Directory 取得伺服器名稱資訊。

在本例中，所有的伺服器都位於同一個 OU 之中。如果你自己嘗試後發現實情並非如此，也沒有關係；只需一一遍詢 OU 中的每個電腦物件即可。但這裡的首要之務是要能讀取 OU 中的所有電腦物件。在假想的測試環境中，所有伺服器都位於 Servers 這個 OU 裡。而你的網域名稱是 powerlab.local。要從 AD 取得電腦物件，應使用 Get-ADComputer 命令，如清單 14-1 所示。這個命令應該能夠傳回所有你有興趣查詢的伺服器 AD 電腦物件。

```
PS> $serversOuPath = 'OU=Servers,DC=powerlab,DC=local'
PS> $servers = Get-ADComputer -SearchBase $serversOuPath -Filter *
PS> $servers

DistinguishedName : CN=SQLSRV1,OU=Servers,DC=Powerlab,DC=local
DNSHostName       : SQLSRV1.Powerlab.local
Enabled           : True
Name              : SQLSRV1
ObjectClass       : computer
ObjectGUID        : c288d6c1-56d4-4405-ab03-80142ac04b40
SamAccountName    : SQLSRV1$
SID               : S-1-5-21-763434571-1107771424-1976677938-1105
UserPrincipalName :

DistinguishedName : CN=WEBSRV1,OU=Servers,DC=Powerlab,DC=local
DNSHostName       : WEBSRV1.Powerlab.local
Enabled           : True
Name              : WEBSRV1
ObjectClass       : computer
ObjectGUID        : 3bd2da11-4abb-4eb6-9c71-7f2c58594a98
```

```
SamAccountName      : WEBSRV1$
SID                 : S-1-5-21-763434571-1107771424-1976677938-1106
UserPrincipalName :
```

清單 14-1：使用 *Get-AdComputer* 傳回伺服器資料

注意，上例中我們並未直接指定 **SearchBase** 參數所需的引數內容，而是另外定義變數來代表它。我們應該養成這樣的習慣。事實上，每當你手上有這樣的特殊設定時，最好是把它放在一個變數裡，因為你永遠無法預料自己何時還會再度用到它。同時我們又把 **Get-ADComputer** 的輸出也餵給一個變數。因為我們事後會需要處理這些伺服器，因此要有一個可以代表輸出內容的名字可以參照引用。

Get-ADComputer 命令傳回的是完整的 AD 物件，但我們需要的只不過是伺服器名稱而已。這時就可以再用 **Select -Object** 篩選出 **Name** 屬性就好：

```
PS> $servers = Get-ADComputer -SearchBase $serversOuPath -Filter * |
Select-Object -ExpandProperty Name
PS> $servers
SQLSRV1
WEBSRV1
```

現在各位基本上應該已經知道如何查詢個別的伺服器了，我們繼續來看如何查詢它們全體。

查詢每一台伺服器

要查詢每一台伺服器，必須利用迴圈，才有可能逐一遍詢陣列中的每一部伺服器、一次查詢一部。

一開始便假設自己的程式碼能夠立刻無誤地運作，絕對不是正確的觀念（因為多半不會如願）。相反地，筆者偏好一步步地來，每次只測試一小塊剛建構的部份。在本例中，我們不會企圖畢其功於一役，而是先用 **Write-Host** 確認指令碼的迴圈確實會傳回你期待中的伺服器名稱：

```
foreach ($server in $servers) {
    Write-Host $server
}
```

現在你應該已經有一個名為 *Get-ServerInformation.ps1* 的指令碼，其內容會像清單 14-2 這樣。

```
$serversOuPath = 'OU=Servers,DC=powerlab,DC=local'
$servers = Get-ADComputer -SearchBase $serversOuPath -Filter * | Select-Object
-ExpandProperty Name
foreach ($server in $servers) {
    Write-Host $server
}
```

清單 14-2：你的指令碼現在的模樣

一旦你執行指令碼，就會看到幾個伺服器名稱。各位實驗的輸出或許看起來不盡相同，因為你用來實驗的伺服器名稱不同之故：

```
PS> C:\Get-ServerInformation.ps1
SQLSRV1
WEBSRV1
```

好極了！你已經有了一個迴圈，會迭代陣列中的每一部伺服器名稱。第一步已經就緒了。

超前思考：將不同類型的資訊組合在一起

成功運用 PowerShell 的訣竅之一，就是良好的規劃和井井有條。其中有一部份就是知道應該期待什麼結果。許多初入門者常常對於 PowerShell 會給出什麼樣的結果無甚概念，這就是問題的起源：他們知道自己想要什麼（最好是啦），但卻不知道會發生什麼。因此他們寫下的指令碼在各種資料來源之間徒勞往返，從一方獲取資料、又轉往另一方獲取資料、然後又折回、然後再前往第三方，接著試圖將這些資料兜在一起，然後全部從頭再來一次。事情總有比較簡單的解法，如果筆者不先停下來向大家解釋這一點，就是沒有善盡作者的義務。

請觀察清單 14-1 的輸出，各位當可發現，若要從不同的來源（WMI、檔案系統、Windows 服務）取出資訊，勢必要用上好幾種不一樣的命令。每個資料來源都會傳回種類不一的物件，要是你不假思索地強將這些資訊拼湊起來，結果鐵定是一塌糊塗。

再思索一下，如果你不先處理一下輸出格式，就嘗試把服務名稱和記憶
體資訊放在一起，猜猜這份輸出會是什麼模樣。結果也許是這樣：

```
Status    Name              DisplayName
------    ----              -----------
Running   wuauserv          Windows Update


__GENUS              : 2
__CLASS              : Win32_PhysicalMemory
__SUPERCLASS         : CIM_PhysicalMemory
__DYNASTY            : CIM_ManagedSystemElement
__RELPATH            : Win32_PhysicalMemory.Tag="Physical Memory 0"
__PROPERTY_COUNT     : 30
__DERIVATION         : {CIM_PhysicalMemory, CIM_Chip, CIM_PhysicalComponent, CIM_
PhysicalElement...}
__SERVER             : DC
__NAMESPACE          : root\cimv2
__PATH               : \\DC\root\cimv2:Win32_PhysicalMemory.Tag="Physical Memory 0"
```

以上我們同時查詢了某部伺服器的服務和記憶體資訊。兩種物件南轅北
轍，其屬性亦完全不同，如果只是把輸出放在一起就送出來，看起來自
然是一團混亂。

我們來研究一下如何避免這一團糟。由於你要組合不同種類的輸出，而
且需要有內容可以拿來填入我們所需的規格，因此你必須建立自己的輸
出類型。別緊張，事情沒有你想像得那麼難。在第 2 章時，我們曾學過
如何建立 PSCustomObject 類型的物件。這些 PowerShell 的通用物件允許
各位自行加上屬性，正好在此派上用場。

各位已經知道自己所需的輸出標題（headers）（筆者很肯定各位現在已
經知道所謂的「標題」其實就是物件的屬性）。我們就來建立一個自訂
物件，其屬性就是各位想要在輸出中看到的各類資訊。可想而知地，筆
者會將這個物件稱為 $output；以取得的資訊填滿這些物件屬性後，各位
就會將物件傳回：

```
$output = [pscustomobject]@{
    'ServerName'                = $null
    'IPAddress'                 = $null
    'OperatingSystem'           = $null
    'AvailableDriveSpace (GB)'  = $null
    'Memory (GB)'               = $null
```

```
        'UserProfilesSize (MB)'        = $null
        'StoppedServices'              = $null
}
```

各位應該已經注意到，以上雜湊表的鍵名稱都先用單引號包覆起來。如果鍵的名稱中沒有空格，當然單引號就沒有必要。但是由於筆者會在若干鍵的名稱中用到空白字元，於是索性便決定替所有的鍵名稱都統一加上單引號。通常是不會建議在物件名稱中使用空白字元來取代自訂格式，但這不在本書探討範圍之內。有關自訂格式的詳情，請參閱 *about_Format.ps1xml* 說明主題。

如果你將以上變數複製到主控台，再以 Format-Table 這個格式化專用的 cmdlet 將其處理過後傳回，就會看到自己期待的標題：

```
PS> $output | Format-Table -AutoSize

ServerName IPAddress OperatingSystem AvailableDriveSpace (GB) Memory (GB) UserProfilesSize (MB)
StoppedServices
```

Format-Table 命令是 PowerShell 的若干格式化命令之一，通常都會刻意當成管線中的最後一道命令。它們會轉換現有的輸出、並以不同的方式顯示。在本例中，各位其實是讓 PowerShell 把你的物件輸出轉換成一個表格的格式，同時依據主控台的視窗寬度，自動調整資料列的寬度。

一旦你定義出了自訂的輸出物件，就可以回到先前的迴圈，確保每一部伺服器的資訊都會按照這個格式回傳。由於你已知道伺服器名稱，就可以將其指派給其中一個屬性（亦即 ServerName 欄位），如清單 14-3 所示。

```
$serversOuPath = 'OU=Servers,DC=powerlab,DC=local'
$servers = Get-ADComputer -SearchBase $serversOuPath -Filter * | Select-Object
-ExpandProperty Name
foreach ($server in $servers) {
    $output = @{
        'ServerName'                   = $server
        'IPAddress'                    = $null
        'OperatingSystem'              = $null
        'AvailableDriveSpace (GB)'     = $null
        'Memory (GB)'                  = $null
        'UserProfilesSize (MB)'        = $null
```

```
        'StoppedServices'                = $null
    }
    [pscustomobject]$output
}
```

清單 14-3：將輸出的物件放進迴圈，並指定伺服器名稱

> 注意，你已建立了名為 output 的雜湊表，將其填滿資料後會再包裝成
> PSCustomObject。這樣做的緣故，是因為把屬性值存在雜湊表裡，要比放
> 在 PSCustomObject 裡更為容易；只有當 output 輸出時你才需要在意它的
> 物件類型，因此就算當你將其他來源的資訊引入時，輸出的物件類型仍
> 然不變。
>
> 以下的程式碼已經可以讓我們看到所有的 PSCustomObject 屬性名稱，以
> 及你已經查到的伺服器名稱：

```
PS> C:\Get-ServerInformation.ps1 | Format-Table -AutoSize

ServerName UserProfilesSize (MB) AvailableDriveSpace (GB) OperatingSystem StoppedServices IPAddress Memory (GB)
---------- --------------------- ------------------------ --------------- --------------- --------- -----------
SQLSRV1
WEBSRV1
```

> 現在我們有資料產出了。雖然看起來還不完備，但我們的方向是正
> 確的！

查詢遠端的檔案

> 各位已經知曉如何儲存自己的資料，現在只要設法取得資料就好。亦即
> 你需要從每一部伺服器取得所需的資訊、但是只傳回你有興趣的屬性。
> 我們先從 UserProfileSize（MB）的值開始。要做到這一點，我們必須先
> 找出可資判斷的作法，計算位在每部伺服器的 C:\Users 資料夾底下全部的
> 個人設定檔（profiles），究竟占用了多少空間。
>
> 基於我們設定迴圈的方式，各位必須找出如何一次只查詢一部伺服器的
> 作法。既然我們已經知道要檢查的資料夾路徑是 C:\Users，就先來看看
> 是否可以從伺服器中所有使用者的個人設定檔資料夾下，查得全部的
> 檔案。

當我們執行 Get-ChildItem -Path \\WEBSRV1\c$\Users -Recurse -File、而且也有權限可以讀取以上的檔案共用時（\\WEBSRV\$），立刻就會看到該命令傳回所有使用者個人設定檔中的大量檔案和資料夾，但其中卻沒有跟檔案大小有關的資訊。讓我們先把以上命令的輸出以管線傳給 Select-Object，以觀察所有的屬性及其內容：

```
PS> Get-ChildItem -Path \\WEBSRV1\c$\Users -Recurse -File | Select-Object -Property *

PSPath            : Microsoft.PowerShell.Core\FileSystem::\\WEBSRV1\c$\Users\Adam\file.
log
PSParentPath      : Microsoft.PowerShell.Core\FileSystem::\\WEBSRV1\c$\Users\Adam
PSChildName       : file.log
PSProvider        : Microsoft.PowerShell.Core\FileSystem
PSIsContainer     : False
Mode              : -a----
VersionInfo       : File:             \\WEBSRV1\c$\Users\Adam\file.log
                    InternalName:
                    OriginalFilename:
                    FileVersion:
                    FileDescription:
                    Product:
                    ProductVersion:
                    Debug:            False
                    Patched:          False
                    PreRelease:       False
                    PrivateBuild:     False
                    SpecialBuild:     False
                    Language:

BaseName          : file
Target            :
LinkType          :
Name              : file.log
Length            : 8926
DirectoryName     : \\WEBSRV1\c$\Users\Adam
--snip--
```

Length 屬性顯示的正是檔案的大小，單位是位元組。明白這一點之後，就要設法將伺服器的 *C:\Users* 資料夾下的每個檔案的 Length 值加總。幸好 PowerShell 已經幫我們想好這一點了：就是 Measure-Object 這個 cmdlet。這個 cmdlet 會從管線接收輸入，並自動將特定屬性的值加總起來：

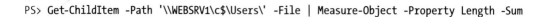

```
PS> Get-ChildItem -Path '\\WEBSRV1\c$\Users\' -File | Measure-Object -Property Length -Sum

Count    : 15
Average  :
Sum      : 600554
Maximum  :
Minimum  :
Property : Length
```

現在我們已經從輸出中取得 Sum 屬性,正好可以代表所有使用者個人設定檔的大小總和。現在要做的就只剩下如何將以上程式碼整合至迴圈當中、並在我們的 $output 雜湊表中為它設定適當的屬性了。由於我們只需要 Measure-Object 所傳回物件的 Sum 屬性,因此大可把整段命令用小括號包起來,再參照其 Sum 屬性即可,如清單 14-4 所示。

```
Get-ServerInformation.ps1
-------------------
$serversOuPath = 'OU=Servers,DC=powerlab,DC=local'
$servers = Get-ADComputer -SearchBase $serversOuPath -Filter * | Select-Object
-ExpandProperty Name
foreach ($server in $servers) {
    $output = @{
        'ServerName'                = $null
        'IPAddress'                 = $null
        'OperatingSystem'           = $null
        'AvailableDriveSpace (GB)'  = $null
        'Memory (GB)'               = $null
        'UserProfilesSize (MB)'     = $null
        'StoppedServices'           = $null
    }
    $output.ServerName = $server
    $output.'UserProfilesSize (MB)' = (Get-ChildItem -Path "\\$server\c$\Users\" -File |
    Measure-Object -Property Length -Sum).Sum
    [pscustomobject]$output
}
```

清單 14-4:更新指令碼,以便儲存 *UserProfilesSize*

如果這時執行指令碼，就會看到以下輸出：

```
PS> C:\Get-ServerInformation.ps1 | Format-Table -AutoSize

ServerName UserProfilesSize (MB) AvailableDriveSpace (GB) OperatingSystem StoppedServices IPAddress Memory (GB)
---------- --------------------- ------------------------ --------------- --------------- --------- -----------
SQLSRV1                   636245
WEBSRV1                   600554
```

各位應該注意到了，現在我們的確已經可以看出使用者個人設定檔的總量（但單位卻不是百萬位元組 MB）。我們只算出了 Length 的總和，而 Length 的單位卻仍只是位元組而已。PowerShell 可以輕易地完成這類換算：只需把總數再除以 1MB，就可以得出所需的結果了。各位或許會看到帶有小數點的換算結果。這時還可以再加上最後一步，確保輸出結果為整數，亦即將數值「進位」成整數型態的 megabyte 值：

```
$userProfileSize = (Get-ChildItem -Path "\\$server\c$\Users\" -File |
Measure-Object -Property Length -Sum).Sum
$output.'UserProfilesSize (MB)' = [int]($userProfileSize / 1MB)
```

查詢 Windows Management Instrumentation

現在我們還剩下五個值要查詢。其中四項必須動用到微軟內建的 *Windows Management Instrumentation*（*WMI*）功能。WMI 其實源於名為通用訊息模型（Common Information Model, CIM）的業界標準，它其實是一個存放庫，內含數千種作業系統或底層運作硬體相關屬性的即時資訊。這些資訊被劃分成不同的命名空間（namespaces）、類別（classes）和屬性（properties）。如果你要找出和電腦相關的資訊，十有八九就會常用到 WMI。

我們的指令碼尚需取得的資訊，包括硬碟空間、作業系統版本、伺服器的 IP 位址、以及伺服器所含的記憶體容量。

PowerShell 主 要 以 兩 種 命 令 來 查 詢 WMI：Get-WmiObject 和 Get-CimInstance。Get-WmiObject 命令較為老舊，也沒有 Get-CimInstance 那麼有彈性（如果各位想知道其中的技術緣由：差異主要源於 Get-WmiObject 只能透過 DCOM 連接遠端電腦，而 Get-CimInstance 預

設卻是使用 WSMAN 協定，但它同時也可以支援 DCOM^{譯註 1}）。目前微軟似乎都已只專注開發 Get-CimInstance，因此我們就使用這道命令。有關 CIM 與 WMI 的詳盡比較，請參閱這一篇部落格貼文：*https://blogs.technet.microsoft.com/heyscriptingguy/2016/02/08/should-i-use-cim-or-wmi-with-windows-powershell/*。

查詢 WMI 最難的部份，在於如何得知從何處取得我們所需的資訊，因為這類資訊常是隱晦、密而不宣的。通常各位必須自行研究找出資訊所在（筆者也鼓勵大家這樣嘗試），但基於時間有限，筆者先洩漏一點相關資訊：所有的儲存資源用量都屬於 Win32_LogicalDisk、而作業系統相關資訊則位於 Win32_OperatingSystem、Windows 服務都在 Win32_Service 裡、任何網卡的資訊則是位於 Win32_NetworkAdapterConfiguration、而記憶體資訊則位於 Win32_PhysicalMemory。^{譯註 2}

現在我們來研究如何以 Get-CimInstance 來查詢 WMI 的類別，以便取得各位所需的屬性。

磁碟剩餘空間

我們先從磁碟剩餘空間著手，這可以從 Win32_LogicalDisk 查到。就像 UserProfilesSize 一樣，我們先查出一部伺服器的資料，然後再於迴圈中將查詢語句一般化。這時我們就很幸運了；連 Select-Object 搜刮屬性的動作都免了，有現成的 FreeSpace 可以引用：

```
PS> Get-CimInstance -ComputerName sqlsrv1 -ClassName Win32_LogicalDisk

DeviceID DriveType ProviderName VolumeName Size         FreeSpace   PSComputerName
-------- --------- ------------ ---------- ----         ---------   --------------
C:       3                                 42708496384  34145906688 sqlsrv1
```

既已知道 Get-CimInstance 傳回的是物件，就可以直接引用所需的屬性，只把剩餘空間的數值取出來：

譯註 1　WMI 以 RPC 作為通訊方式，其動態通訊埠特性在通過防火牆時往往會發生問題，除非防火牆支援狀態檢查（stateful inspection）。

譯註 2　有一個有趣的工具可供瀏覽 WMI 存放庫，請參閱 http://powershell.org/wp/2013/03/08/wmi-explorer/。搭配一點 Google 搜尋，要找到你所需的 CIM 資訊的機會會大很多。

```
PS> (Get-CimInstance -ComputerName sqlsrv1 -ClassName Win32_LogicalDisk).FreeSpace
34145906688
```

數字是有了，但就像前例一樣，單位還是位元組（這在 WMI 來說是常事）。這時就可以沿用相同的訣竅來換算，只不過這次要換算的單位是 gigabytes，故而要除以 1GB。當我們將指令碼改寫成把 FreeSpace 屬性除以 1GB 後，輸出就會變成像這樣：

```
PS> C:\Get-ServerInformation.ps1 | Format-Table -AutoSize

ServerName UserProfilesSize (MB) AvailableDriveSpace (GB) OperatingSystem StoppedServices IPAddress Memory (GB)
---------- --------------------- ------------------------ --------------- --------------- --------- -----------
SQLSRV1                   636245         31.800853729248
WEBSRV1                   603942         34.5973815917969
```

但是沒人想看小數點下長達 12 位數的數值，因此要再加上進位處理，亦即利用 [Math] 類別的 Round() 方法，把輸出改好看一點：

```
$output.'AvailableDriveSpace (GB)' = [Math]::Round(((Get-CimInstance -ComputerName $server
-ClassName Win32_LogicalDisk).FreeSpace / 1GB),1)譯註 3

ServerName UserProfilesSize (MB) AvailableDriveSpace (GB) OperatingSystem StoppedServices IPAddress Memory
(GB)
---------- --------------------- ------------------------ --------------- --------------- --------- --------
---
SQLSRV1                   636245                    31.8
WEBSRV1                   603942                    34.6
```

現在數值看起來順眼多了。擺平三項資訊、還有四項要搞定。

譯註 3　如果你跟譯者一樣，查詢的測試目標剛好有一個以上的硬碟，在此除以 1GB 就會被這串錯誤訊息弄糊塗：

[System.Object[]] does not contain a method named 'op_Division'

關鍵在於硬碟多於一個時，就算你篩檢了 FreeSpace 屬性，Get-CimInstance 輸出的資料物件也還是一個陣列，陣列當然不具備除法演算子這個方法。解法也很簡單：把).FreeSpace 改成)[0].FreeSpace，索引 0 代表你要處理第一個陣列元素，亦即你只要處理 C:\ 磁碟就好。

作業系統資訊

現在各位應該已經看出點門道來了：先查詢單獨一部伺服器，找出正確的屬性，然後再把查詢放到 foreach 迴圈裡。

從現在開始，只需將新的程式碼放進 foreach 迴圈中即可。至於逐步逼近有關類別、類別屬性及屬性值的過程，在查詢 WMI 的任何資料值時都是一樣的。只須遵循同樣的一般樣式即可：

```
$output.'PropertyName' = (Get-CimInstance -ComputerName ServerName
-ClassName WMIClassName).WMIClassPropertyName
```

將新取得的資料值加入指令碼，就會變成像清單 14-5 一樣。

```
Get-ServerInformation.ps1
-------------------
$serversOuPath = 'OU=Servers,DC=powerlab,DC=local'
$servers = Get-ADComputer -SearchBase $serversOuPath -Filter * |
Select-Object -ExpandProperty Name
foreach ($server in $servers) {
    $output = @{
        'ServerName'                = $null
        'IPAddress'                 = $null
        'OperatingSystem'           = $null
        'AvailableDriveSpace (GB)'  = $null
        'Memory (GB)'               = $null
        'UserProfilesSize (MB)'     = $null
        'StoppedServices'           = $null
    }
    $output.ServerName = $server
    $output.'UserProfilesSize (MB)' = (Get-ChildItem -Path "\\$server\c$\
    Users\" -File | Measure-Object -Property Length -Sum).Sum / 1MB
    $output.'AvailableDriveSpace (GB)' = [Math]::Round(((Get-CimInstance
    -ComputerName $server -ClassName Win32_LogicalDisk).FreeSpace / 1GB),1)
    $output.'OperatingSystem' = (Get-CimInstance -ComputerName $server
    -ClassName Win32_OperatingSystem).Caption譯註4
    [pscustomobject]$output
}
```

清單 14-5：更新指令碼，加上對 *OperatingSystem* 的查詢

譯註4　讀者們必須自行鍵入 Get-CimInstance -ComputerName $server -ClassName Win32_OperatingSystem | select-object -property *，才能看出 Caption 這個屬性含有作業系統的文字描述。

現在執行看看：

```
PS> C:\Get-ServerInformation.ps1 | Format-Table -AutoSize

ServerName UserProfilesSize (MB) AvailableDriveSpace (GB) OperatingSystem                          StoppedServices IPAddress Memory (GB)
---------- --------------------- ------------------------ ---------------                          --------------- --------- -----------
SQLSRV1                   636245       31.8005790710449 Microsoft Windows Server 2016 Standard
WEBSRV1                   603942       34.5973815917969 Microsoft Windows Server 2012 R2 Standard
```

已經取得若干有用的 OS 資訊了。我們繼續下一步，找出如何查詢一些關於記憶體資訊的手法。

記憶體

下 一 項 要 取 得 的 資 訊 是 記 憶 體（Memory），各 位 需 要 利 用 Win32_
PhysicalMemory 類別。請再度以單一伺服器測試你的查詢，並取得你想搜尋的資訊。在本例中，我們所需的記憶體資訊是藏在 Capacity 裡：

```
PS> Get-CimInstance -ComputerName sqlsrv1 -ClassName Win32_PhysicalMemory

Caption             : Physical Memory
Description         : Physical Memory
InstallDate         :
Name                : Physical Memory
Status              :
CreationClassName   : Win32_PhysicalMemory
Manufacturer        : Microsoft Corporation
Model               :
OtherIdentifyingInfo :
--snip--
Capacity            : 2147483648
--snip--
```

在 Win32_PhysicalMemory 底下的每一個 instance，都代表一個 RAM 插槽。各位可以把插槽想像成伺服器裡實際的一條記憶體模組。只不過筆者測試的 SQLSRV1 伺服器剛好只有一條記憶體罷了。但是各位一定可以從其他伺服器找到有多條記憶體的實例。

由於我們要計算的是一部伺服器中的記憶體總量，因此免不了又要用上計算個人設定檔空間時的手法。各位必須把所有 instances 的 Capacity 值加總起來。還好，`Measure-Object` 這個 cmdlet 可以處理任何數量的物件類型。只要屬性的內容是數值，它就能作加總。

還有，因為 Capacity 正好又是以位元組表示，故而還是要轉換成正確的標籤：

```
PS> (Get-CimInstance -ComputerName sqlsrv1 -ClassName Win32_PhysicalMemory |
Measure-Object -Property Capacity -Sum).Sum /1GB
2
```

如清單 14-6 所示，各位的指令碼已經成長了不少！

```
Get-ServerInformation.ps1
-------------------
$serversOuPath = 'OU=Servers,DC=powerlab,DC=local'
$servers = Get-ADComputer -SearchBase $serversOuPath -Filter * | Select-Object
-ExpandProperty Name
foreach ($server in $servers) {
    $output = @{
        'ServerName'                = $null
        'IPAddress'                 = $null
        'OperatingSystem'           = $null
        'AvailableDriveSpace (GB)'  = $null
        'Memory (GB)'               = $null
        'UserProfilesSize (MB)'     = $null
        'StoppedServices'           = $null
    }
    $output.ServerName = $server
    $output.'UserProfilesSize (MB)' = (Get-ChildItem -Path "\\$server\c$\
Users\" -File | Measure-Object -Property Length -Sum).Sum / 1MB
    $output.'AvailableDriveSpace (GB)' = [Math]::Round(((Get-CimInstance
-ComputerName $server -ClassName Win32_LogicalDisk).FreeSpace / 1GB),1)
    $output.'OperatingSystem' = (Get-CimInstance -ComputerName $server
-ClassName Win32_OperatingSystem).Caption
    $output.'Memory (GB)' = (Get-CimInstance -ComputerName $server -ClassName
Win32_PhysicalMemory | Measure-Object -Property Capacity -Sum).Sum /1GB
    [pscustomobject]$output
}
```

清單 14-6：已能查詢記憶體容量的指令碼

我們來看看目前可以輸出些什麼：

```
PS> C:\Get-ServerInformation.ps1 | Format-Table -AutoSize

ServerName UserProfilesSize (MB) AvailableDriveSpace (GB) OperatingSystem                         StoppedServices IPAddress Memory (GB)
---------- -------------------- ------------------------ ---------------                         --------------- --------- -----------
SQLSRV1                  636245                     31.8 Microsoft Windows Server 2016 Standard                                      2
WEBSRV1                  603942                     34.6 Microsoft Windows Server 2012 R2 Standard                                    2
```

現在只剩兩個欄位要填滿了！

網路資訊

最後一份要取出的 WMI 資訊是 IP 位址，可以從 Win32_
NetworkAdapterConfiguration 取得。筆者將查閱 IP 位址的任務放在最後
才介紹，是因為它與其他的資訊不同，查閱伺服器 IP 位址不僅僅是找到
一個值就可以將其剪下貼上到 $output 雜湊表中那麼簡單。各位必須做一
點篩選工作，才能取得所需的資訊。

我們先以跟先前相同的方式來試試，看會得到何種輸出：

```
PS> Get-CimInstance -ComputerName SQLSRV1 -ClassName Win32_NetworkAdapterConfiguration

ServiceName    DHCPEnabled    Index    Description    PSComputerName
-----------    -----------    -----    -----------    --------------
kdnic          True           0        Microsoft...   SQLSRV1
netvsc         False          1        Microsoft...   SQLSRV1
tunnel         False          2        Microsoft...   SQLSRV1
```

馬上各位就會注意到，預設的輸出根本不會呈現 IP 位址，不像先前馬
上就有屬性可以引用。然而詭異的是，這次的命令傳回的不再是單一
instance。伺服器上有三張網卡。你如何判斷哪張網卡具備你要查詢的 IP
位址？

首先，你必須先以 Select-Object 觀察所有的屬性。執行 Get-CimInstance
-ComputerName SQLSRV1 -ClassName Win32_NetworkAdapterConfiguration |
Select-Object -Property *，然後捲動到大量輸出部份。根據伺服器安裝
的網卡，各位也許會發現有的欄位中 IPAddress 屬性是空的。這是因為該
網卡根本不含 IP 位址之故。然而當你真正找到有綁定 IP 網址的網卡時，

其外觀應該會像以下程式碼一樣，IPAddress 屬性 ❶ 會含有（以本例為例）一個像是 192.168.0.40 的 IPv4 位址、還有一堆 IPv6 的位址：

```
DHCPLeaseExpires              :
Index                         : 1
Description                   : Microsoft Hyper-V Network Adapter
DHCPEnabled                   : False
DHCPLeaseObtained             :
DHCPServer                    :
DNSDomain                     : Powerlab.local
DNSDomainSuffixSearchOrder    : {Powerlab.local}
DNSEnabledForWINSResolution   : False
DNSHostName                   : SQLSRV1
DNSServerSearchOrder          : {192.168.0.100}
DomainDNSRegistrationEnabled  : True
FullDNSRegistrationEnabled    : True
❶ IPAddress                   : {192.168.0.40...
IPConnectionMetric            : 20
IPEnabled                     : True
IPFilterSecurityEnabled       : False
--snip--
```

由於指令碼必須是動態的，而且要能適應各種網路卡組態。因此指令碼勢必要能夠處理不同於各位在此處理的 Microsoft Hyper-V Network Adapter 類型的網卡，我們必須找出一個標準篩選條件，以便套用到所有的伺服器上。

關鍵就在 IPEnabled 這個屬性。當該屬性訂為 True 時，代表該網卡已綁定了 TCP/IP 協定，這是具備 IP 網址的必要條件。如果可以把範圍縮小到 IPEnabled 屬性為 True 的的 NIC，就等於已經找出目標了。

篩選 WMI 的 instance 時，最好是利用 Get-CimInstance 的 Filter 參數。PowerShell 社群裡流傳一句話：靠左篩選（*filter left*）。基本上這句話的意思是，只要有可能，盡量把篩選動作往左移、離輸出遠一點（亦即越早進行篩選越好，這樣才不至於把不必要的物件送進管線）。非必要時請不要使用 Where-Object。這樣一來效能會快上許多，管線也不會被不需理會的物件塞住。

Get-CimInstance 的 Filter 參數利用了 *Windows Query Language (WQL)*，它其實是結構化查詢語言（*Structured Query Language (SQL)*）的一小部份子集合。Filter 參數也可以接受跟 SQL 一樣的 WHERE 子句語法。以本例

來說：假設你要以 WQL 篩選出 Win32_NetworkAdapterConfiguration 類別中所有 IPEnabled 屬性被設為 True 的的 instance，可以用 SELECT * FROM Win32_NetworkAdapterConfiguration WHERE IPEnabled = 'True' 這樣的語句做到。既然你已替 Get-CimInstance 的 ClassName 參數指定了類別名稱作為引數，就必須再替 Filter 參數指定 IPEnabled = 'True' 為引數：

```
Get-CimInstance -ComputerName SQLSRV1 -ClassName Win32_NetworkAdapterConfiguration
-Filter "IPEnabled = 'True'" | Select-Object -Property *
```

這樣應該就只會傳回 IPEnabled 屬性為為 True（亦即應具備 IP 位址）的網卡了。

現在你取得了單一的 WMI instance，也知道要取出的是哪一種屬性（IPAddress），我們來試試看查詢單一伺服器會得到什麼結果。這裡同樣透過先前用過的 *object.property* 語法來查閱：

```
PS> (Get-CimInstance -ComputerName SQLSRV1 -ClassName Win32_NetworkAdapterConfiguration
-Filter "IPEnabled = 'True'").IPAddress 譯註 5

192.168.0.40
fe80::e4e1:c511:e38b:4f05
2607:fcc8:acd9:1f00:e4e1:c511:e38b:4f05
```

哎呀！看起來我們的出的不僅僅是 IPv4 的位址，還有 IPv6 的位址也放在這裡。這時就得進一步進行篩選。由於 WQL 此時已經無法再深入篩選屬性的資料值了，我們必須自己設法剖析出 IPv4 位址。

略作調查之後 譯註 6，各位應可看出所有的位址都包覆在大括號當中、彼此以逗號區隔：

```
IPAddress : {192.168.0.40, fe80::e4e1:c511:e38b:4f05, 2607:fcc8:acd9:1f00:e4e1:c511:e
38b:4f05}
```

譯註 5　如果啟用 IP 的網卡多於一張時，顯然還需要再多篩選一點才能取得需要的 IP 位址資訊，在管線後段加上 Where-Object -filter { $_.Description -like 'Intel*' } 之類的篩選是免不了的。

譯註 6　其實以下的輸出是以同上頁的 Get-CimInstance 命令再透過管線送給 Select-Object -Property * 後、仔細觀察 IPAddress 屬性的結果。

很顯然地，這個屬性係使用陣列來儲存資料、而不是使用一長串的單一字串。為確認此事，我們不妨試著用索引，看看能否只調出 IPv4 位址這部份的資料：

```
PS> (Get-CimInstance -ComputerName SQLSRV1 -ClassName Win32_NetworkAdapterConfiguration
-Filter "IPEnabled = 'True'").IPAddress[0]

192.168.0.40
```

運氣真好！IPAddress 屬性的內容真的是一個陣列。這時我們已取得資料值了，自然就可以將完整的命令放進指令碼內，如清單 14-7 所示。

```
Get-ServerInformation.ps1
-------------------
$serversOuPath = 'OU=Servers,DC=powerlab,DC=local'
$servers = Get-ADComputer -SearchBase $serversOuPath -Filter * |
Select-Object -ExpandProperty Name
foreach ($server in $servers) {
    $output = @{
        'ServerName'                = $null
        'IPAddress'                 = $null
        'OperatingSystem'           = $null
        'AvailableDriveSpace (GB)'  = $null
        'Memory (GB)'               = $null
        'UserProfilesSize (MB)'     = $null
        'StoppedServices'           = $null
    }
    $output.ServerName = $server
    $output.'UserProfilesSize (MB)' = (Get-ChildItem -Path "\\$server\c$\
    Users\" -File | Measure-Object -Property Length -Sum).Sum / 1MB
    $output.'AvailableDriveSpace (GB)' = [Math]::Round(((Get-CimInstance
    -ComputerName $server -ClassName Win32_LogicalDisk).FreeSpace / 1GB),1)
    $output.'OperatingSystem' = (Get-CimInstance -ComputerName $server
    -ClassName Win32_OperatingSystem).Caption
    $output.'Memory (GB)' = (Get-CimInstance -ComputerName $server -ClassName
    Win32_PhysicalMemory | Measure-Object -Property Capacity -Sum).Sum /1GB
    $output.'IPAddress' = (Get-CimInstance -ComputerName $server -ClassName
    Win32_NetworkAdapterConfiguration -Filter "IPEnabled = 'True'").
IPAddress[0]
    [pscustomobject]$output
}
```

清單 14-7：更新程式碼以便處理 *IPAddress*

現在執行看看：

```
PS> C:\Get-ServerInformation.ps1 | Format-Table -AutoSize

ServerName UserProfilesSize (MB) AvailableDriveSpace (GB) OperatingSystem                        StoppedServices IPAddress    Memory (GB)
---------- -------------------- ----------------------- ---------------                        --------------- ---------    -----------
SQLSRV1                  636245                    31.8 Microsoft Windows Server 2016 Standard                  192.168.0.40 2
WEBSRV1                  603942                    34.6 Microsoft Windows Server 2012 R2 Standard               192.168.0.70 2
```

所有來自 WMI 的資訊都齊備了！現在只剩下一件事要處理了。

Windows 服務

最後一個要蒐集資料的部份，就是每部伺服器上不再運行的服務清單。各位依然可以延續先前的基本做法，先測試單一伺服器。這時就必須對測試對象的伺服器執行 Get-Service 命令，以便取得其中所有的服務。然後再以管線把輸出傳給 Where-Object 命令，以便篩選出狀態為 Stopped 的服務。到頭來整段命令就會像這樣：Get-Service -ComputerName sqlsrv1 | Where-Object { $_.Status -eq 'Stopped' }。

以上命令傳回的是完整的物件、及其全部的屬性。但我們有興趣知道的只不過是服務的名稱而已，因此我們還是故技重施，參照屬性名稱，一然後只傳回服務名稱清單。

```
PS> (Get-Service -ComputerName sqlsrv1 | Where-Object { $_.Status -eq 'Stopped' }).DisplayName
Application Identity
Application Management
AppX Deployment Service (AppXSVC)
--snip--
```

將以上命令添加到指令稿當中，就會變成清單 14-8 這樣。

```
Get-ServerInformation.ps1
-------------------
$serversOuPath = 'OU=Servers,DC=powerlab,DC=local'
$servers = Get-ADComputer -SearchBase $serversOuPath -Filter * |
Select-Object -ExpandProperty Name
foreach ($server in $servers) {
    $output = @{
        'ServerName'                    = $null
```

```
        'IPAddress'                  = $null
        'OperatingSystem'            = $null
        'AvailableDriveSpace (GB)'   = $null
        'Memory (GB)'                = $null
        'UserProfilesSize (MB)'      = $null
        'StoppedServices'            = $null
    }
    $output.ServerName = $server
    $output.'UserProfilesSize (MB)' = (Get-ChildItem -Path "\\$server\c$\
    Users\" -File | Measure-Object -Property Length -Sum).Sum / 1MB
    $output.'AvailableDriveSpace (GB)' = [Math]::Round(((Get-CimInstance
    -ComputerName $server -ClassName Win32_LogicalDisk).FreeSpace / 1GB),1)
    $output.'OperatingSystem' = (Get-CimInstance -ComputerName $server
    -ClassName Win32_OperatingSystem).Caption
    $output.'Memory (GB)' = (Get-CimInstance -ComputerName $server -ClassName
    Win32_PhysicalMemory | Measure-Object -Property Capacity -Sum).Sum /1GB
    $output.'IPAddress' = (Get-CimInstance -ComputerName $server -ClassName
    Win32_NetworkAdapterConfiguration -Filter "IPEnabled = 'True'").IPAddress[0]
    $output.StoppedServices = (Get-Service -ComputerName $server |
    Where-Object { $_.Status -eq 'Stopped' }).DisplayName
    [pscustomobject]$output
}
```

清單 14-8：更新指令碼，然後連同已停止的服務都一併印出來

執行以下程式碼以測試我們的指令碼：

```
PS> C:\Get-ServerInformation.ps1 | Format-Table -AutoSize

ServerName UserProfilesSize (MB) AvailableDriveSpace (GB) OperatingSystem                      StoppedServices
---------- --------------------- ----------------------- ---------------                      ---------------
SQLSRV1    636245                                    31.8 Microsoft Windows Server 2016 Standard {Application Identity,
                                                                                              Application Management,
                                                                                              AppX Deployment Servi...
WEBSRV1    603942                                    34.6 Microsoft Windows Server 2012 R2 Standard {Application Experience,
                                                                                              Application Management,
                                                                                              Background Intellig...
```

以停止的服務來說，看起來沒什麼問題，但其他已經取得的屬性跑去哪裡了？其實是因為此時主控台視窗已經沒有足夠的空間顯示全部的屬性了[譯註7]。因此我們把 Format-Table 拿掉，試試看能否看到全部的屬性值：

譯註 7　當主控台視窗寬度不足時，-AutoSize 參數預設會顯示的欄位（屬性）就是四個。

```
PS> C:\Get-ServerInformation.ps1 | Format-Table -AutoSize

ServerName             : SQLSRV1
UserProfilesSize (MB)  : 636245
AvailableDriveSpace (GB): 31.8
OperatingSystem        : Microsoft Windows Server 2016 Standard
StoppedServices        : {Application Identity, Applic...
IPAddress              : 192.168.0.40
Memory (GB)            : 2

ServerName             : WEBSRV1
UserProfilesSize (MB)  : 603942
AvailableDriveSpace (GB): 34.6
OperatingSystem        : Microsoft Windows Server 2012 R2 Standard
StoppedServices        : {Application Experience, Application Management,
                         Background Intelligent Transfer Service, Computer
                         Browser...}
IPAddress              : 192.168.0.70
Memory (GB)            : 2
```

看起來真不錯！

指令碼清理與最佳化

現在還不到可以宣布成功收手的時候，所以我們要來反思一下。撰寫程式碼是一個互動的過程。我們極有可能訂了一個目標、目標也達成了，但是寫出的還是不理想的程式碼——要寫出好的程式碼，需要做的就不僅僅是完成目標而已。現在我們的指令碼確實已經做到先前的要求了，但是其實還可以做得更好。問題是怎麼做？

還記得 DRY 法則嗎：不要自己重複做苦工（*Don't Repeat Yourself, DRY*）。指令碼中可以看到大量重複的部份。中間多次使用了 Get-CimInstance、而且參數也都大同小異。此外也對相同的伺服器多次呼叫 WMI。這似乎是一個值得改寫程式碼的所在。

首先，CIM 一系的 cmdlet 都有一個名為 CimSession 的參數。這個參數允許我們建立一個單獨的 CIM 工作階段，然後可以一再地重複引用。因此不再需要採用建立臨時工作階段、從中採擷資料、再將其關閉的重複過程。這個單一工作階段可以一再地引用，到最後才關閉，就像清單 14-9

那樣。其概念近似於我們在第 8 章時介紹過 Invoke-Command 命令 Session
參數。譯註 8

```
Get-ServerInformation.ps1
-------------------
$serversOuPath = 'OU=Servers,DC=powerlab,DC=local'
$servers = Get-ADComputer -SearchBase $serversOuPath -Filter * |
Select-Object -ExpandProperty Name
foreach ($server in $servers) {
    $output = @{
        'ServerName'                = $null
        'IPAddress'                 = $null
        'OperatingSystem'           = $null
        'AvailableDriveSpace (GB)'  = $null
        'Memory (GB)'               = $null
        'UserProfilesSize (MB)'     = $null
        'StoppedServices'           = $null
    }
    $cimSession = New-CimSession -ComputerName $server
    $output.ServerName = $server
    $output.'UserProfilesSize (MB)' = (Get-ChildItem -Path "\\$server\c$\
    Users\" -File | Measure-Object -Property Length -Sum).Sum
    $output.'AvailableDriveSpace (GB)' = [Math]::Round(((Get-CimInstance
    -CimSession $cimSession -ClassName Win32_LogicalDisk).FreeSpace / 1GB),1)
    $output.'OperatingSystem' = (Get-CimInstance -CimSession $cimSession
    -ClassName Win32_OperatingSystem).Caption
    $output.'Memory (GB)' = (Get-CimInstance -CimSession $cimSession
    -ClassName Win32_PhysicalMemory | Measure-Object -Property Capacity -Sum)
    .Sum /1GB
    $output.'IPAddress' = (Get-CimInstance -CimSession $cimSession -ClassName
    Win32_NetworkAdapterConfiguration -Filter "IPEnabled = 'True'").IPAddress[0]
    $output.StoppedServices = (Get-Service -ComputerName $server |
    Where-Object { $_.Status -eq 'Stopped' }).DisplayName
    Remove-CimSession -CimSession $cimSession
    [pscustomobject]$output
}
```

清單 14-9：更新程式碼，以便建立但重複使用單一的工作階段

譯註 8　其實就是把 Get-CimInstance 指令中原本以 -ComputerName $server 呼叫的部分全
　　　　部改成以 -CimSession $cimSession 的方式呼叫，避免重複搭建遠端連線又拆除的
　　　　過程。

現在我們是以單獨一個 CIM 工作階段來運作，而不是每使用一次 Get-CimInstance 時都各別建立一個了。但指令碼中仍有多處的命令參數會一再地參照該工作階段變數。為改善這一點，我們可以再建立一個雜湊表，然後指定一個名為 CIMSession 的鍵、再以對應的 CIM 工作階段為值。一旦將共用的一組參數放進雜湊表，就可以在所有的 Get-CimInstance 指令中重複引用。

這個技術稱為展開（*splatting*）^{譯註 9}，作法就是每當呼叫 Get-CimInstance 時，便指定要參照我們剛剛建立的雜湊表，參照方式為利用 @ 符號、再加上剛建立的雜湊表名稱（亦即 @getCimInstParams），如清單 14-10 所示。

```
Get-ServerInformation.ps1
-------------------
$serversOuPath = 'OU=Servers,DC=powerlab,DC=local'
$servers = Get-ADComputer -SearchBase $serversOuPath -Filter * |
Select-Object -ExpandProperty Name
foreach ($server in $servers) {
    $output = @{
        'ServerName'                = $null
        'IPAddress'                 = $null
        'OperatingSystem'           = $null
        'AvailableDriveSpace (GB)'  = $null
        'Memory (GB)'               = $null
        'UserProfilesSize (MB)'     = $null
        'StoppedServices'           = $null
    }
    $getCimInstParams = @{
        CimSession = New-CimSession -ComputerName $server
    }
    $output.ServerName = $server
    $output.'UserProfilesSize (MB)' = (Get-ChildItem -Path "\\$server\c$\
Users\" -File | Measure-Object -Property Length -Sum).Sum
    $output.'AvailableDriveSpace (GB)' = [Math]::Round(((Get-CimInstance
@getCimInstParams -ClassName Win32_LogicalDisk).FreeSpace / 1GB),1)
    $output.'OperatingSystem' = (Get-CimInstance @getCimInstParams -ClassName
Win32_OperatingSystem).Caption
    $output.'Memory (GB)' = (Get-CimInstance @getCimInstParams -ClassName
Win32_PhysicalMemory | Measure-Object -Property Capacity -Sum).Sum /1GB
```

譯註 9　Splatting 有水花四濺的意思，就像把變數展開一樣。可參閱 help about_splatting，或 是 https://docs.microsoft.com/en-us/powershell/module/microsoft.powershell.core/about/about_splatting?view=powershell-5.1

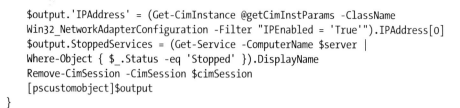

```
    $output.'IPAddress' = (Get-CimInstance @getCimInstParams -ClassName
    Win32_NetworkAdapterConfiguration -Filter "IPEnabled = 'True'").IPAddress[0]
    $output.StoppedServices = (Get-Service -ComputerName $server |
    Where-Object { $_.Status -eq 'Stopped' }).DisplayName
    Remove-CimSession -CimSession $cimSession
    [pscustomobject]$output
}
```

清單 14-10：建立一個 *CIMSession* 參數以便重複利用

寫到這裡，各位也許已經習於透過 dash<*parameter name*> <*parameter value*> 的格式，將參數傳遞給命令了。這個方法有用，但是效率卻不好，尤其是當你必須一再地將同一個參數傳遞給命令執行的時候。相反地，以上的展開法可以透過雜湊表來傳遞參數及其內容，而且每次只要替需要相同參數的命令傳入單一雜湊表即可。

現在你已經把原本的參數 CimSession 和工作階段變數 $cimSession 消除、化為雜湊式的參數寫法了。

總結

在本章當中，我們運用了前幾章學到的基礎資訊，並將其套用到真實世界中可能會遇到的場合裡。筆者通常會建議，先試著寫出一個可以查詢資訊的指令碼，作為首度建立的指令碼類型之一。它可以教導大家許多關於 PowerShell 的竅門，這樣也可以避免不少把事情搞砸的機會！

在本章中，各位是以互動的方式循序漸進的，從目標起步、直到產生解決方案、進而加以改善。這個過程會在大家使用 PowerShell 的生涯中一再地沿用：定義自己的目標、從小處著手、慢慢打造出自己的框架（例如本章範例的 foreach 迴圈）、然後逐步地加入程式碼片段，一次克服一個問題，直到最後一切就緒為止。

一旦完成了指令碼，記住這還不算結束，除非你已重新審視過程式碼：包括找出其中不夠有效率的所在、使用少一點資源、把速度再加快一點等等。經驗會讓最佳化的過程變得更愜意。各位會建立起自己所需的觀點，直到能自然而然地寫出最佳程式碼為止。一旦完成了最佳化，請安坐欣賞自己的成果，然後準備開始下一個計劃！

PART III
建置自己的模組

到目前為止，讀者們應該已經牢牢掌握了 PowerShell 的本質所在。我們已經談過了它身為語言的語法，也談過了幾款可以運用在每日自動化工作中的特殊模組。但是直到前一章，我們做的都還只是零散的內容：這裡兜一點語法、那裡也湊一點語法，沒有什麼了不得的事。在第 14 章時，透過撰寫伺服器盤點指令碼，才初次體驗了如何面對一個需時較長的 PowerShell 專案。在第三篇裡，我們會把野心做大一點：各位要建立自己的 PowerShell 模組。

PowerLab

PowerLab 是一個獨立的 PowerShell 模組，它含有若干從頭起步、開通 Windows 伺服器所需的函式。各位會一點一點地打造出 PowerLab；如果你想先直接看看成果是什麼模樣，請參閱 GitHub 存放庫：*https://github.com/adbertram/PowerLab*。

從頭開通一部 Windows 伺服器的過程，大致會像這樣：

- 建立一部虛擬機器。

- 安裝 Windows 作業系統。

- 安裝伺服器服務（Active Directory、SQL Server、或是 IIS）。

這代表你的 PowerLab 模組有五件事要做：

- 建立一個 Hyper-V 虛擬機器

- 安裝 Windows 伺服器

- 建立一個 Active Directory 樹系

- 開通 SQL 伺服器

- 開通 IIS 網頁伺服器

要完成這些任務，必須用到三種主要的命令：

- New-PowerLabActiveDirectoryForest

- New-PowerLabSqlServer

- New-PowerLabWebServer

當然了，你要用到的命令絕對不只三種。這些命令必須以其他數個輔助命令建置而成，後者會負責處理底層的功能，像是建立虛擬機器、安裝作業系統等等。我們會在後面的章節裡逐一加以說明。

先決條件

建置 PowerLab 需要準備幾件事：

- 一台安裝了 Windows 10 專業版、屬於某個工作群組的用戶端個人電腦。已加入網域的 Windows 10 電腦應該也可以，但筆者沒有測試這種情形。

- 一部屬於某個工作群組的 Hyper-V 主機，執行的是 Windows Server 2012 R2（至少是這個版本），而且與用戶端位於同一個網路上（主機已加入網域也無妨），但筆者同樣沒有在這種場合裡測試過。譯註 1

- Windows Server 2016 的 ISO 檔案，放在 Hyper-V 主機上。Windows Server 2019 這個版本筆者也沒有測試過。讀者可以自行至以下網址下載 Windows Server 的評估用版本。
  https://www.microsoft.com/en-us/evalcenter/evaluate-windows-server-2016?filetype=ISO

- 用戶端電腦上應安裝遠端伺服器管理工具（Remote Server Administration Tools, RSAT），可從以下網址下載：
  https://www.microsoft.com/en-us/download/details.aspx?id=45520

- 用戶端電腦上應安裝最新版的 Pester PowerShell 模組。

此外你還必須以本機系統管理員群組成員的身分登入用戶端電腦，而且 PowerShell 的執行原則必須訂為不受限（unrestricted）。（可以執行 **Set-ExecutionPolicy Unrestricted** 來更改執行原則，但筆者建議在各位完成 lab 設置之後，要把它改回 AllSigned 或 RemoteSigned。）

譯註 1　如果環境允許，最好是 Hyper-V 和管理端 PC 都在一個測試用的 AD 網域裡，這樣設置起來會較為省事，很多安全設定都會有 AD 代勞。又或者兩端都不在網域內，就得自己搞定一些遠端管理認證的細節，作法請參閱 https://timothygruber.com/hyper-v-2/remotely-managing-hyper-v-server-in-a-workgroup-or-non-domain/，譯者照方抓藥確實有效。如果任一端在網域中、另一端沒有，請放棄這種測試方式，這是自找麻煩。

設置 PowerLab

把 PowerLab 這樣的內容提供給使用者之前，應確保其設定過程越輕鬆簡單越好。辦法之一就是寫一支指令碼來處理模組的安裝和設定，而且執行過程中所需的輸入越少越好。

筆者已經寫好一個 PowerLab 的安裝指令碼。可以到 PowerLab 這個 GitHub 存放庫下載：

https://raw.githubusercontent.com/adbertram/PowerLab/master/Install-PowerLab.ps1

該網址內含有指令碼的原始程式碼。各位應當把指令碼內容複製後貼到一個新文字檔中，再存檔命名為 *Install-PowerLab.ps1*，但鑒於本書是以 PowerShell 為主題，我們當然要試試以 PowerShell 做到相同的事：

```
PS> Invoke-WebRequest -Uri 'http://bit.ly/powerlabinstaller' -OutFile 'C:\Install-PowerLab.ps1'
```

請注意：當你執行指令碼時，必須回答幾個問題。包括 Hyper-V 主機的名稱、Hyper-V 主機的 IP 位址、Hyper-V 主機的本機系統管理員使用者名稱與密碼、以及要安裝的作業系統的產品金鑰（如果你安裝的不是評估用版本的 Windows Server 的話）。

一旦所有資訊都到手，就可以執行安裝指令碼，動作如下：^{譯註 2}

```
PS> C:\Install-PowerLab.ps1

Name of your HYPERV host: HYPERVSRV
IP address of your HYPERV host: 192.168.0.200
Enabling PS remoting on local computer...
Adding server to trusted computers...
PS remoting is already enabled on [HYPERVSRV]
Setting firewall rules on Hyper-V host...
Adding the ANONYMOUS LOGON user to the local machine and host server
Distributed COM Users group for Hyper-V manager
Enabling applicable firewall rules on local machine...
Adding saved credential on local computer for Hyper-V host...
```

譯註 2　這是裝在 Hyper-V 主機端。

```
Ensure all values in the PowerLab configuration file are valid and close the
ISE when complete.
Enabling the Microsoft-Hyper-V-Tools-All features...
Lab setup is now complete.
```

如果各位想深入研究指令碼的詳情，儘管去本書資源網址下載，然後慢慢研讀。但是指令碼的用途僅僅只是讓讀者可以建構出和筆者一致的基礎結構，並不代表可以讓大家真的理解它在做些什麼；對於各位來說這支指令碼可能還難以理解。指令碼的用途就是要讓大家可以跟上筆者說明的內容。

展示用程式碼

各位在以下章節中所寫出的所有程式碼，都可以在 *https://github.com/adbertram/PowerShellForSysadmins/tree/master/Part％20III* 找到筆者撰寫的參考版本。除了所有的 PowerLab 程式碼以外，網址中還可以找到必備的資料檔案、以及測試模組和驗證環境是否符合所有先決條件用的 Pester 指令碼。在以下每一章開始前，筆者鄭重建議大家利用 Invoke-Pester 命令去執行 *Prerequisites.Tests.ps1* 這支 Pester 指令碼，每一章的資源網址都會有一個這樣的檔案。此舉可以讓大家避免許多令人頭痛的問題。

總結

各位應該把一切建置 PowerLab 所需的內容準備好。我們在以下章節中會談到許多基礎知識，並運用 PowerShell 裡的多種面向，因此當各位遇上陌生的題材時也不必過於訝異。線上有很多資源都可以協助大家解決棘手的語法問題，就算你有些內容搞不懂，還是可以到 Twitter 來找筆者討教（@adbertram）、或是在網際網路上向其他高手求助。

有了這些心理準備，讓我們動起手來！

15

開通一套虛擬環境

*P*owerLab 是本書最後一個大型專案，它會用到所有到目前為止各位
已學過的概念，甚至還有更多沒提到的部份。這個專案會從自動開
通一個 Hyper-V 的虛擬機器（virtual machines, VMs）開始、直到安裝
和設定像是 SQL 和 IIS 之類的服務為止。設想，只須執行單一的命令，
像 是 New-PowerLabSqlServer、New-PowerLabIISServer、 甚 至 只 是 New-
PowerLab，然後等上幾分鐘，就有一台完全設定妥當的機器（也許還不只
一台）等在那裏備用。如果讀者們耐心地隨著筆者走完以下章節，上述
情景就會是你到最後會擁有的成果。

PowerLab 專案的目的，是針對一切準備測試或實驗用環境時所需的重複
性高、又耗時的任務，設法消除它們。一旦做到這一點，手中就會有整
套的命令，只須搭配一部 Hyper-V 主機和幾個 ISO 檔案，就能建置出完
整的 Active Directory 樹系。

筆者在第一和第二篇中刻意忽略了一些即將在 PowerLab 要用到的內容。
這是為了要給各位讀者一點挑戰，希望你們能自己發現這些部份的內容、並設法找出自己的解決方案。畢竟所有的程式設計都是在以不同的方式達成同樣的任務。就算你卡關了，也還是可以放心地到推特上來找筆者 @adbertram 討論。

建構這種等級的專案時，各位不僅僅會接觸到成百的 PowerShell 題材，也能體會到這種指令碼語言有多麼強大、還有它能構成多少省時的工具程式。

本章會從 PowerLab 模組的骨架開始建立。然後會逐步地加上各種功能，以便自動化建立虛擬交換器（virtual switch）、虛擬機器、以及虛擬硬碟（virtual hard disk, VHD）。

PowerLab 模組的先決條件

為了要能操作第三篇中介紹的各種程式碼範例，各位必須確保幾項先決條件。第三篇的每一章開頭都有一個「先決條件」小節。其用意在於確保各位明確了解自己應期待些什麼內容。

本章的專案內容需要用到一部 Hyper-V 主機，其組態設定如下：

- 一張網卡

- IP 是 10.0.0.5（非必要，但要能完全照樣引用範例，會需要用到這個 IP）

- 子網路遮罩：255.255.255.0

- 一個工作群組

- 至少 100GB 的儲存空間

- 安裝完整 GUI 的 Windows Server 2016

要建立一部 Hyper-V 伺服器，必須在一部 Windows 伺服器上安裝 Hyper-V 角色。要加快這個設置過程，可以到本書資源網頁 *https://github. com/adbertram/PowerShellForSysadmins/* [譯註1] 下載並執行 *Hyper-V Setup.ps1* 指令碼檔案。它會替我們設定 Hyper-V、並建立若干必須的資料夾。

譯註1　完整網址略有異動：https://bit.ly/35XR2x2

如果你打算依樣畫葫蘆地照做，請執行與該章節的相關 Pester 先決條件指令碼（prerequisites.Tests.ps1），以確保各位建立的 Hyper-V 伺服器設定完全合乎預期。這些測試會確保各位的實驗環境設定完全遵循筆者的規劃。請執行 **Invoke-Pester** 並將先決條件指令碼傳入，如清單 15-1 所示。至於本書其他章節，所有的程式碼都是在 Hyper-V 主機上執行的。

```
PS> Invoke-Pester -Path 'C:\PowerShellForSysadmins\Part III\Creating PowerLab and Automating
Virtual Environment Provisioning\Prerequisites.Tests.ps1'

Describing Automating Hyper-V Chapter 先決條件
 [+] Hyper-V host server should have the Hyper-V Windows feature installed 2.23s
 [+] Hyper-V host server is Windows Server 2016 147ms
 [+] Hyper-V host server should have at least 100GB of available storage 96ms
 [+] has a PowerLab folder at the root of C 130ms
 [+] has a PowerLab\VMs folder at the root of C 41ms
 [+] has a PowerLab\VHDs folder at the root of C 47ms
Tests completed in 2.69s
Passed: 5 Failed: 0 Skipped: 0 Pending: 0 Inconclusive: 0
```

清單 15-1：執行先決條件指令碼以檢查 Hyper-V 運作

如果環境設置無礙，以上輸出應會顯示 5 個過關項目。一旦確認環境正確設定完畢並可以運作，就可以著手本章的專案了！

建立模組

由於各位已經知道，要把大量的任務自動化，而這些任務又彼此相關，這時就該建立一個 PowerShell 的模組。如我們在第 7 章所學，PowerShell 模組是把大量相仿的功能聚集成個別單元的絕佳方式；這樣一來，就能輕易地管理所有基於特定目的而執行任務時所需的程式碼。PowerLab 也是如此。當然我們不可能一下就考慮到所有的內容，所以我們就從小處著手，先加入一點功能、接著測試，然後重複這個過程。

建立空白的模組

首先要建立一個空白模組。這時請先以遠端桌面連線到要使用的 Hyper-V 主機，然後以本機系統管理員身分登入（或是用任何屬於本機系統管理員群組的帳戶登入也可以）。各位會在這部 Hyper-V 主機上直接建立模組，以便減輕建立和管理 VM 的作業負擔。亦即各位會以 RDP 工作階段連接到 Hyper-V 主機的主控台工作階段。然後建立一個模組用的資料夾、以及模組本身（亦即 *.psm1* 檔案）和選用的資訊清單（manifest，亦即 *.psd1* 檔案）。

由於各位登入的身分已經是本機系統管理員帳戶，而總有一天必須讓其他人用到你寫出的 PowerLab 模組，因此請把建好的模組放在 *C:\Program Files\WindowsPowerShell\Modules* 當中。這樣一來，當你以該主機的任何系統管理使用者登入時，才能順利地使用該模組。

接下來請開啟一個 PowerShell 主控台，並選擇**以系統管理員身分執行**（**Run as Administrator**）。然後以下列命令建立一個 PowerLab 模組的資料夾：

```
PS> New-Item -Path C:\Program Files\WindowsPowerShell\Modules\PowerLab -ItemType Directory
```

接著建立一個空白的文字檔，檔名為 *PowerLab.psm1*。請利用 New-Item 命令：

```
PS> New-Item -Path 'C:\Program Files\WindowsPowerShell\Modules\PowerLab\PowerLab.psm1'
```

建立模組的資訊清單

現在可以建立模組的資訊清單（manifest）了。請利用方便的 New-ModuleManifest 命令來建立模組的資訊清單。該命令會建立一個資訊清單的初步範本，檔案建好後，必要時還可以隨時用文字編輯器開啟和修改。以下就是筆者建立資訊清單範本的參數：

```
PS> New-ModuleManifest -Path 'C:\Program Files\WindowsPowerShell\Modules\PowerLab\
PowerLab.psd1'
-Author 'Adam Bertram'
-CompanyName 'Adam the Automator, LLC'
-RootModule 'PowerLab.psm1'
-Description 'This module automates all tasks to provision entire environments of a
domain controller, SQL server and IIS web server from scratch.'
```

請自行將以上參數值改成合乎你自己環境的內容。

利用內建的前置詞來為函式命名

函式並不一定有特定的名稱。然而，當我們建置內含一群相關函式的群組時，卻最好是以一致的標籤作為函式名稱中名詞部份的前置詞。舉例來說，我們的專案名稱是 *PowerLab*。在這個專案裡，所有建置出來的函式，都會跟一個共同的主題有關。為了區分 PowerLab 裡的函式及其他已載入模組中所包含的函式，可以把模組的名稱加諸於函式名稱的名詞部位之前。也就是說，我們這個模組的大部份函式，其名詞部位都會以 *PowerLab* 的字樣開頭。

然而，不是所有的函式都會以模組的名字來做開頭。例如單純只是用來協助其他函式用的輔助函式就是如此，而且後者絕不會由一般使用者呼叫使用。

一旦你確認要讓所有函式名稱的名詞部位都採用一致的前置詞（prefix），但又懶得在每次定義函式名稱時還得一一加註，可以利用模組的資訊清單，其中有一個選項叫做 DefaultCommandPrefix。這個選項會強迫 PowerShell 在名詞前面加上特定的字串。舉例來說，如果各位在資訊清單中定義了 DefaultCommandPrefix 鍵，然後又在模組中建立了名為 New-Switch 的函式，那麼一旦模組匯入以後，就不能再用 New-Switch 來呼叫該函式，而必須改以 New-PowerLabSwitch 來呼叫：

```
# Default prefix for commands exported from this modul...
# DefaultCommandPrefix = ''
```

筆者自己是傾向於不使用這種手法，這是因為它會強制模組中所有函式名稱的名詞部位都加上同一個前置詞之故。

匯入新模組

現在你已建立了資訊清單檔，可以試著觀察它能否正常匯入了。既然模組裡現在是什麼函式也沒有，那麼匯入它也無法做任何事，只不過是試試看 PowerShell 能否得知這個模組的存在罷了。如果各位也能看到以下的結果，代表到目前一切都順利。

```
PS> Get-Module -Name PowerLab -ListAvailable

    Directory: C:\Program Files\WindowsPowerShell\Modules

ModuleType Version    Name                                ExportedCommands
---------- -------    ----                                ----------------
Script     1.0        PowerLab
```

萬一 PowerLab 模組沒有出現在輸出的底端，請回到前一步檢查。此
外也請檢視 *C:\Program Files\WindowsPowerShell\Modules* 目錄下，是否有
PowerLab 資料夾存在、其中是否有 *PowerLab.psm1* 和 *PowerLab.psd1* 兩個
檔案的蹤影。

自動化開通虛擬環境

現在我們已經做好模組的骨架，可以著手為其添加功能了。由於建立
SQL 或 IIS 伺服器之類的任務，都包含各種彼此休戚相關的步驟，因此應
當首先著手準備以自動化方式建立一個虛擬交換器、虛擬機器、和虛擬
磁碟。然後才能把日後為上述 VM 部署作業系統的動作也自動化，最後
才能在這些 VM 上安裝 SQL 伺服器及 IIS。

虛擬交換器

要能自動化建立 VM 之前，必須先確保在 Hyper-V 主機上已有虛擬交換
器的存在。有了虛擬交換器（*virtual switches*），VM 才能與用戶端機器、
或是建置在相同宿主主機上的其他 VM 相互溝通。

手動建立一個虛擬交換器

第一個虛擬交換器必須要是一個 *external*（外部的）交換器，我們將其命
名為 PowerLab。Hyper-V 主機中很可能還沒有這個交換器存在，但為謹
慎起見，我們還是先把主機上既有的虛擬交換器列出來。小心點總不是
壞事。

要觀察 Hyper-V 主機中全部既有的虛擬交換器，請執行 **Get-VmSwitch** 命令。一旦確認沒有名為 PowerLab 的交換器存在，就可以放心地用 New-VmSwitch 命令建立新的虛擬交換器了，同時還需指定其名稱（PowerLab）和類型：

```
PS> New-VMSwitch -Name PowerLab -SwitchType External
```

由於稍後建立的 VMs 必須要能與 Hyper-V 外部的主機通訊，因此必須把引數 External 傳給參數 SwitchType。而任何會用到這個專案的其他使用者，也必須建立一個外部交換器。

建好交換器後，就可以動手建立 PowerLab 模組的第一個函式了。

自動化建立 VM 的交換器

PowerLab 的第一個函式，稱為 New-PowerLabSwitch，它會建立一個 Hyper-V 裡的交換器。這個函式並不複雜。就算沒有它，你也可以在提示後面執行一個命令來完成任務，說穿了就是 New-VmSwitch。但如果我們能把 Hyper-V 的命令包在一個自訂函式裡，就可以用來執行其他的工作：例如把任何一種預設組態加入到交換器裡。

筆者是 *idempotency* 一語的忠實信徒，這個字眼其實不過是「無論命令執行當下的狀態為何，每次都能完成任務」的花俏說法。以本例來說，如果建立交換器的任務不是 idempotent 的，那麼若是交換器已經存在，執行 New-VmSwitch 時應該就會導致錯誤。

為了避免在建立交換器前還得手動檢查一次該交換器是否已經存在的必要動作，可以藉助 Get-VmSwitch 命令。該命令會檢查交換器是否已經存在。然後如果（而且只有如果）交換器不存在時，才會嘗試建立新的交換器。這樣一來就可以在任何環境中放心地執行 New-PowerLabSwitch，而且確信它一定能成功建立虛擬交換器，決不會只丟回一句錯誤了事，也就是無視於 Hyper-V 主機內的交換器存在與否的狀態，而總是能完成任務的意思。

請開啟 *C:\Program Files\WindowsPowerShell\Modules\PowerLab\PowerLab.psm1* 檔案，並鍵入 New-PowerLabSwitch 函式，內容如清單 15-2 所列。

```
function New-PowerLabSwitch {
    param(
        [Parameter()]
        [string]$SwitchName = 'PowerLab',

        [Parameter()]
        [string]$SwitchType = 'External'
    )

    if (-not (Get-VmSwitch -Name $SwitchName -SwitchType $SwitchType -ErrorAction
    SilentlyContinue)) { ❶
        $null = New-VMSwitch -Name $SwitchName -SwitchType $SwitchType ❷
    } else {
        Write-Verbose -Message "The switch [$($SwitchName)] has already been created." ❸
    }
}
```

清單 15-2：PowerLab 模組裡的 New-PowerLabSwitch 函式

以上函式首先檢查了交換器是否已經建立 ❶。如果還沒有，函式便會進而建立交換器 ❷。如果交換器已經存在，函式便只會向主控台傳回一筆詳細的訊息 ❸。

請把模組存檔，然後執行 **Import-Module -Name PowerLab -Force** 以便強制再匯入一次該模組。

由於先前曾經匯入過該模組，PowerShell 不曾將任何模組中的函式載入至工作階段當中。一旦我們為模組添加了新的函式，就必須再次匯入該模組。如果模組曾經匯入過，還得為 Import-Module 加上參數 Force，以便迫使 PowerShell 再次匯入該模組。不然 PowerShell 就會認定該模組已經匯入過，而不會理會匯入的命令。

再次匯入模組之後，New-PowerLabSwitch 函式應該就能用了。請執行看看：

```
PS> New-PowerLabSwitch -Verbose
VERBOSE: The switch [PowerLab] has already been created.
```

注意這時你不會收到錯誤訊息，而是只會看到一個善意的詳細訊息，指出該名稱的交換器已然存在。這是因為我們加上了選用的通用隱性參數 Verbose 之故。至於 SwitchName 和 SwitchType 兩個參數，則是因為我們已經為它們準備好預設值了，所以即使有沒有指定都無所謂。

建立虛擬機器

既然虛擬交換器已然齊備，現在該是建立 VM 的時候了。為展示起見，此處將建立 generation 2 的 VM、名為 LABDC、具備 2GB 的記憶體、並接到我們剛剛在 Hyper-V 主機內的 *C:\PowerLab\VMs* 資料夾下建立的虛擬交換器。筆者刻意以 *LABDC* 為 VM 名稱，是因為它終將成為我們實驗環境中的 Active Directory 網域控制站。

首先來檢查一下，既有的 VM 中有沒有名稱雷同的？由於我們已經知道新建的 VM 要取什麼名字，因此只需將該名稱傳給 Get-Vm 的 Name 參數即可：

```
PS> Get-Vm -Name LABDC
Get-Vm : A parameter is invalid. Hyper-V was unable to find a virtual machine with name
LABDC.
At line:1 char:1
+ Get-Vm -Name LABDC
+ ~~~~~~~~~~~~~~~~~~~~~~~~~~~~~~~~~~~~~~
    + CategoryInfo          : InvalidArgument: (LABDC:String) [Get-VM],
                              VirtualizationInvalidArgumentException
    + FullyQualifiedErrorId : InvalidParameter,Microsoft.HyperV.PowerShell.Commands.
GetVMCommand
```

如果 Get-Vm 命令找不到指定名稱的 VM，它便會傳回一個錯誤。由於我們原意就是要確認它是否存在，而且我們此時其實沒那麼在乎該名稱的 VM 存在與否，因此我們在自動化指令碼中加上 ErrorAction 參數、並以 SilentlyContinue 為引數，確保即使 VM 不存在，執行到上述命令也不會丟出一堆錯誤訊息[譯註 2]。為簡化起見，此處不會動用到 try/catch。

然而，只有當命令傳回的是非終止性的錯誤時，以上的技術方可奏效。萬一命令傳回的是終止性錯誤，就勢必要檢視所有傳回的物件，並利用

譯註 2　我們在乎的只是要讓 if 條件了句可以判斷如何進行下一步而已。

Where-Object 進行篩選，或是仍以 try/catch 區塊將命令包覆起來做錯誤處理。

手動建立 VM

VM 此時確實還不存在，亦即我們可以放心地建立它。要建立 VM，必須執行 New-Vm 命令，並將我們在本小節開頭時決定的資料值傳給它作為引數。

```
PS> New-VM -Name 'LABDC' -Path 'C:\PowerLab\VMs'
-MemoryStartupBytes 2GB -Switch 'PowerLab' -Generation 2

Name   State CPUUsage(%) MemoryAssigned(M) Uptime   Status               Version
----   ----- ----------- ----------------- ------   ------               -------
LABDC  Off   0           0                 00:00:00 Operating normally 8.0
```

現在 VM 應該好了，但還是請用 **Get-Vm** 再確認一下較好。

VM 建置自動化

為了要自動建立一個簡單的 VM，我們要為模組再加入一個另一個函式。這個函式基本上會遵循我們先前用來建置虛擬交換器的函式寫法：做成一個 idempotent 的函式，讓它能不受 Hyper-V 主機有無該物件的狀態所影響，逕自執行任務。

請 依 清 單 15-3 鍵 入 New-PowerLabVm 函 式，放 到 *PowerLab.psm1* 模 組當中。

```
function New-PowerLabVm {
    param(
        [Parameter(Mandatory)]
        [string]$Name,

        [Parameter()]
        [string]$Path = 'C:\PowerLab\VMs',

        [Parameter()]
        [string]$Memory = 4GB,

        [Parameter()]
        [string]$Switch = 'PowerLab',
```

```
        [Parameter()]
        [ValidateRange(1, 2)]
        [int]$Generation = 2
    )

❶ if (-not (Get-Vm -Name $Name -ErrorAction SilentlyContinue)) {
    ❷ $null = New-VM -Name $Name -Path $Path -MemoryStartupBytes $Memory
        -Switch $Switch -Generation $Generation
    } else {
    ❸ Write-Verbose -Message "The VM [$($Name)] has already been created."
    }
}
```

清單 15-3：PowerLab 模組裡的 New-PowerLabVm 函式

以上函式也會先檢查 VM 是否已經存在 ❶。如果確實沒有，函式就會建立 VM ❷。但若是已經存在，函式就會向主控台顯示一個詳細的訊息 ❸。

請儲存 *PowerLab.psm1*，然後在提示字元後面執行新函式：

```
PS> New-PowerLabVm -Name 'LABDC' -Verbose
VERBOSE: The VM [LABDC] has already been created.
```

同樣地，當各位執行以上命令時，就會依照指定的參數資料值建立 VM，而且不管該 VM 事先是否已經存在都會執行（但是請記得要先再度強制匯入模組讓函式生效）。

虛擬磁碟

現在 VM 已經掛到交換器上了，但這個 VM 仍然沒有作用，因為它肚裡沒有儲存空間。要處理這一點，必須建立一個本機的虛擬磁碟（VHD），然後把它掛到 VM 身上。

NOTE 第 16 章時，各位會用到一支社群貢獻的指令碼，將 ISO 檔案轉換成一個 VHD。這樣就不必自己從頭建立 VHD。但如果各位打算要自動化部署作業系統、或是要在其他指令碼中自動化建立 VHD，筆者建議各位還是把這一節看完。

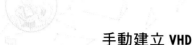

手動建立 VHD

要建立 VHD 檔案，只須執行單一命令 New-Vhd 即可。本小節會帶大家建立一個容量會成長到 50GB 大小的 VHD；而且為了節省空間起見，VHD 會設成動態容量。

首先各位必須在 Hyper-V 主機上建立一個 *C:\PowerLab\VHDs* 資料夾，以便容納 VHD。同時請確保 VHD 的名稱能呼應它即將附掛的 VM 名稱，以便簡化管理。

執行 New-Vhd 建立 VHD：

```
PS> New-Vhd ❶-Path 'C:\PowerLab\VHDs\MYVM.vhdx' ❷-SizeBytes 50GB ❸-Dynamic

ComputerName            : HYPERVSRV
Path                    : C:\PowerLab\VHDs\MYVM.vhdx
VhdFormat               : VHDX
VhdType                 : Dynamic
FileSize                : 4194304
Size                    : 53687091200
MinimumSize             :
LogicalSectorSize       : 512
PhysicalSectorSize      : 4096
BlockSize               : 33554432
ParentPath              :
DiskIdentifier          : 3FB5153D-055D-463D-89F3-BB733B9E69BC
FragmentationPercentage : 0
Alignment               : 1
Attached                : False
DiskNumber              :
Number                  :
```

記得要把 VHD 的路徑 ❶ 和容量 ❷ 傳給 New-Vhd 做為引數，最後還要記得將其訂為動態容量 ❸。

執行 Test-Path 檢查 Hyper-V 主機上是否確實已建立 VHD。若是 Test-Path 傳回 True，就是已經建好了：

```
PS> Test-Path -Path 'C:\PowerLab\VHDs\MYVM.vhdx'
True
```

現在請把這個 VHD 掛到已建好的 VM 裡。這需要用到 Add-VMHardDiskDrive 命令。但我們並不會把這個 VHD 掛到 LABDC（後者是等到第 16 章練習自動化部署 OS 時才要使用的）因此，我們要另外建立一個名叫 MYVM 的 VM，然後把 VHD 掛到它身上：

```
PS> New-PowerLabVm -Name 'MYVM'
PS> ❶Get-VM -Name MYVM | Add-VMHardDiskDrive -Path 'C:\PowerLab\VHDs\MYVM.vhdx'
PS> ❷Get-VM -Name MYVM | Get-VMHardDiskDrive

VMName ControllerType ControllerNumber ControllerLocation DiskNumber Path
------ -------------- ---------------- ------------------ ---------- ----
MYVM   SCSI           0                0                             C:\PowerLab\VHDs\MYVM.vhdx
```

Add-VMHardDiskDrive 命令可以接收 Get-VM 命令傳回的物件類型，作為其管線輸入，亦即我們可以把 Get-VM 查到的 VM 物件直接傳給 Add-VMHardDiskDrive 做為引數，管線後面只需指定 VHD 在 Hyper-V 主機上的路徑 ❶ 即可。

然後馬上就可以用 Get-VMHardDiskDrive 去確認 VHDX 檔案確實已經順利掛載到 VM 裡 ❷。

自動化建立 VHD

我們還可以再為模組添上一個函式，用來自動化建立 VHD、並將其掛載至 VM。在撰寫指令碼或函式時，請注意要讓它有能力因應各種組態。

清單 15-4 定義了 New-PowerLabVhd 函式，它會建立一個 VHD、並將其掛載到 VM 上。

```
function New-PowerLabVhd {
    param
    (
        [Parameter(Mandatory)]
        [string]$Name,

        [Parameter()]
        [string]$AttachToVm,

        [Parameter()]
        [ValidateRange(512MB, 1TB)]
        [int64]$Size = 50GB,
```

```
        [Parameter()]
        [ValidateSet('Dynamic', 'Fixed')]
        [string]$Sizing = 'Dynamic',

        [Parameter()]
        [string]$Path = 'C:\PowerLab\VHDs'
    )

    $vhdxFileName = "$Name.vhdx"
    $vhdxFilePath = Join-Path -Path $Path -ChildPath "$Name.vhdx"

    ### 確認不至於建立一個名稱已經存在的 VHD
    if (-not (Test-Path -Path $vhdxFilePath -PathType Leaf)) { ❶
        $params = @{
            SizeBytes = $Size
            Path      = $vhdxFilePath
        }
        if ($Sizing -eq 'Dynamic') { ❷
            $params.Dynamic = $true
        } elseif ($Sizing -eq 'Fixed') {
            $params.Fixed = $true
        }

        New-VHD @params
        Write-Verbose -Message "Created new VHD at path [$($vhdxFilePath)]"
    }

    if ($PSBoundParameters.ContainsKey('AttachToVm')) {
        if (-not ($vm = Get-VM -Name $AttachToVm -ErrorAction SilentlyContinue)) { ❸
            Write-Warning -Message "The VM [$($AttachToVm)] does not exist. Unable to attach
VHD."
        } elseif (-not ($vm | Get-VMHardDiskDrive | Where-Object { $_.Path -eq $vhdxFilePath
})) { ❹
            $vm | Add-VMHardDiskDrive -Path $vhdxFilePath
            Write-Verbose -Message "Attached VHDX [$($vhdxFilePath)] to VM
[$($AttachToVM)]."
        } else { ❺
            Write-Verbose -Message "VHDX [$($vhdxFilePath)] already attached to VM
[$($AttachToVM)]."
        }
    }
}
```

清單 15-4：*PowerLab* 模組裡的 *New-PowerLabVhd* 函式

這個函式可以支援建立動態或固定容量的虛擬磁碟 ❷，也有能力因應四種狀況：

- VHD 已經存在 ❶。

- 要掛載 VIID 的 VM 不存在 ❸。

- 要掛載 VHD 的 VM 雖然存在，但要掛載的 VHD 卻還未掛上去 ❹。

- 要掛載 VHD 的 VM 不但存在，而且 VHD 也已經掛在上面了 ❺。

函式的設計是一個完全不一樣的領域。要寫出有辦法在多種場合中仍能保持彈性的指令碼或函式，需要經年累月的實際撰寫經驗，方能達到這般境界。這是一門從未真正能臻至完美境界的藝術，但如果各位能從各種角度思考問題可能發生的方式，並設法加以解決，寫出的函式就會離理想更近一點。然而倒也不必太過吹毛求疵、汲汲於為一個函式或指令碼花上好幾個小時，只為了要能面面俱到！不過是一段程式碼罷了，隨時都還是可以再改良的。

執行 New-PowerLabVhd 函式

各位可以在各種狀況下執行以上程式碼，看它是否真能對每種狀況都應付裕如。讓我們用幾種狀況來測試它，確認這份自動化指令碼確實能妥善處理各種事態：

```
PS> New-PowerLabVhd -Name MYVM -Verbose -AttachToVm MYVM

VERBOSE: VHDX [C:\PowerLab\VHDs\MYVM.vhdx] already attached to VM [MYVM].

PS> Get-VM -Name MYVM | Get-VMHardDiskDrive | Remove-VMHardDiskDrive
PS> New-PowerLabVhd -Name MYVM -Verbose -AttachToVm MYVM

VERBOSE: Attached VHDX [C:\PowerLab\VHDs\MYVM.vhdx] to VM [MYVM].
PS> New-PowerLabVhd -Name MYVM -Verbose -AttachToVm NOEXIST

WARNING: The VM [NOEXIST] does not exist. Unable to attach VHD.
```

以上並不算是正式的測試。相反地，我們只是把新寫好的函式放到現實環境裡，並強制它沿著我們定義的程式途徑執行而已。

用 Pester 測試新函式

現在已經把在 Hyper-V 中建置 VM 的過程自動化了,但各位仍應為自己撰寫的每一個內容建置 Pester 測試,以便確保事事都能如預期般運作,同時也持續地監控自己的自動化成效。讀者們在本書其餘篇幅中所從事的每一件工作,都應該建立相應的 Pester 測試。相關的 Pester 測試內容,都可以在本書資源網頁 *https://github.com/adbertram/ PowerShellForSysadmins/* 找到。

在本章當中,各位完成了四項工作:

- 建立一個虛擬交換器

- 建立一台 VM

- 建立一顆 VHDX

- 把 VHDX 附掛到 VM 裡

筆者將本章的 Pester 測試拆成各個段落,各自對應以上的四個成果。像這樣將測試分拆成各個階段,比較有助於有系統地進行測試。

讓我們對本章撰寫的程式碼執行測試。要執行測試用程式碼,請先到本書資源網頁下載 *Creating PowerLab and Automating Virtual Environment Provisioning.Tests.ps1* 指令碼。以下的程式碼中,測試用指令碼位於 *C:*,但各位可以視自己的下載資源檔案的目的地去自訂路徑。

```
PS> Invoke-Pester 'C:\Creating PowerLab and Automating Virtual Environment
Provisioning.Tests.ps1'
Describing Automating Hyper-V Chapter Demo Work
   Context Virtual Switch
    [+] created a virtual switch called PowerLab 195ms
   Context Virtual Machine
    [+] created a virtual machine called LABDC 62ms
   Context Virtual Hard Disk
    [+] created a VHDX called MYVM at C:\PowerLab\VHDs 231ms
    [+] attached the MYVM VHDX to the MYVM VM 194ms 譯註 3
```

譯註 3　作者在 GitHub 給的 Pester 指令碼有誤,前面的 context 的測試根據是 LABDC,但練習時 VHDX 是掛到 MYVM 裡面,這樣最後一個 context 的測試一定不會過。因此參閱 LABDC 的字樣應一律改成 MYVM。

```
Tests completed in 683ms
Passed: 4 Failed: 0 Skipped: 0 Pending: 0 Inconclusive: 0
```

所有四項測試都過關，我們可以放心地進展到下一章了。

總結

各位已經為自己的第一個現實生活中的 PowerShell 自動化指令碼打好了
基礎！筆者希望各位已經體驗到，一旦以 PowerShell 將事情自動化、能
省下多少時間！利用可以自由取得的微軟 PowerShell 模組，就算只靠寥
寥數個命令，也能迅速地建置好虛擬交換器、VM 和磁碟。微軟提供了命
令，但卻需要各位為命令加上程式邏輯的包裝，才能讓每個動作都完美
無缺。

讀者們應該也已發現，急就章的指令碼當然是可以運作的，但如果能從
長遠一點來思考，並在程式碼中加上條件邏輯，它就能因應更多樣化的
狀況。

在下一章當中，各位將會用到剛剛建立的 VM，並對 VM 自動化部署作業
系統，過程中只需用到一個 ISO 檔案、再施展一點點魔法就已足夠。

16

安裝作業系統

在前一章中，各位已設置了自己的 PowerLab 模組，並已初具雛形。現在各位要在自己的自動化之旅中更進一步：學習如何自動化安裝作業系統。由於先前的 VM 建置後均已掛載 VHD，因此必須學習如何為其安裝 Windows。要做到這一點，必須用到 Windows Server 的 ISO 檔案、以及 *Convert-WindowsImage.ps1* 這個 PowerShell 指令碼，還有大把的指令碼，才能建構出便利的全自動化 Windows 部署！

先決條件

筆者假設各位一直都亦步亦趨地遵循前一章的內容，也已完成了各種先決條件。此處還有幾件事必須辦到。首先，由於要部署作業系統，必須取得一套 Windows Server 2016 的 ISO 檔。只需以免費的微軟帳號登入 *http://bit.ly/2r5TPRP*，即可取得免費的試用版。

從前一章開始，筆者便已表示希望讀者們在自己的 Hyper-V 伺服器上建立一個 *C:\PowerLab* 資料夾。現在請再建立一個 ISO 子資料夾 *C:*

PowerLab\ISOs，用來存放你的 Windows Server 2016 ISO 檔案。在本書付梓前，ISO 檔名仍是 *en_windows_server_2016_x64_dvd_9718492.iso*。各位可以在自己的指令碼中使用這個檔名路徑，就算有所不同，只需隨之訂正指令碼程式即可。

此外還需要在 PowerLab 模組資料夾下放置 *Convert-WindowsImage.ps1* 這個 PowerShell 指令碼。如果各位已經下載過本書資源，這段指令碼應該已經位在本章資源當中了。

還有：希望各位手邊已經有前一章在 Hyper-V 伺服器上做好的 LABDC VM。本章會用它掛載新建的虛擬磁碟。

最後，各位需要準備一個無人操作過程中所需的 XML 應答檔案（本章的下載資源中也有這個檔案），檔名是 *LABDC.xml*、也放在 PowerLab 模組資料夾底下。

一如既往，請先執行本章相關的 *prerequisites.Tests.ps1* 這個 Pester 測試指令碼，確認所有的先決條件是否都已到位。

OS 部署

談到要將 OS 部署自動化，就必須面對三種基本的元件：

- OS 的 ISO 檔案
- 一個應答檔案，用來提供平常安裝時會手動輸入的一切內容
- 微軟的 PowerShell 指令碼，負責把 ISO 檔案轉換成 VHDX

各位的工作，是要找出如何把以上元件組合在一起的方式。其中最重要的是應答檔案和轉換 ISO 用的指令碼。各位必須寫出一小段指令碼，確保會以正確的參數呼叫轉換用指令碼、然後把產生出來的 VHD 掛載到正確的 VM 上。

這一切都已寫在本章資源的指令碼 *Install-LABDCOperatingSystem.ps1* 當中。

建立 VHDX

LABDC 這部 VM 含有一個 40GB、動態容量的 VHDX 磁碟，採用的分割區格式為 GUID Partition Table（GPT），執行 Windows Server 2016 Standard Core 版本作業系統。轉換用指令碼會需要以上的資訊。此外它還需要得知來源 ISO、以及應答檔案各自所在的路徑。

首先，定義 ISO 檔案和應答檔案的路徑：

```
$isoFilePath = 'C:\PowerLab\ISOs\en_windows_server_2016_x64_dvd_9718492.iso'
$answerFilePath = 'C:\PowerShellForSysAdmins\PartIII\Automating Operating System Installs\
Module\LABDC.xml
```

接下來要建立轉換用指令碼所需的所有參數。請利用 PowerShell 的展開技術，建立一個雜湊表、然後把所有的參數都放進去。這種定義和傳遞命令參數的方式顯然會清爽得多，省卻了每次都要在單行命令當中鍵入每個參數的麻煩：

```
$convertParams = @{
    SourcePath         = $isoFilePath
    SizeBytes          = 40GB
    Edition            = 'ServerStandardCore'
    VHDFormat          = 'VHDX'
    VHDPath            = 'C:\PowerLab\VHDs\LABDC.vhdx'
    VHDType            = 'Dynamic'
    VHDPartitionStyle  = 'GPT'
    UnattendPath       = $answerFilePath
}
```

一旦轉換用指令碼的所有參數都已定義完畢，就可以引進（dot source）*Convert-WindowsImage.ps1* 指令碼了。這時我們還不需要直接呼叫這支轉換用指令碼，因為其中只有一個同樣名為 Convert-WindowsImage 的函式。如果各位逕自執行 *Convert-WindowsImage.ps1* 指令碼，這時只會一無所獲，執行它不過就是載入其中的函式罷了。

引進（*dot source*）的用途，在於將函式載入記憶體，以便稍後應用；此舉將會把指令碼中所有已定義的函式都載入至當下的工作階段當中，但不會真正執行。以下就是如何引進 *Convert-WindowsImage.pst1* 指令碼的方式：

```
. "$PSScriptRoot\Convert-WindowsImage.ps1"
```

請注意以上程式碼。其中有一個新變數：$PSScriptRoot。這個自動
變數代表的是指令碼所在的資料夾路徑。在上例中，由於 *Convert-WindowsImage.ps1* 指令碼與 PowerLab 模組會放在同一個資料夾之下，因
而變數展開後會指向 PowerLab 模組內的指令碼。

一旦轉換用指令碼已經引進至工作階段當中，就可以呼叫其中的函式
了，也就是 Convert-WindowsImage。這個函式會替我們完成所有的苦工：
開啟 ISO 檔案、正確地格式化一個全新的虛擬磁碟、設置開機磁碟區、
植入你提供的應答檔案，最後產生一個 VHDX 檔案，內含全新安裝的
Windows，開機便可使用！

```
Convert-WindowsImage @convertParams

Windows(R) Image to Virtual Hard Disk Converter for Windows(R) 10
Copyright (C) Microsoft Corporation.  All rights reserved.
Version 10.0.9000.0.amd64fre.fbl_core1_hyp_dev(mikekol).141224-3000 Beta

INFO    : Opening ISO en_windows_server_2016_x64_dvd_9718492.iso...
INFO    : Looking for E:\sources\install.wim...

INFO    : Image 1 selected (ServerStandardCore)...
INFO    : Creating sparse disk...
INFO    : Attaching VHDX...
INFO    : Disk initialized with GPT...
INFO    : Disk partitioned
INFO    : System Partition created
INFO    : Boot Partition created
INFO    : System Volume formatted (with DiskPart)...
INFO    : Boot Volume formatted (with Format-Volume)...
INFO    : Access path (F:\) has been assigned to the System Volume...
INFO    : Access path (G:\) has been assigned to the Boot Volume...
INFO    : Applying image to VHDX. This could take a while...
INFO    : Applying unattend file (LABDC.xml)...
INFO    : Signing disk...
INFO    : Image applied. Making image bootable...
INFO    : Drive is bootable. Cleaning up...
INFO    : Closing VHDX...

INFO    : Closing Windows image...
```

```
INFO    : Closing ISO...

INFO    : Done.
```

利用像是 *Convert-WindowsImage.ps1* 這樣的社群自製指令碼，是加速開發的絕佳方式。這種指令碼可以省下可觀的時間，而且因為它是微軟 Microsoft 開發的，你大可放心地使用它。如果你很好奇其中的枝微細節，儘管打開它研究一番。它做的事很多，而區區在下就是非常喜愛它的粉絲之一，因為它可以把作業系統的安裝完全自動化。

附掛至 VM

當轉換用指令碼執行完畢，在 *C:\PowerLab\VHDs* 底下應該就會出現一個 *LABDC.vhdx* 檔案，可以用來開機。但還沒到時候。因為這個虛擬磁碟還未掛載到 VM 上。你必須將它掛載到既有的 VM 上（也就是剛剛做好的 LABDC VM）。

如前一章所述，只需利用 `Add-VmHardDiskDrive` 函式，就可以把虛擬磁碟掛載到你的 VM 上：

```
$vm = Get-Vm -Name 'LABDC'
Add-VMHardDiskDrive -VMName 'LABDC' -Path 'C:\PowerLab\VHDs\LABDC.vhdx'
```

因為我們要從這顆磁碟開機，因此必須確認它的開機順序是否正確。這可以靠 `Get-VMFirmware` 命令來檢查既有的開機順序，請檢視 `BootOrder` 屬性：

```
$bootOrder = (Get-VMFirmware -VMName 'LABDC').Bootorder
```

注意開機順序中會以網路開機（network boot）作為第一個開機裝置。這不是我們要的，我們希望 VM 從我們剛建立的磁碟開機。

```
$bootOrder.BootType

BootType
------
Network
```

要把剛建立的 VHDX 設為第一個開機裝置，請執行 Set-VMFirmware 命令
並修改 FirstBootDevice 參數：：

```
$vm | Set-VMFirmware -FirstBootDevice $vm.HardDrives[0]
```

到此應該有一部名為 LABDC 的 VM 存在、並裝上了虛擬磁碟，可以開機
進入 Windows。請執行 **Start-VM -Name LABDC** 啟動該 VM，確認它確實進
入 Windows。到此就算是成功了！

自動化部署 OS

到目前為止，各位已經成功地建立了名為 LABDC 的 VM、並開機進入
Windows。現在的重點是，各位必須了解，目前使用的指令碼是特別為
單一 VM 訂製的。在現實世界中不太可能這麼有福氣。好的指令碼必須
可以重複使用、也易於移植，亦即不需因為特定的輸入而需要更改指令
碼，而是只需靠一組可以變化的參數就能運作。

我們來觀察一下 PowerLab 模組裡的 Install-PowerLabOperatingSystem
函式，本章的下載資源裡就有一份可以參考。該函式是改寫 *Install-
LABDCOperatingSystem.ps1* 指令碼的最佳示範，改寫後就可以用來替不同
的虛擬磁碟部署作業系統，只要改動一下參數就可以了。

筆者不會在這個小節中逐一詳述整段指令碼，因為其中大部份的功能都
已在前一小節說明過了，但筆者必須指出其中的差異何在。首先請注
意，改寫後版本的變數會更多。變數可以讓指令碼更富於彈性。它們可
以做為替資料值預留的位置（placeholder），而不再是把資料值直接寫
在程式碼當中。

此外也請注意指令碼當中的條件邏輯。請觀察清單 16-1 的程式碼。這是
一個 **switch** 陳述，會根據作業系統名稱決定 ISO 檔案的路徑。前一小節
的指令碼不需要這個寫法，是因為所有內容都已寫死在原有指令碼中的
緣故。

由於 Install-PowerLabOperatingSystem 函式擁有 Operating System 這個參
數，因而具備了可以安裝其他作業系統所需的彈性。只需找出可以因應

各種作業系統的方式即可。像 switch 陳述就是很好的寫法，因為你可以輕易就在其中添加新的條件。

```
switch ($OperatingSystem) {
    'Server 2016' {
        $isoFilePath = "$IsoBaseFolderPath\en_windows_server_2016_x64_dvd_9718492.iso"
    }
    default {
        throw "Unrecognized input: [$_]"
    }
}
```

清單 16-1：使用 PowerShell 的 switch 邏輯

各位可以看出寫死的資料值是如何轉換為參數的。筆者要不厭其煩地再度強調：參數是建構得以重複使用指令碼的關鍵。各位應當儘可能地避免把資料寫死（hardcoding），並隨時注意任何需要在執行階段中變動的資料值（因此應當以變數取而代之！）。但或許你會自忖：萬一我只想在特定的時候才變更某件事物的資料值呢？各位應該也看到了多個具備預設值的參數。這樣一來就能將「典型資料值」寫成固定型態，必要時還可以改寫。

```
param
(
    [Parameter(Mandatory)]
    [string]$VmName,

    [Parameter()]
    [string]$OperatingSystem = 'Server 2016',

    [Parameter()]
    [ValidateSet('ServerStandardCore')]
    [string]$OperatingSystemEdition = 'ServerStandardCore',

    [Parameter()]
    [string]$DiskSize = 40GB,

    [Parameter()]
    [string]$VhdFormat = 'VHDX',

    [Parameter()]
    [string]$VhdType = 'Dynamic',
```

```
    [Parameter()]
    [string]$VhdPartitionStyle = 'GPT',

    [Parameter()]
    [string]$VhdBaseFolderPath = 'C:\PowerLab\VHDs',

    [Parameter()]
    [string]$IsoBaseFolderPath = 'C:\PowerLab\ISOs',

    [Parameter()]
    [string]$VhdPath
)
```

利用 Install-PowerLabOperatingSystem 函式，就可以把所有的內容整合在一行命令內，但同樣可以支援成打的各種組態。現在你手中有一個統合的程式碼單元，可以隨心所欲地呼叫，而完全不用改動到指令碼的任何一行內容！

把加密過的認證儲存在磁碟中

我們很快就可以結束這個階段的專案內容了，但在進入下個階段前，我們得繞一點路。這是因為我們要讓 PowerShell 從事一些需要身分認證（credential）的工作之故。指令碼中含有明文形式的敏感性資訊已經是常態（例如使用者名稱與密碼）。同樣地，一般也公認此舉在測試環境中見怪不怪（不過這是個壞習慣）。重點是，就算只是測試，也必須對安全措施有所警覺，這樣才能在測試內容轉移至正式環境時，仍能維持良好的安全性。

避免在指令碼中採用以明文儲存密碼，最簡單的方式就是將其加密為檔案。需要引用密碼時，指令碼就會將其解密、然後引用。幸好 PowerShell 提供了原生的處理方式：也就是 Windows Data Protection API。這個 API 暗藏在 Get-Credential 命令底下，而該命令會傳回 PSCredential 物件。

Get-Credential 會建立一個加密形式的密碼，亦即所謂的安全字串（*secure string*）。一旦變成安全字串格式，整個身分認證物件就可以安心地用 Export-CliXml 命令儲存到磁碟當中；反過來也可以用 Import-CliXml

命令讀出 PSCredential 物件。這些命令構成了一套便利的密碼管理系統。

在 PowerShell 中處理身分認證時，必須儲存 PSCredential 物件，這是一個大多數的 Credential 參數都可以接受的物件類型。在先前的章節中，我們要不是以互動方式鍵入使用者名稱和密碼、要不就是將其儲存為明文。但現在既然都已說明到這個地步了，我們就來玩一遍真的，替你的身分認證加上一層保護。

將 PSCredential 物件以加密格式儲存到磁碟中，需要用到 Export-CliXml 命令。透過 Get-Credential 命令，各位可以產生出一個要求輸入使用者名稱和密碼的提示，然後再把結果以管線轉給 Export-CliXml，它會依照路徑儲存 XML 檔案，如清單 16-2 所示。

```
Get-Credential | Export-CliXml  -Path C:\DomainCredential.xml
```

清單 16-2：將認證匯出至檔案

如果打開 XML 檔案，看起來會像這樣：

```
<TN RefId="0">
  <T>System.Management.Automation.PSCredential</T>
  <T>System.Object</T>
  </TN>
  <ToString>System.Management.Automation.PSCredential</ToString>
  <Props>
  <S N="UserName">userhere</S>
  <SS N="Password">ENCRYPTEDTEXTHERE</SS>
  </Props>
  </Obj>
</Objs>
```

現在身分認證已經儲存到磁碟裝置了，我們來看看如何在 PowerShell 中取用它。請利用 Import-CliXml 命令來解譯 XML 檔案、並產生 PSCredential 物件：

```
$cred = Import-Clixml -Path C:\DomainCredential.xml
$cred | Get-Member
```

```
TypeName: System.Management.Automation.PSCredential

Name                    MemberType Definition
----                    ---------- ----------
Equals                  Method     bool Equals(System.Object obj)
GetHashCode             Method     int GetHashCode()
GetNetworkCredential    Method     System.Net.NetworkCredential
                                   GetNetworkCredential()
GetObjectData           Method     void GetObjectData(System.Runtime...
GetType                 Method     type GetType()
ToString                Method     string ToString()
Password                Property   securestring Password {get;}
UserName                Property   string UserName {get;}
```

以上我們設定了程式碼，這樣就只需把變數 $cred 傳給任何命令的 Credential 參數就行了。現在程式碼的運作就像當初你以互動方式輸入一樣。這個手法短小精悍，但我們還是不會在正式環境中這樣做，因為加密文字的使用者，必須同時也是解密的人（這不符加密運作的應有邏輯！）。單一使用者的需求限制了指令碼的擴展性，但是至少在測試環境中這一招運作得很好！

PowerShell Direct

現在回到我們的專案。通常當你在 PowerShell 中對著遠端電腦執行命令時，都會直接使用 PowerShell 的遠端功能。這一點顯然只有在你的本地端電腦和遠端主機間有網路連結時才會成立。要是能簡化這種配置方式、完全不用擔心網路連線的話，豈不更妙？說真的，其實做得到呢！

由於所有的自動化都是在一部 Windows Server 2016 的 Hyper-V 主機上運作的，因此有一個非常有用的功能可以利用：它就是 PowerShell Direct。*PowerShell Direct* 是 PowerShell 的一項新功能，它允許我們對於寄居於 Hyper-V 伺服器上的任何 VM 執行命令，而毋須仰賴網路連線。也毋須事先在 VM 裡設置網路介面（儘管我們已經在應答的 XML 檔案裡設置好了）。

為便利起見，我們可以捨棄完整的網路堆疊、轉而利用 PowerShell Direct。先前之所以沒有這樣做，是因為我們採用了 workgroup 環境，而在 workgroup 環境中設定 PowerShell 的遠端功能並非易事（相關指南

請參閱 *http://bit.ly/2D3deUX*）。能夠把 PowerShell 搞定當然是最好，不過，在此我選擇的是最簡單的方法。

PowerShell Direct 幾乎跟 PowerShell 的功能無甚差異。它也可以對遠端電腦執行命令。通常這類動作會需要仰賴網路連線，但有了 PowerShell Direct，網路便不再是必要條件。要透過 PowerShell 的遠端功能對遠端電腦發出一道命令，通常必須用到 Invoke-Command 命令，以及它的 ComputerName 和 ScriptBlock 兩個參數：

```
Invoke-Command -ComputerName LABDC -ScriptBlock { hostname }
```

要是改用 PowerShell Direct，ComputerName 參數就會變成 VMName，而且要再加上另一個 Credential 參數。以上的程式碼可以修改成以 PowerShell Direct 執行的相同內容，唯一的差別是它必須在 Hyper-V 主機當中執行。為簡化起見，我們先把 PSCredential 物件儲存在磁碟裡，這樣將來需要用到它時，就不必再提示要求輸入身分認證。

以本例來說，我們會以 powerlabuser 為使用者名稱、密碼是 P@$$w0rd12：

```
Get-Credential | Export-CliXml -Path C:\PowerLab\VMCredential.xml
```

現在我們已經把身分認證儲存到磁碟中了，可以將其解密並傳給 Invoke-Command 使用。我們會讀出儲存在 VMCredential.xml 中的身分認證內容，再利用這個身分認證對 LABDC VM 執行命令：

```
$cred = Import-CliXml -Path C:\PowerLab\VMCredential.xml
Invoke-Command -VMName LABDC -ScriptBlock { hostname } -Credential $cred
```

要讓 PowerShell Direct 得以運作，需要在檯面下運作很多事物，但筆者在此不多著墨。要詳究 PowerShell Direct 的運作原理，建議大家參考微軟發表的這篇文章：

https://docs.microsoft.com/virtualization/hyper-v-on-windows/user-guide/powershell-direct

Pester 測試

現在是執行本章最重要內容的時刻了：我們要用 Pester 測試來檢驗所有的功能！我們會遵循前一章的樣式，但在這裡筆者必須指出測試中的某個特別的部份。本章的 Pester 測試會分成 BeforeAll 和 AfterAll 兩個區塊（清單 16-3）。

正如名稱字面所示，BeforeAll 區塊中含有在所有測試內容開始前就需要執行的程式碼，而 AfterAll 區塊含有的則是在所有測試內容結束後才要執行的程式碼。這些區塊的用意在於，因為我們會需要多次以 PowerShell Direct 連接 LABDC 伺服器。而 PowerShell 的遠端功能和 PowerShell Direct 都支援工作階段的概念，這是我們在第一篇的第 8 章就學過的。我們不會重複地以 Invoke-Command 多次建立多個工作階段，而是改成事先定義好單一工作階段，然後重複使用它。

```
BeforeAll {
    $cred = Import-CliXml -Path C:\PowerLab\VMCredential.xml
    $session = New-PSSession -VMName 'LABDC' -Credential $cred
}

AfterAll {
    $session | Remove-PSSession
}
```

清單 16-3：*Automating Operating System Installs.Tests.ps1* —— BeforeAll 和 AfterAll 區塊

在上例中各位會注意到，在 BeforeAll 區塊中，我們會把儲存在磁碟中的身分認證拿出來解密。一旦還原了身分認證物件，就可以將它和 VM 名稱當成參數的引數，傳遞給 New-PSSession 命令。這和第一篇第 8 章時使用的 New-PSSession 完全一樣，只不過這裡我們把 PowerShell 遠端功能的 ComputerName 參數，換成了 PowerShell Direct 的 VMName。

這樣會建立一個單一的遠端工作階段，可以在測試中盡情地一再使用。當所有的測試做完後，Pester 就會走到 AfterAll 區塊，然後移除工作階段。比起重複地建立一樣的工作階段，尤其是可能要建立為數成打的、甚至上百的測試用工作階段以便遠端執行程式時，這個手法要有效率得多。

本章資源中其餘的指令碼都很直接，也都遵循一貫的使用模式。如各位所見，所有的 Pester 測試都傳回正面的結果，亦即一切都在正軌上！

```
PS> Invoke-Pester 'C:\PowerShellForSysadmins\Part III\Automating Operating System
Installs\Automating Operating System Installs.Tests.ps1'
Describing Automating Operating System Installs
    Context Virtual Disk
     [+] created a VHDX called LABDC in the expected location 305ms
     [+] attached the virtual disk to the expected VM 164ms
     [+] creates the expected VHDX format 79ms
     [+] creates the expected VHDX partition style 373ms
     [+] creates the expected VHDX type 114ms
     [+] creates the VHDDX of the expected size 104ms
    Context Operating System
     [+] sets the expected IP defined in the unattend XML file 1.07s
     [+] deploys the expected Windows version 65ms
Tests completed in 2.28s
Passed: 8 Failed: 0 Skipped: 0 Pending: 0 Inconclusive: 0
```

總結

在本章中，各位又稍微深入了我們的真實專案。利用前一章建置的 VM，分別以手動和自動的方式對它部署了作業系統。此時你已擁有一部功能完備的 Windows 虛擬機器，可以展開旅程的下一階段了。

在下一章裡，我們要在你的 LABDC VM 上設置 Active Directory（AD）。設置 AD 會產生一個全新的 AD 樹系和網域，而到了本書尾聲，該網域還會加入更多部伺服器。

17

部署 Active Directory

在這一章裡，各位要把過去在第二篇中所學的內容拿出來，開始在自己的虛擬機器上部署服務。由於有許多其他的服務必須仰賴 Active Directory，因此各位必須先部署一個 Active Directory 的樹系及網域。AD 樹系與網域將會支援以下其餘章節中所需的認證和授權。

假設各位已經依序讀到這裡，也在先前章節中開通了 LABDC VM，就可以利用該 VM，把 Active Directory 樹系的開通完全自動化，並填入若干測試用的使用者和群組。

先決條件

在本章中，各位會用到第 16 章時製作的內容，因此筆者假設各位手邊應該都已經設好 LABDC 這個 VM，而且也已經透過自動應答的 XML 檔案裝好 Windows Server 2016、並正常開機執行。這樣就可以繼續讀下去了！如果沒有，也還是可以讀完這一章的範例，了解如何將 Active Directory 自動化，但是請留意：你無法完全照著本章的內容作練習。

一如既往，請執行相關用於先決條件檢測的 Pester 測試，確保本章所需的所有先決條件都已經達到。

建立一個 Active Directory 樹系

好消息是，如果把所有的內容都考慮一遍，其實 PowerShell 建立一個 AD 樹系算是相當容易的。說到頭來，基本上只會用到兩個命令：Install-WindowsFeature 和 Install-ADDSForest。只需借助這兩道命令，就能建立一個單一樹系、建立一個網域、並開通一部作為網域控制站的 Windows 伺服器。

由於各位是在實驗環境中使用這個樹系，因此必須自行建立若干組織單位、使用者、以及群組。也由於這是測試環境之故，因此你不會處理到什麼正式環境的物件。不需煩惱正式環境與實驗環境間的 AD 物件同步問題，相反地，你還可以盡情地建立各種物件來模擬正式環境，讓自己有可以練習的物件。

建置一個樹系

建立全新的 AD 樹系時，首先要做的便是升級一部網域控制站，它是 Active Directory 中最根本的共同基礎。要讓 AD 環境運作，必須至少要有一部網域控制站存在。

由於這只是實驗環境，網域控制站只要有一部就夠了。但是在現實世界中，網域控制站至少要有兩部，以便達成容錯備援的效果。然而由於實驗環境中沒什麼資料，而且很快地就可以從無到有建立出一個新環境，因此一部網域控制站應該就足敷所需。在開始動手之前，必須先在 LABDC 伺服器上安裝 AD-Domain-Services 這個 Windows 功能。安裝該 Windows 功能的命令是 Install-WindowsFeature：

```
PS> $cred = Import-CliXml -Path C:\PowerLab\VMCredential.xml
PS> Invoke-Command -VMName 'LABDC' -Credential $cred -ScriptBlock
{ Install-windowsfeature -Name AD-Domain-Services }
PSComputerName : LABDC RunspaceId : 33d41d5e-50f3-475e-a624-4cc407858715
Success : True RestartNeeded : No FeatureResult : {Active Directory Domain
Services, Remote Server Administration Tools, Active Directory module for
Windows PowerShell, AD DS and AD LDS Tools...} ExitCode : Success ```
```

提交連接伺服器所需的身分認證後，就可以用 Invoke-Command 從遠端對
伺服器執行 Install-WindowsFeature 命令了。

一旦功能安裝完畢，就可以用 Install-ADDSForest 命令建立樹系了。這道
命令是 ActiveDirectory 的 PowerShell 模組的一部份，它會隨著剛剛安裝
的功能一併裝到 LABDC 當中。

要建立樹系，唯一會用到的命令就是 Install-ADDSForest 命令。你需要
在程式碼中為它填入幾個參數，內容通常就是以 GUI 設定 AD 樹系時會
用到的。這個樹系會命名為 powerlab.local。由於網域控制站是 Windows
Server 2016，請把網域和樹系的模式都訂為 WinThreshold。至於有哪些
引數值可供 DomainMode 和 ForestMode 選擇，請參閱 *Install-ADDSForest* 的
微軟文件網頁（*http://bit.ly/2rrgUi6*）。

將安全字串儲存至磁碟

當我們在第 16 章需要用到身分認證時，就把 PSCredential 存起來，然後
在命令中重複引用。這次我們不再用到 PSCredential 物件了。而是改用
單一的加密字串。

在這個小節裡各位會學到，必須把安全模式所需的管理員密碼傳給命
令。就跟任何一種敏感資訊一樣，這需要用到加密處理。就跟前一章
一樣，各位必須利用 Export-CliXml 和 Import-CliXml，將 PowerShell 物
件儲存至檔案系統中、或是從檔案系統中取出 PowerShell 物件。但是
此時我們使用的方式再也不是 Get-Credential，而是改以 ConvertTo-
SecureString 建立安全字串，然後將這個物件儲存成 XML 檔案，作為設
定密碼的參考。

要把加密過的密碼儲存成檔案，必須把明文格式的密碼傳給 ConvertTo-
SecureString，再繼續把安全字串物件交給 Export-CliXml 做匯出，製作
成可以事後參照的檔案：

```
PS> 'P@$$w0rd12' | ConvertTo-SecureString -Force -AsPlainText
| Export-Clixml -Path C:\PowerLab\SafeModeAdministratorPassword.xml
```

各位看得出來，一旦把安全模式的管理員密碼儲存至磁碟，就可以再用 Import-CliXml 將它讀出來，然後填到 Install-ADDSForest 執行所需的參數雜湊表中。以下程式碼會完成上述動作：

```
PS>
$safeModePw = Import-CliXml -Path C:\PowerLab\SafeModeAdministratorPassword.xml
PS> $cred = Import-CliXml -Path C:\PowerLab\VMCredential.xml
PS> $forestParams = @{
>>> DomainName                    = 'powerlab.local' ❶
>>> DomainMode                    = 'WinThreshold' ❷
>>> ForestMode                    = 'WinThreshold'
>>> Confirm                       = $false ❸
>>> SafeModeAdministratorPassword = $safeModePw ❹
>>> WarningAction                 = 'Ignore' ❺
>>>}
PS> Invoke-Command -VMName 'LABDC' -Credential $cred -ScriptBlock { $null =
Install-ADDSForest @using:forestParams }
```

以上，我們建立了名為 *powerlab.local* 的樹系和網域 ❶，而且 Windows Server 2016 的網域功能級別（functional level）是 WinThreshold ❷，同時將所有的確認動作都跳過 ❸，還要把安全模式的管理員密碼傳入 ❹，最後還忽略通常會出現的無關警訊 ❺。

自動化建置樹系

現在各位已經知道如何手動建置 AD 樹系了，讓我們學著如何在 PowerLab 模組中建立函式，藉以完成一樣的工作。一旦有了函式，就可以在各式各樣的環境中引用它。

在本章資源所包含的 PowerLab 模組當中，各位可以找到一個名為 New-PowerLabActiveDirectoryForest 的函式，如清單 17-1 所示。譯註 1

```
function New-PowerLabActiveDirectoryForest {
    param(
        [Parameter(Mandatory)]
        [pscredential]$Credential,
```

譯註 1　請注意 New-PowerLabActiveDirectoryForest 函式已把上面手動安裝 AD 服務功能的 Install-windowsfature、和設置 AD 樹系的 Install-ADDSForest 這兩個指令合併在一個 scriptblock 裡了。

```
    [Parameter(Mandatory)]
    [string]$SafeModePassword,

    [Parameter()]
    [string]$VMName = 'LABDC',

    [Parameter()]
    [string]$DomainName = 'powerlab.local',

    [Parameter()]
    [string]$DomainMode = 'WinThreshold',

    [Parameter()]
    [string]$ForestMode = 'WinThreshold'
)

Invoke-Command -VMName $VMName -Credential $Credential -ScriptBlock {

    Install-windowsfeature -Name AD-Domain-Services

    $forestParams = @{
        DomainName                    = $using:DomainName
        DomainMode                    = $using:DomainMode
        ForestMode                    = $using:ForestMode
        Confirm                       = $false
        SafeModeAdministratorPassword = (ConvertTo-SecureString
                                         -AsPlainText -String $using:
                                         SafeModePassword -Force)
        WarningAction                 = 'Ignore'
    }
    $null = Install-ADDSForest @forestParams
}
}
```

清單 17-1：*New-PowerLabActiveDirectoryForest* 函式

如前一章的做法，只需把你準備傳給 ActiveDirectory 模組中 Install-ADDSForest 命令的若干參數定義出來就好。注意其中定義了兩個 Mandatory（強制）的參數，分別是 credential 和 password。正如其名，這些參數就是用來傳入身分認證和密碼的（因為其他的參數都有自己的預設值，因此使用者就算不為參數指定引數也無所謂）。各位使用這個函式時，必須讀入已儲存的管理員密碼和身分認證，然後將它們傳給函式做為引數：

```
PS> $safeModePw = Import-CliXml -Path C:\PowerLab\SafeModeAdministratorPassword.xml
PS> $cred = Import-CliXml -Path C:\PowerLab\VMCredential.xml
PS> New-PowerLabActiveDirectoryForest -Credential $cred -SafeModePassword $safeModePw
```

執行程式碼之後，就會有一個功能完整的 Active 網域樹系了！好吧，是
應該會有，我們還須找出可以確認樹系確已上線運作的方式。最好的測
試方式就是查詢網域中一定會有的預設使用者帳號。然而此舉需要先建
立另一個 PSCredential 物件存在磁碟中；因為 LABDC 現在已經是網域控
制站了，必須改以網域使用者帳戶登入（而不再是本機使用者帳戶）。
亦即你必須以 powerlab.local\administrator 和 P@$$wOrd12 這個密碼來建
立和儲存另一個身分認證，並匯出成為 *C:\PowerLab\DomainCredential.xml*
檔案。記住，這個動作只需做一次。然後就可以用這個新建的身分認證
連接到 LABDC 了：

```
PS> Get-Credential | Export-CliXml -Path C:\PowerLab\DomainCredential.xml
```

一旦建立了網域身分認證，就可以在 PowerLab 模組中建立另一個函式，
名為 Test-PowerLabActiveDirectoryForest。目前這個函式還只會蒐集網
域的所有使用者資料，但因為函式中包含了這個功能，隨後還可以隨一
己喜好自訂測試內容：

```
function Test-PowerLabActiveDirectoryForest {
    param(
        [Parameter(Mandatory)]
        [pscredential]$Credential,

        [Parameter()]
        [string]$VMName = 'LABDC'
    )

    Invoke-Command -Credential $Credential -ScriptBlock {Get-AdUser -Filter * }
}
```

請試著用網域身分認證和 LABDC 這個 VMName 去執行 Test-
PowerLabActiveDirectoryForest 函式。如果能看到若干使用者帳號出現，
恭喜各位！樹系確實已經建好了！你現在已成功地設置了一個網域控制
站，也有儲存好的身分認證可以連到工作群組裡的所有 VM 了（以及任
何日後會加入網域的 VM）。

填入網域資料

在前一個小節裡，各位已在 PowerLab 中設立了一個網域控制站。現在我們該來建立若干測試用的物件了。由於這是測試用的實驗環境，各位必須建立各種物件（組織單位 OU、使用者、群組等等），才能涵蓋測試所需。當然各位可以執行必要的命令，以便一一建立個別的物件，但是因為要建立的物件為數甚眾，自無必要手動一一建立。比較好的作法當然是把時間花在將所有內容定義成一個檔案，再讀取檔案中的每個物件，並據以一次全數建立起來。

處理物件的表單

我們在這裡可以用 Excel 表單作為輸入用的檔案，藉以定義需要輸入的所有物件。本章的下載資源中便含有一份這樣的 Excel 表單。開啟該檔案，會看到兩個工作表：分別是 Users（圖 17-1）和 Groups（圖 17-2）。

	A	B	C	D	E
1	OUName	UserName	FirstName	LastName	MemberOf
2	PowerLab Users	jjones	Joe	Jones	Accounting
3	PowerLab Users	abertram	Adam	Bertram	Accounting
4	PowerLab Users	jhicks	Jeff	Hicks	Accounting
5	PowerLab Users	dtrump	Donald	Trump	Human Resources
6	PowerLab Users	alincoln	Abraham	Lincoln	Human Resources
7	PowerLab Users	bobama	Barack	Obama	Human Resources
8	PowerLab Users	tjefferson	Thomas	Jefferson	IT
9	PowerLab Users	bclinton	Bill	Clinton	IT
10	PowerLab Users	gbush	George	Bush	IT
11	PowerLab Users	rreagan	Ronald	Reagan	IT

圖 17-1：Users 工作表

	A	B	C
1	OUName	GroupName	Type
2	PowerLab Groups	Accounting	DomainLocal
3	PowerLab Groups	Human Resources	DomainLocal
4	PowerLab Groups	IT	DomainLocal

圖 17-2：Groups 工作表

工作表中的每一列都對應一個需要建立的使用者或群組，每一列也都含有需要以 PowerShell 讀入的資訊。如第 10 章所述，原生的 PowerShell 是無法處理 Excel 表單的，除非費過一番手腳。然而，靠著廣受愛用的社群自製模組，這個動作會簡化許多。利用 ImportExcel 模組，就可以讀取 Excel 裡的工作表，跟處理原生的 CSV 檔案一樣簡單。要取得 ImportExcel，請到 PowerShell Gallery 下載，指令是 **Install-Module -Name ImportExcel**。經過幾項安全提示後，應該就可以完成模組的下載和安裝，可以放心使用了。

現在讓我們引用 Import-Excel 命令來剖析工作表中的資料列：

```
PS> Import-Excel -Path 'C:\Program Files\WindowsPowerShell\Modules\PowerLab\
ActiveDirectoryObjects.xlsx' -WorksheetName Users | Format-Table -AutoSize

OUName            UserName    FirstName LastName  MemberOf
------            --------    --------- --------  --------
PowerLab Users jjones        Joe       Jones     Accounting
PowerLab Users abertram      Adam      Bertram   Accounting
PowerLab Users jhicks        Jeff      Hicks     Accounting
PowerLab Users dtrump        Donald    Trump     Human Resources
PowerLab Users alincoln      Abraham   Lincoln   Human Resources
PowerLab Users bobama        Barack    Obama     Human Resources
PowerLab Users tjefferson    Thomas    Jefferson IT
PowerLab Users bclinton      Bill      Clinton   IT
PowerLab Users gbush         George    Bush      IT
PowerLab Users rreagan       Ronald    Reagan    IT

PS> Import-Excel -Path 'C:\Program Files\WindowsPowerShell\Modules\PowerLab\
ActiveDirectoryObjects.xlsx' -WorksheetName Groups | Format-Table -AutoSize

OUName             GroupName        Type
------             ---------        ----
PowerLab Groups Accounting         DomainLocal
PowerLab Groups Human Resources DomainLocal
PowerLab Groups IT                 DomainLocal
```

利用 Path 和 WorksheetName 兩個參數，就可以輕易地取出所需的資料。注意我們在此還使用了 Format-Table 命令。這個命令有用之處，在於它可以讓 PowerShell 以資料表的格式來顯示輸出結果。而參數 AutoSize 則會令 PowerShell 試著把一整筆資料壓縮在主控台的同一行空間裡顯示。

制訂計畫

能夠從 Excel 表單讀取資料之後，下一步是找出如何處理資料的方式。各位還是可以在 PowerLab 模組中建立一個函式，藉以讀取每一筆資料，然後採取必要的行動。此處所有的程式碼都可以參照 PowerLab 模組中的 New-PowerLabActiveDirectoryTestObject 函式。

這個函式要比先前的指令碼複雜一些，因此我們不妨先將它分解成幾個容易理解的部份，這樣一來就便於稍後回頭過來參照。此一動作看似無關緊要，但是當各位日後撰寫規模更為龐大的函式時，開頭時做好這種計畫，在漫長的開發過程中會省下很多時間。我們的函式需要完成以下事項：

1. 讀取 Excel 表單中的兩個工作表，取出所有每一筆使用者和群組的資料。

2. 讀取兩個工作表中的每一筆資料，並先確認使用者或群組所屬的 OU 是否已經存在。

3. 如果 OU 不存在，就建立該 OU。

4. 如果使用者／群組不存在，就建立該使用者或群組。

5. 僅限使用者：將使用者加入到指定的群組當中。

現在你已經有一份大綱了，我們動手寫程式吧。

建立 AD 物件

第一個回合，我們要從易處著手：先專注在單一物件的處理上。這個節骨眼還不用考慮到所有的細節，免得把事情弄得太複雜。我們先前已經在 LABDC 上裝好了 AD-Domain-Services 這個 Windows 功能，因此現在等於也裝好了 ActiveDirectory 模組。該模組提供了為數眾多的有用命令（如第 11 章所述）。其中許多命令都遵循相同的命名慣例，以 Get/Set/New-AD 作為開頭。

我們先建立一個空白的 .ps1 指令碼檔案，然後用它來撰寫。首先請根據西前的綱要，寫下你所需的實質命令（清單 17-2）：

```
Get-ADOrganizationalUnit -Filter "Name -eq 'OUName'" ❶
New-ADOrganizationalUnit -Name OUName ❷

Get-ADGroup -Filter "Name -eq 'GroupName'" ❸
New-ADGroup -Name $group.OUName -GroupScope GroupScope -Path "OU=$group.GroupName,DC=powerlab,DC=local" ❹

Get-ADUser -Filter "Name -eq 'UserName'" ❺
New-ADUser -Name $user.UserName -Path "OU=$($user.OUName),DC=powerlab,DC=local" ❻
```

```
UserName -in (Get-ADGroupMember -Identity GroupName).Name ❼
Add-ADGroupMember -Identity GroupName -Members UserName ❽
```

清單 17-2：找出可以建置使用者與群組的程式碼來檢視

各位應當還記得，我們的計畫就是要先檢查 OU 是否存在 ❶，如果該 OU
不存在才建立一個新的 ❷。然後對每一個群組都做一樣的事：首先確認
它是否存在 ❸，然後當群組不存在時便建立一個新的群組 ❹。再對每一
個使用者都做一樣的事：檢查使用者存在與否 ❺，然後當使用者不存在
時建立一個新的使用者 ❻。最後，針對使用者，檢查它們是否已是表單
中所指定群組的成員 ❼，如果還不是，就加入該群組 ❽。

現在欠缺的只剩下條件架構了，請參照清單 17-3 學習如何著手。

```
if (-not (Get-ADOrganizationalUnit -Filter "Name -eq 'OUName'")) {
    New-ADOrganizationalUnit -Name OUName
}

if (-not (Get-ADGroup -Filter "Name -eq 'GroupName'")) {
    New-ADGroup -Name GroupName -GroupScope GroupScope -Path "OU=OUName,DC=powerlab,DC=local"
}

if (-not (Get-ADUser -Filter "Name -eq 'UserName'")) {
    New-ADUser -Name $user.UserName -Path "OU=OUName,DC=powerlab,DC=local"
}

if (UserName -notin (Get-AdGroupMember -Identity GroupName).Name) {
    Add-ADGroupMember -Identity GroupName -Members UserName
}
```

清單 17-3：在使用者與群組還不存在時建立它們

現在你已經寫出可以處理個別使用者或群組物件的程式碼了，接下來必
須設法處理全部的物件。不過在處理前，還得先把工作表裡的所有物件
讀出來。我們先前已經學過哪一個命令可以做到這一點；現在必須把所
有讀出的資料列放進變數當中。放進變數這個動作其實在技術上並非必
要，但它卻可以讓你的程式碼看起來更明白易懂。我們要用 foreach 迴圈
讀出所有的使用者和群組，如清單 17-4 所示。

```
$users = Import-Excel -Path 'C:\Program Files\WindowsPowerShell\Modules\
PowerLab\ActiveDirectoryObjects.xlsx' -WorksheetName Users
$groups = Import-Excel -Path 'C:\Program Files\WindowsPowerShell\Modules\
PowerLab\ActiveDirectoryObjects.xlsx' -WorksheetName Groups

foreach ($group in $groups) {

}

foreach ($user in $users) {

}
```

清單 17-4：建構程式碼架構以便迭代每一列的 Excel 工作表資料

現在我們手上已經有可以迭代每一筆資料的迴圈架構了，讓我們把原本
處理個別物件的程式碼拿來處理成列的資料，如清單 17-5 所示。

```
$users = Import-Excel -Path 'C:\Program Files\WindowsPowerShell\Modules\PowerLab\
ActiveDirectoryObjects.xlsx' -WorksheetName Users
$groups = Import-Excel -Path 'C:\Program Files\WindowsPowerShell\Modules\PowerLab\
ActiveDirectoryObjects.xlsx' -WorksheetName Groups

foreach ($group in $groups) {
    if (-not (Get-ADOrganizationalUnit -Filter "Name -eq '$($group.OUName)'")) {
        New-ADOrganizationalUnit -Name $group.OUName
    }
    if (-not (Get-ADGroup -Filter "Name -eq '$($group.GroupName)'")) {
        New-ADGroup -Name $group.GroupName -GroupScope $group.Type
        -Path "OU=$($group.OUName),DC=powerlab,DC=local"
    }
}

foreach ($user in $users) {
    if (-not (Get-ADOrganizationalUnit -Filter "Name -eq '$($user.OUName)'")) {
        New-ADOrganizationalUnit -Name $user.OUName
    }
    if (-not (Get-ADUser -Filter "Name -eq '$($user.UserName)'")) {
        New-ADUser -Name $user.UserName -Path "OU=$($user.OUName),DC=powerlab,DC=local"
    }
    if ($user.UserName -notin (Get-ADGroupMember -Identity $user.MemberOf).Name) {
        Add-ADGroupMember -Identity $user.MemberOf -Members $user.UserName
    }
}
```

清單 17-5：對所有的使用者和群組執行任務

快要完成了！指令碼已經功能完備，但是現在你還是在 LABDC 伺服器上執行它。由於我們不會在 LABDC 這部 VM 本身直接執行相關程式碼，故而必須將它包裝在指令碼區塊當中，再交由 Invoke-Command 從遠端要求 LABDC 執行。由於我們的目的就是要把建立樹系和填入資料合併、畢其功於一役，因此就必須把先前「拼湊出來的」程式碼放到 New-PowerLabActiveDirectoryTestObject 函式當中。該函式的完整程式碼可從本章資源網頁下載。

建立和執行 Pester 測試

現在建立新 AD 樹系和填入資料用的程式碼已經完備了。接下來要建立一些 Pester 測試、藉以驗證事事都如預期般運作了。要測試的內容有點多，因此 Pester 測試會較以往更為繁瑣。就像先前建立 *New-PowerLabActiveDirectoryTestObject.ps1* 指令碼時一樣，首先，建立一個 Pester 測試用的指令碼檔案，再開始思考測試的案例。如果你需要複習一下 Pester 的內容，請回頭參閱第 9 章。筆者已經把本章所需的所有 Pester 測試都放到本章的資源網頁裡了。

要測試什麼呢？本章其實已經完成以下動作：

- 建立一個新的 AD 樹系
- 建立一個新的 AD 網域
- 建立 AD 使用者
- 建立 AD 群組
- 建立 AD 中的組織單位

在判定物件確實存在後，就必須確認這些物件的屬性都是正確的（也就是你執行建置用命令時作為參數的引數而傳入的屬性）。以下就是我們要檢查的屬性：

表 17-1：AD 的屬性

物件	屬性
AD 樹系	DomainName, DomainMode, ForestMode, 安全模式管理員密碼
AD 使用者	使用者的 OU 路徑、名稱、群組成員
AD 群組	群組的 OU 路徑、名稱
AD 組織單元	名稱

有了這張表，就等於已經有了執行 Pester 測試時要查閱的內容概要了。如果你仔細讀一遍 *Creating an Active Directory Forest.Tests.ps1* 指令碼，就會發現筆者刻意將這些項目分拆成不同的段落（context），然後分段測試各個段落中的所有屬性。

為了讓各位體會這些測試的建置內容，請參閱清單 17-6 的測試程式碼片段。

```
context 'Domain' {
❶  $domain = Invoke-Command -Session $session -ScriptBlock { Get-AdDomain }
   $forest = Invoke-Command -Session $session -ScriptBlock { Get-AdForest }

❷  it "the domain mode should be Windows2016Domain" {
       $domain.DomainMode | should be 'Windows2016Domain'
   }

   it "the forest mode should be WinThreshold" {
       $forest.ForestMode | should be 'Windows2016Forest'
   }

   it "the domain name should be powerlab.local" {
       $domain.Name | should be 'powerlab'
   }
}
```

清單 17-6：部份的 Pester 測試程式碼

在這個段落中，我們要確認 AD 網域和樹系都已正確建立。因此首先要取得網域和樹系的資訊 ❶；然後才能驗證該網域和樹系是否具備你預期中應有的屬性 ❷。

執行整段測試，應該會得到像這樣的輸出：

```
Describing Active Directory Forest
   Context Domain
    [+] the domain mode should be Windows2016Domain 933ms
    [+] the forest mode should be WinThreshold 25ms
    [+] the domain name should be powerlab.local 41ms
   Context Organizational Units
    [+] the OU [PowerLab Users] should exist 85ms
    [+] the OU [PowerLab Groups] should exist 37ms
   Context Users
    [+] the user [jjones] should exist 74ms
```

```
[+] the user [jjones] should be in the [PowerLab Users] OU 35ms
[+] the user [jjones] should be in the [Accounting] group 121ms
[+] the user [abertram] should exist 39ms
[+] the user [abertram] should be in the [PowerLab Users] OU 30ms
[+] the user [abertram] should be in the [Accounting] group 80ms
[+] the user [jhicks] should exist 39ms
[+] the user [jhicks] should be in the [PowerLab Users] OU 32ms
[+] the user [jhicks] should be in the [Accounting] group 81ms
[+] the user [dtrump] should exist 45ms
[+] the user [dtrump] should be in the [PowerLab Users] OU 40ms
[+] the user [dtrump] should be in the [Human Resources] group 84ms
[+] the user [alincoln] should exist 41ms
[+] the user [alincoln] should be in the [PowerLab Users] OU 40ms
[+] the user [alincoln] should be in the [Human Resources] group 125ms
[+] the user [bobama] should exist 44ms
[+] the user [bobama] should be in the [PowerLab Users] OU 27ms
[+] the user [bobama] should be in the [Human Resources] group 92ms
[+] the user [tjefferson] should exist 58ms
[+] the user [tjefferson] should be in the [PowerLab Users] OU 33ms
[+] the user [tjefferson] should be in the [IT] group 73ms
[+] the user [bclinton] should exist 47ms
[+] the user [bclinton] should be in the [PowerLab Users] OU 29ms
[+] the user [bclinton] should be in the [IT] group 84ms
[+] the user [gbush] should exist 50ms
[+] the user [gbush] should be in the [PowerLab Users] OU 33ms
[+] the user [gbush] should be in the [IT] group 78ms
[+] the user [rreagan] should exist 56ms
[+] the user [rreagan] should be in the [PowerLab Users] OU 30ms
[+] the user [rreagan] should be in the [IT] group 78ms
Context Groups
[+] the group [Accounting] should exist 71ms
[+] the group [Accounting] should be in the [PowerLab Groups] OU 42ms
[+] the group [Human Resources] should exist 48ms
[+] the group [Human Resources] should be in the [PowerLab Groups] OU 29ms
[+] the group [IT] should exist 51ms
[+] the group [IT] should be in the [PowerLab Groups] OU 31ms
```

總結

在本章當中，我們在建置自己的 PowerLab 過程中更進一步，加入了 Active Directory 樹系、然後又為網域填入了若干物件。我們分別以手動和自動的方式練習這個動作，在過程中也複習了若干在先前章節中學過的 Active Directory 觀念。最後，我們又再度深入了 Pester 測試，學著如何建置適合自己需求的自訂測試內容。在下一章當中，我們要繼續這個 PowerLab 專案，學習如何自動化安裝和設定一套 SQL 伺服器。

18

建立和設定 SQL 伺服器

到目前為止，我們已經寫出了一個模組，可以用它來產生 VM、將 VHD 掛進 VM、安裝 Windows、並建立 AD 樹系（還填入資料）。讓我們再加上一項功能：部署一套 SQL 伺服器。由於 VM 已經開通、作業系統也裝好、甚至還有網域控制站從旁襄助，多數苦工其實都已經完成了！現在只需利用既有的函式，小小調校一下，就可以安裝 SQL 伺服器了。

先決條件

綜觀本章，筆者都假設各位讀者始終隨著第 3 篇的內容亦步亦趨，已建立至少一部名為 LABDC 的 VM，並在 Hyper-V 主機上運行。這部 VM 擔任網域控制站，而且由於各位必須再度透過 PowerShell Direct 連結多部 VM，因而必須把網域的身分認證儲存在 Hyper-V 主機當中備用（作法請複習第 17 章）。

各位會用到一個名為 *ManuallyCreatingASqlServer.ps1* 的指令碼（本章資源中有附），它說明了如何正確地自動化部署一套 SQL 伺服器。這段指令碼內含有本章所涵蓋的全部大致步驟，同時也是讀者們閱讀本章時最好的參考資料。

一如既往，請各位執行本章所附的先決條件測試指令碼，判斷是否以滿足所有必要的先決條件。

建立虛擬機器

一提到 *SQL Server*，大家大概腦中浮現的就是資料庫、工作（jobs）和資料表。但在走到這一步之前，其實還有很多背景工作要完成：對於入門者來說，每一個 SQL 資料庫都必須存在於一部伺服器上，而每一部伺服器都會需要一套作業系統，每套作業系統又需要有實體或虛擬機器可以安裝。還好各位在前幾章已經設置了一個正好符合建立 SQL 伺服器所需條件的環境。

一個好的自動化設計者，會將所有必要的相依條件分解開來。然後將這些相依條件一一自動化，再於相依條件之上運作。這個過程將會產生一個模組化的、彼此獨立的架構，具備可以在任何時刻輕鬆地進行變更的彈性。

各位最終尋求的，是一個可以透過標準組態建置任意數量 SQL 伺服器的函式。但在那一步之前，我們必須分階段思考這個專案。基礎的第一層自然是虛擬機器。我們先處理這一塊。

由於各位已在自己的 PowerLab 模組中寫出了可以建置 VM 的函式，當然就可以派上用場。由於各位所建置的所有實驗環境都相仿，也因為各位已經在 New-PowerLabVM 函式中替許多開通 VM 所需的參數訂好了預設值，因而這裡執行該函式時只需提供一個引數值，就是 VM 的名稱：

```
PS> New-PowerLabVm -Name 'SQLSRV'
```

安裝作業系統

就像這樣，現在我們有一台 VM 可以使用了，很簡單。我們繼續進行。
利用第 16 章時撰寫的命令，試著在 VM 中安裝 Windows：

```
PS> Install-PowerLabOperatingSystem -VmName 'SQLSRV'
Get-Item : Cannot find path 'C:\Program Files\WindowsPowerShell\Modules\
powerlab\SQLSRV.xml' because it does not exist.
At C:\Program Files\WindowsPowerShell\Modules\powerlab\PowerLab.psm1:138
char:16
+     $answerFile = Get-Item -Path "$PSScriptRoot\$VMName.xml"
+                   ~~~~~~~~~~~~~~~~~~~~~~~~~~~~~~~~~~~~~~~~~~~
    + CategoryInfo          : ObjectNotFound: (C:\Program File...rlab\SQLSRV
                              .xml:String) [Get-Item], ItemNotFoundException
```

哎呀！我們剛剛利用了 PowerLab 模組中既有的 Install-
PowerLabOperatingSystem 函式來替新 SQL 伺服器的前身安裝作業系統，
但卻只得到一堆錯誤訊息，因為函式嘗試在模組資料夾中參照一個名為
SQLSRV.xml 的檔案。建置此一函式時，我們假設在模組資料夾中應該會
有一個 *.xml* 檔案存在。在建構這類大型自動化專案時，路徑不符或檔案
不存在的問題是稀鬆平常的。像這樣需要因應的相依問題一定會很多。
而消除這類錯誤的唯一辦法，就是儘量在各種場合中多執行幾次程式
碼，藉以找出問題。

加上一個 Windows 的自動應答檔案

Install-PowerLabOperatingSystem 函式假設，在 PowerLab 模組資料夾底
下總會有一個 *.xml* 檔案可供參照。亦即在你可以部署新伺服器之前，得
先確認有這樣一個檔案放在正確的位置。還好我們已經寫過一個 LABDC
用過的自動應答檔案，所以這一步應該不難。首先我們要把既有的
LABDC.xml 複製一份、並更名為 *SQLSRV.xml* 檔案：

```
PS> Copy-Item -Path 'C:\Program Files\WindowsPowerShell\Modules\PowerLab\LABDC.xml' -Destination
'C:\Program Files\WindowsPowerShell\Modules\PowerLab\SQLSRV.xml'
```

做好副本之後，就可以開始改寫副本：也就是更改主機名稱和 IP 位址。
由於我們的實驗環境中沒有 DHCP 伺服器，故而只能採用靜態 IP 位址，

還要改用另一組 IP（如果可以動態取得 IP，需要改的就只有主機名稱了）。

開啟 *C:\Program Files\WindowsPowerShell\Modules\SQLSRV.xml* 檔案，找出其中定義主機名稱的段落。找到後請把 ComputerName 的標籤值改掉。就像這樣：

```
<component name="Microsoft-Windows-Shell-Setup" processorArchitecture="amd64"
publicKeyToken="31bf3856ad364e35" language="neutral" versionScope="nonSxS"
    xmlns:wcm="http://schemas.microsoft.com/WMIConfig/2002/State"
    xmlns:xsi="http://www.w3.org/2001/XMLSchema-instance">
    <ComputerName>SQLSRV</ComputerName>
    <ProductKey>XXXXXXXXXXXXX</ProductKey>
</component>
```

接著請找出 UnicastIPAddress 的節點段落。它看起來會像以下範例一樣。注意筆者使用的是 10.0.0.0/24 的網路，因此會為 SQL 伺服器選擇 10.0.0.101 這樣的 IP 位址：

```
<UnicastIpAddresses>
    <IpAddress wcm:action="add" wcm:keyValue="1">10.0.0.101</IpAddress>
</UnicastIpAddresses>
```

把 *SQLSRV.xml* 存檔，再次嘗試執行 Install-PowerLabOperatingSystem 命令。這次它應該可以順利執行，並針對我們的 SQLSRV VM 部署一套 Windows Server 2016 了。

將 SQL 伺服器加入網域

我們已經裝好作業系統，現在該來啟動 VM 了。這個步驟十分簡單，只須執行 Start-VM 這個 cmdlet 即可：

```
PS> Start-VM -Name SQLSRV
```

現在我們要坐等 VM 上線（可能要等上一會）。至於要等多久？視情況而定，變數甚多。但你可以做的事，就是利用 while 迴圈持續地檢查，確認 VM 是否已經可接受連線。

我們現在來看看如何持續檢查。清單 18-1 的程式碼先取得了一個儲存在本地端的 VM 身分認證。只要取得身分認證，就可以建立 while 迴圈，持續地執行 Invoke-Command，直到傳回某些內容為止。

注意這裡使用了 Ignore 作為參數 ErrorAction 的引數值。這是必要措施，因為如果不加上這個引數，當 Invoke-Command 還無法與遠端電腦連線時，它會傳回非終止錯誤訊息。為避免主控台一直被這類意料當中的訊息轟炸（因為我們預期可能還無法連線，所以一直有錯誤也是意料中事），就必須先忽略這些錯誤訊息。

```
$vmCred = Import-CliXml -Path 'C:\PowerLab\VMCredential.xml'
while (-not (Invoke-Command -VmName SQLSRV -ScriptBlock { 1 } -Credential
$vmCred -ErrorAction Ignore)) {
    Start-Sleep -Seconds 10
    Write-Host 'Waiting for SQLSRV to come up...'
}
```

清單 18-1：檢查伺服器是否已上線，並忽略事前的錯誤訊息

一旦 VM 終於上線，就該將它加入到前一章建立的網域裡了。將電腦加入網域的命令是 Add-Computer。由於所有命令都是從 Hyper-V 主機執行的，也不需仰賴網路連通性，這時必須把 Add-Computer 命令包在一個 scriptblock 裡，並透過 PowerShell Direct 來執行，以便直接對 SQLSRV 本身執行加入網域的動作。

注意清單 18-2，你必須用到兩個身分認證：分別是 VM 的本地使用者帳戶、和網域帳戶。這時必須先以 Invoke-Command 連接到 SQLSRV 伺服器本身。一旦連上，就可以把網域身分認證傳給網域控制站、獲得認證後，就可以把電腦帳戶加入網域了。

```
$domainCred = Import-CliXml -Path 'C:\PowerLab\DomainCredential.xml'
$addParams = @{
    DomainName = 'powerlab.local'
    Credential = $domainCred
    Restart    = $true
    Force      = $true
}
Invoke-Command -VMName SQLSRV -ScriptBlock { Add-Computer ❶@using:addParams } -Credential
$vmCred
```

清單 18-2：取得身分認證並將電腦加入網域

注意關鍵字 $using❶。這個關鍵字允許將局部變數 $addParams 傳給位於 SQLSRV 伺服器的遠端工作階段。

由於你為 Add-Computer 命令加上了 Restart 作為開關參數，該 VM 會在完成加入網域動作後立即重新開機。此時因為你仍有後續動作要做，必須等到重啟完畢為止。然而此時必須先等到伺服器先完全關機、再等到它重新啟動完畢（清單 18-3），由於指令碼動作很快，如果你不先等伺服器完全關閉就執行上線檢查，就等於讓指令碼冒著不明現況繼續執行的風險，因為伺服器此時還在線上、只是因為它還未完成重啟的關機部份動作而已！

```
❶ while (Invoke-Command -VmName SQLSRV -ScriptBlock { 1 } -Credential $vmCred
  -ErrorAction Ignore) {
  ❷ Start-Sleep -Seconds 10
  ❸ Write-Host 'Waiting for SQLSRV to go down...'
  }

❶ while (-not (Invoke-Command -VmName SQLSRV -ScriptBlock { 1 } -Credential
  $domainCred -ErrorAction Ignore)) {
  ❷ Start-Sleep -Seconds 10
  ❸ Write-Host 'Waiting for SQLSRV to come up...'
  }
```

清單 18-3：等待伺服器重啟

首先我們要檢查 SQLSRV 伺服器是否已經關閉，做法很簡單，只是傳入一個數字 1 給 SQLSRV❶。如果收到輸出，代表 PowerShell 的遠端功能還在運作，因此 SQLSRV 必然還未關閉。如果有輸出傳回，就會暫停 10 秒鐘 ❷，並對主控台寫出一道訊息 ❸，然後再試一次。

然後是相反的動作，測試 SQLSRV 是否已經恢復上線。一旦指令碼釋放對主控台的控制，SQLSRV 應該就已恢復上線，而且也已加入 Active Directory 網域了。

安裝 SQL Server

現在我們做好 VM、也安裝了 Windows Server 2016，可以著手安裝 SQL Server 2016 了。這是一段新的程式碼！直到目前為止我們都還在利用先前既有的程式碼；但現在眼前是全新的路線了。

以 PowerShell 安裝 SQL Server 需要以下步驟：

1. 複製和微調 SQL Server 所需的應答檔案

2. 把 SQL Server 的 ISO 檔案複製一份到新 SQL 伺服器的前身

3. 把 ISO 檔案掛載到新 SQL 伺服器的前身

4. 執行 SQL Server 安裝檔

5. 卸載 ISO 檔案

6. 清空 SQL 伺服器上的任何暫存檔

將檔案複製到 SQL 伺服器

按照計畫，第一步是要把一些檔案複製到新 SQL 伺服器的前身。你必須要取得安裝 SQL Server 所需的自動應答檔案[譯註1]、以及內含 SQL Server 安裝內容的 ISO 檔案。由於我們假設你的 Hyper-V 主機到 VM 之間沒有網路互通[譯註2]，必須再度動用 PowerShell Direct 來複製檔案。而要以 PowerShell Direct 複製檔案，必須先對遠端 VM 建立一個工作階段。在下列程式碼中，我們利用 Credential 參數向 SQLSRV 要求認證。如果你的伺服器和目前操作的電腦屬於同一個 Active Directory 網域，Credential 參數就可以省略[譯註3]。

```
$session = New-PSSession -VMName 'SQLSRV' -Credential $domainCred
```

接著就要把我們從 PowerLab 模組目錄中找到、作為範本的 *SQLServer.ini* 複製一份：

```
$sqlServerAnswerFilePath = "C:\Program Files\WindowsPowerShell\Modules\
PowerLab\SqlServer.ini"
$tempFile = Copy-Item -Path $sqlServerAnswerFilePath -Destination "C:\Program
Files\WindowsPowerShell\Modules\PowerLab\temp.ini" -PassThru
```

譯註 1　這個應答的 ini 檔案放在資源網頁 GitHub 的
PowerShellForSysadmins > Part III > Creating SQL Servers From Scratch > Module
底下的 SQLServer.ini。

譯註 2　VM 所選的網段與 Hyper-V 主機網段間可能沒有路由。

譯註 3　你下達指令的電腦必須跟伺服器同屬一個網域，且登入目前電腦的帳戶需要具備
網域管理員權限，才可以省略 Credential 參數。

複製好以後，就可以修改檔案，以便調適成符合自己所需的組態。還記得先前每當要更改一些資料時，都必須手動開啟應答的 XML 檔案嗎？事實上無此必要，因為這個動作也可以自動化！

在清單 18-4 裡，我們把複製的範本檔案內容讀出來，然後在其中找出 SQLSVCACCOUNT=、SQLSVCPASSWORD= 和 SQLSYSADMINACCOUNTS= 等字串，再把這些字串用特定的值取代。一旦完成，就等於已把複製的範本檔案改寫成你需要的新內容了。

```
$configContents = Get-Content -Path $tempFile.FullName -Raw
$configContents = $configContents.Replace('SQLSVCACCOUNT=""',
'SQLSVCACCOUNT="PowerLabUser"')
$configContents = $configContents.Replace('SQLSVCPASSWORD=""',
'SQLSVCPASSWORD="P@$$wOrd12"')
$configContents = $configContents.Replace('SQLSYSADMINACCOUNTS=""',
'SQLSYSADMINACCOUNTS=
"PowerLabUser"')
Set-Content -Path $tempFile.FullName -Value $configContents
```

清單 18-4：取代字串

一旦把應答檔案和 SQL Server 的 ISO 檔案都複製到 SQL 伺服器的前身，就可以執行安裝檔了：

```
$copyParams = @{
    Path        = $tempFile.FullName
    Destination = 'C:\'
    ToSession   = $session
}
Copy-Item @copyParams
Remove-Item -Path $tempFile.FullName -ErrorAction Ignore
Copy-Item -Path 'C:\PowerLab\ISOs\en_sql_server_2016_standard_x64_dvd_8701871.iso'
-Destination 'C:\' -Force -ToSession $session
```

執行 SQL Server 的安裝檔

終於要安裝 SQL Server 了。清單 18-5 包含了安裝用的程式碼：

```
$icmParams = @{
    Session      = $session
    ArgumentList = $tempFile.Name
    ScriptBlock  = {
```

```
        $image = Mount-DiskImage -ImagePath 'C:\en_sql_server_2016_standard_x64_
dvd_8701871
        .iso' -PassThru ❶
        $installerPath = "$(($image | Get-Volume).DriveLetter):"
        $null = & "$installerPath\setup.exe" "/CONFIGURATIONFILE=C:\$($using:tempFile.
Name)" ❷
        $image | Dismount-DiskImage ❸
    }
}
Invoke-Command @icmParams
```

清單 18-5：利用 *Invoke-Command* 掛載、安裝和卸載映像檔

首先，我們把複製過來的 ISO 檔案掛載至遠端機器 ❶；然後執行安裝檔，同時把不需要的輸出訊息拋往 $null ❷；一旦全部完成，就把映像檔卸載 ❸。在清單 18-5 當中，我們以 **Invoke-Command** 和 PowerShell Direct 來遠端執行以上的命令。

當 SQL Server 安裝完畢，就必須進行若干清理工作，以便把先前所有複製到位的暫存檔都清除，如清單 18-6 所示。

```
$scriptBlock = { Remove-Item -Path 'C:\en_sql_server_2016_standard_x64_dvd
_8701871.iso', "C:\$($using:tempFile.Name)" -Recurse -ErrorAction Ignore }
Invoke-Command -ScriptBlock $scriptBlock -Session $session
$session | Remove-PSSession
```

清單 18-6：清理暫存檔

此時 SQL Server 已經設置完畢，可以使用了！只花了 64 行的 PowerShell 程式碼，就從無到有建立了一套微軟的 SQL Server，唯一預先存在的只有 Hyper-V 主機。這是一個了不起的過程，但是它還有改善空間。

SQL 伺服器自動化

苦工已經做得差不多了。目前各位手中已經有一段可以完成所有必要動作的指令碼。接下來要做的，就是把這一切功能變成 PowerLab 模組裡的各個函式：亦即 **New-PowerLabSqlServer** 和 **Install-PowerLabOperatingSystem** 這兩個函式。

我們會遵照前一章建立的基本自動化模式：首先針對所有共通的動作建立函式，然後在多處以變數取代直接寫入資料值的方式來呼叫函式。成果就是可供使用者呼叫的單一函式。清單 18-7 就是先以既有的函式建好 VM 和 VHD，再建立第二個 Install-PowerLabSQLServer 函式，把安裝 SQL Server 的程式碼納入：

```
function New-PowerLabSqlServer {
    [CmdletBinding()]
    param
    (
        [Parameter(Mandatory)]
        [string]$Name,

        [Parameter(Mandatory)]
        [pscredential]$DomainCredential,

        [Parameter(Mandatory)]
        [pscredential]$VMCredential,

        [Parameter()]
        [string]$VMPath = 'C:\PowerLab\VMs',

        [Parameter()]
        [int64]$Memory = 2GB,

        [Parameter()]
        [string]$Switch = 'PowerLab',

        [Parameter()]
        [int]$Generation = 2,

        [Parameter()]
        [string]$DomainName = 'powerlab.local',

        [Parameter()]
        [string]$AnswerFilePath = "C:\Program Files\WindowsPowerShell\Modules\PowerLab
        \SqlServer.ini"
    )

    ## 建置 VM
    $vmparams = @{
        Name       = $Name
        Path       = $VmPath
        Memory     = $Memory
        Switch     = $Switch
        Generation = $Generation
```

```
    }
    New-PowerLabVm @vmParams
    Install-PowerLabOperatingSystem -VmName $Name
    Start-VM -Name $Name
    Wait-Server -Name $Name -Status Online -Credential $VMCredential譯註 4
    $addParams = @{
        DomainName = $DomainName
        Credential = $DomainCredential
        Restart    = $true
        Force      = $true
    Invoke-Command -VMName $Name -ScriptBlock { Add-Computer @using:addParams }
-Credential
    $VMCredential
    Wait-Server -Name $Name -Status Offline -Credential $VMCredential
    Wait-Server -Name $Name -Status Online -Credential $DomainCredential
    $tempFile = Copy-Item -Path $AnswerFilePath
    -Destination "C:\Program Files\WindowsPowerShell\Modules\PowerLab\temp.ini"
-PassThru

    Install-PowerLabSqlServer -ComputerName $Name -AnswerFilePath $tempFile.FullName
}
```

清單 18-7：*New-PowerLabSqlServer* 函式

> 大部分的程式碼應該都不難懂：幾乎都是我們剛剛寫好的相同程式碼，
> 只不過這裡將其包裝成函式，以便重複運用罷了！筆者使用了相同的程
> 式主體，但是把直接寫入的資料值改成了參數化的屬性，以便各位可以
> 用自訂的參數來安裝 SQL Server，不用費心改動程式碼內容。
>
> 把特定的指令碼轉化成一般的函式，不但可以保存程式碼的功能，也可
> 以讓它在將來遇到不同的狀況、需要你更改部署 SQL 伺服器的方式時，
> 會更富於彈性。
>
> 我們來看一下 **Install-PowerLabSqlServer** 程式碼中的重要片段，如清單
> 18-8 所示。

```
function Install-PowerLabSqlServer {
❶ param
    (
        [Parameter(Mandatory)]
```

譯註 4　Wait-Server 這個函式是 PowerLab 模組中自訂的，其功能在於將先前判斷伺服器是否
　　　　已離線或已上線的 while 程式碼片段加以一般化，以便同時適用於兩種情境判斷。

```
        [string]$ComputerName,

        [Parameter(Mandatory)]
        [pscredential]$DomainCredential,

        [Parameter(Mandatory)]
        [string]$AnswerFilePath,

        [Parameter()]
        [string]$IsoFilePath = 'C:\PowerLab\ISOs\en_sql_server_2016_standard
        _x64_dvd_8701871.iso'
    )

    try {
        --snip--

    ❷ ## 測試是否已經安裝過 SQL Server
        if (Invoke-Command -Session $session
        -ScriptBlock { Get-Service -Name 'MSSQLSERVER' -ErrorAction Ignore }) {
            Write-Verbose -Message 'SQL Server is already installed'
        } else {

        ❸ PrepareSqlServerInstallConfigFile -Path $AnswerFilePath

        --snip--
    } catch {
        $PSCmdlet.ThrowTerminatingError($_)
    }
}
```

清單 18-8：PowerLab 模組裡的 *Install-PowerLabSqlServer* 函式

所有安裝 SQL Server 所需的輸入內容皆已參數化 ❶，並加上了錯誤處理步驟 ❷，以便先檢查是否已經裝有 SQL Server。這樣一來就可以一再地執行函式；就算真的已經裝有 SQL Server，函式也會跳過安裝動作。

注意我們在此引用了一個陌生的函式：PrepareSqlServerInstallConfigFile ❸。這是一個輔助用的函式（*helper function*）：這類函式規模不大，但卻包含了一些你需要反覆使用的功能（輔助函式通常都不為使用者所知，多半是隱身在後端使用）。雖然並非一定要這樣做，但是把像這樣的小幅功能分拆出來，卻可以讓程式更易於閱讀。函式的慣例通常是一次只做「一件事」。而一件事當然是一種主觀的說法，但是各位寫程式的經驗越多，就越容易培養出直覺，知道何時該把功能過於繁瑣的函式進行析出和分拆。

清單 18-9 就是 `PrepareSqlServerInstallConfigFile` 函式的程式碼。

```
function PrepareSqlServerInstallConfigFile {
    [CmdletBinding()]
    param
    (
        [Parameter(Mandatory)]
        [string]$Path,

        [Parameter()]
        [string]$ServiceAccountName = 'PowerLabUser',

        [Parameter()]
        [string]$ServiceAccountPassword = 'P@$$w0rd12',

        [Parameter()]
        [string]$SysAdminAccountName = 'PowerLabUser'
    )

    $configContents = Get-Content -Path $Path -Raw
    $configContents = $configContents.Replace('SQLSVCACCOUNT=""',
    ('SQLSVCACCOUNT="{0}"' -f $ServiceAccountName))
    $configContents = $configContents.Replace('SQLSVCPASSWORD=""',
    ('SQLSVCPASSWORD="{0}"' -f $ServiceAccountPassword))
    $configContents = $configContents.Replace('SQLSYSADMINACCOUNTS=""',
    ('SQLSYSADMINACCOUNTS="{0}"' -f $SysAdminAccountName))
    Set-Content -Path $Path -Value $configContents
}
```

清單 18-9：輔助函式 *PrepareSqlServerInstallConfigFile*

各位應該認得這段程式碼，因為它正是從清單 18-4 變化而來；更改的部份也不多。只不過加上了參數 Path、ServiceAccountName、ServiceAccountPassword 和 SysAdminAccountName，以變數取代各種屬性，代替原本直接寫入的資料值。

現在所有的函式都到位了，從無到有帶出一部 SQL 伺服器不過是指顧間事。執行以下程式碼，就可以完成任務！

```
PS> $vmCred = Import-CliXml -Path 'C:\PowerLab\VMCredential.xml'
PS> $domainCred = Import-CliXml -Path 'C:\PowerLab\DomainCredential.xml'
PS> New-PowerLabSqlServer -Name SQLSRV -DomainCredential $domainCred -VMCredential $vmCred
```

執行 Pester 測試

又到了測試的時間。執行一些 Pester 測試，檢視適才新增的內容。以本章來說，我們在既有的 SQLSRV VM 上安裝了 SQL Server。在安裝時並未加上太多設定，許多甚至都指沿用了預設值，因此 Pester 需要測試的內容不多：首先必須確認 SQL Server 確實已經安裝，其次必須確認安裝時以自動應答檔案填入的組態內容是否都存在。若要確認這一點，可以檢查是否有 PowerLabUser 這個具備 SQL 伺服器 sysadmin 角色的帳戶存在、同時也檢查 SQL Server 的服務是不是以 PowerLabUser 這個帳戶執行：

```
PS> Invoke-Pester 'C:\PowerShellForSysAdmins\Part III\Creating SQL Servers From
Scratch\Creating SQL Servers From Scratch.Tests.ps1'

Describing SQLSRV
    Context SQL Server installation
     [+] SQL Server is installed 4.33s
    Context SQL Server configuration
     [+] PowerLabUser holds the sysadmin role 275ms
     [+] the MSSQLSERVER is running under the PowerLabUser account 63ms
Tests completed in 6.28s
Passed: 3 Failed: 0 Skipped: 0 Pending: 0 Inconclusive: 0
```

每樣事物都檢查完畢，一切順利！

總結

在本章當中，各位終於目睹了一個更生動的案例，知道 PowerShell 的能耐。以前一章的工作為基礎，我們為自動化過程加上了最後一層：在作業系統之上安裝軟體（SQL Server），而作業系統「這一層」又位於虛擬機器之上。這種手法與過去幾章的方式相同。先用一個簡單的例子想出所需的程式碼寫法；再將程式碼封裝成可以重複使用的格式，並置入到 PowerLab 模組當中，於是只需幾行命令，就可以隨意建置任何數量的 SQL 伺服器了！

下一章要做一點不一樣的事情：重新檢視已經寫好的程式碼，並進行重構（refactor）。我們要導入一些良好的程式設計習慣，並確認現有的模組都已就緒，然後才繼續進展到第 20 章的最後部份。

19

重構程式碼

在前一章當中，各位只憑藉著一台既有的 hypervisor 主機、一個作業系統 ISO 檔案、再加上一點程式碼，就建構出了一台作為 SQL 伺服器的 VM。這個動作意味著我們必須把許多在先前章節中寫好的函式串在一起。但在本章裡，各位要做一點不一樣的事情：暫時不再為 PowerLab 模組添加新功能，而是深入重讀自己的程式碼，看看是否能把模組再改得更模組化一點。

當筆者提及模組化（*modular*）一詞時，意思是要把程式的功能分拆成可以重複使用的函式，以便因應各種情況。程式模組化的越徹底、其適用的彈性就越大。而它能適應的情況越多，就表示其可用性越好。若程式碼能模組化，意即我們可以隨意引用 New-PowerLabVM 或 Install-PowerLabOperatingSystem 等函式來安裝不同種類的伺服器（如下一章所述）。

重讀 New-PowerLabSqlServer

我們在第 18 章寫出了兩個主要函式：New-PowerLabSqlServer 和 Install-PowerLabSqlServer。此舉的目標在於設置一部 SQL 伺服器。但如果我們想把函式變得更通用呢？畢竟有很多種伺服器都和 SQL 伺服器一樣擁有共通的元件：虛擬機器、虛擬磁碟、Windows 作業系統等等。當然我們可以只複製既有的函式，然後把其中跟 SQL 有關的特定內容都換成你想安裝的伺服器類型就好。

但是筆者要提出異議。其實毋須如此麻煩。相反地，各位只需重構既有的程式碼即可。所謂的重構（*refactoring*），其實就是一個更改內部程式碼、但不影響其原有功能的過程；換言之，重構只與身為程式設計師的你有關係。重構讓程式碼變得更容易閱讀，也讓專案變得更容易持續成長，但不至於把太多令人頭痛的組織問題牽扯進來。

讓我們先重新閱覽剛寫好的 New-PowerLabSqlServer 函式，如清單 19-1 所示。

```
function New-PowerLabSqlServer {
    [CmdletBinding()]
❶ param
    (
        [Parameter(Mandatory)]
        [string]$Name,

        [Parameter(Mandatory)]
        [pscredential]$DomainCredential,

        [Parameter(Mandatory)]
        [pscredential]$VMCredential,

        [Parameter()]
        [string]$VMPath = 'C:\PowerLab\VMs',

        [Parameter()]
        [int64]$Memory = 4GB,

        [Parameter()]
        [string]$Switch = 'PowerLab',

        [Parameter()]
        [int]$Generation = 2,
```

```
        [Parameter()]
        [string]$DomainName = 'powerlab.local',

        [Parameter()]
    ❷ [string]$AnswerFilePath = "C:\Program Files\WindowsPowerShell\Modules
        \PowerLab\SqlServer.ini"
    )

❸ ## 建置 VM
    $vmparams = @{
        Name        = $Name
        Path        = $VmPath
        Memory      = $Memory
        Switch      = $Switch
        Generation  = $Generation
    }
    New-PowerLabVm @vmParams

    Install-PowerLabOperatingSystem -VmName $Name
    Start-VM -Name $Name

    Wait-Server -Name $Name -Status Online -Credential $VMCredential

  $addParams = @{
        DomainName = $DomainName
        Credential = $DomainCredential
        Restart    = $true
        Force      = $true
    }
    Invoke-Command -VMName $Name -ScriptBlock { Add-Computer
    @using:addParams } -Credential $VMCredential

    Wait-Server -Name $Name -Status Offline -Credential $VMCredential

❹ Wait-Server -Name $Name -Status Online -Credential $DomainCredential

    $tempFile = Copy-Item -Path $AnswerFilePath -Destination "C:\Program
    Files\WindowsPowerShell\Modules\PowerLab\temp.ini" -PassThru

    Install-PowerLabSqlServer -ComputerName $Name -AnswerFilePath $tempFile
    .FullName -DomainCredential $DomainCredential
}
```

清單 19-1：*New-PowerLabSqlServer* 函式

這段程式碼要如何重構？對於初學者來說，你已知道每部伺服器都需要虛擬機器、虛擬磁碟和作業系統；這部份需求完全由 ❸ 到 ❹ 之間的程式碼負責。

不過，如果各位看仔細一點，就會發覺我們無法只把這一段程式碼拉出來另外構成一個函式。其中所需的參數都已定義在 New-PowerLabSqlServer 函式的開頭。注意其中唯一跟 SQL 有關的就只有 AnswerFilePath ❷。

現在我們已經找出與 SQL 無關的程式碼，讓我們試著把無關的部份取出，另外建立一個新函式 New-PowerLabServer（清單 19-2）。

```
function New-PowerLabServer {
    [CmdletBinding()]
    param
    (
        [Parameter(Mandatory)]
        [string]$Name,

        [Parameter(Mandatory)]
        [pscredential]$DomainCredential,

        [Parameter(Mandatory)]
        [pscredential]$VMCredential,

        [Parameter()]
        [string]$VMPath = 'C:\PowerLab\VMs',

        [Parameter()]
        [int64]$Memory = 4GB,

        [Parameter()]
        [string]$Switch = 'PowerLab',

        [Parameter()]
        [int]$Generation = 2,

        [Parameter()]
        [string]$DomainName = 'powerlab.local'
    )

    ## 建置 VM
    $vmparams = @{
        Name        = $Name
        Path        = $VmPath
```

```
    Memory      = $Memory
    Switch      = $Switch
    Generation  = $Generation
}
New-PowerLabVm @vmParams

Install-PowerLabOperatingSystem -VmName $Name
Start-VM -Name $Name

Wait-Server -Name $Name -Status Online -Credential $VMCredential

$addParams = @{
    DomainName = $DomainName
    Credential = $DomainCredential
    Restart    = $true
    Force      = $true
}
Invoke-Command -VMName $Name
-ScriptBlock { Add-Computer @using:addParams } -Credential $VMCredential

Wait-Server -Name $Name -Status Offline -Credential $VMCredential

Wait-Server -Name $Name -Status Online -Credential $DomainCredential
}
```

清單 19-2：一個更一般化的 *New-PowerLabServer* 函式

寫到這裡，各位手上已經有一個一般化的伺服器開通函式了，但是
它還無法指出你要建立的是何種伺服器。讓我們另外加上一個參數
ServerType 來補足這一點：

```
[Parameter(Mandatory)]
[ValidateSet('SQL', 'Web', 'Generic')]
[string]$ServerType
```

注意新的 ValidateSet 參數。筆者會在本章稍後的篇幅裡介紹這個參數的
作用；目前各位只需知道，它的功用是確保使用者只能傳入尾隨的集合
中所包含的伺服器類型字串即可。

現在有了這個參數，我們便來應用看看。請在函式尾端插入一段 switch
陳述，以便依照使用者輸入的伺服器類型來執行不同的程式碼：

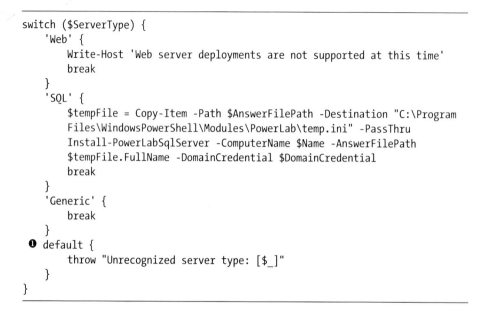

```
switch ($ServerType) {
    'Web' {
        Write-Host 'Web server deployments are not supported at this time'
        break
    }
    'SQL' {
        $tempFile = Copy-Item -Path $AnswerFilePath -Destination "C:\Program
        Files\WindowsPowerShell\Modules\PowerLab\temp.ini" -PassThru
        Install-PowerLabSqlServer -ComputerName $Name -AnswerFilePath
        $tempFile.FullName -DomainCredential $DomainCredential
        break
    }
    'Generic' {
        break
    }
❶ default {
        throw "Unrecognized server type: [$_]"
    }
}
```

各位可以看出來，以上處理了三種伺服器類型的輸入（同時也加上了一個 default 案例 ❶，以便對任何集合中未曾包含的輸入做例外處理）。但是還有一個問題。要填入安裝 SQL 用的程式碼，我們只是把原本 New-PowerLabSqlServer 函式裡的程式碼片段照樣搬過來而已，現在你等於引用了一個還不存在的內容：就是 AnswerFilePath 變數。還記得嗎？剛剛我們把一般化的部分程式碼搬到新函式時，這個變數定義並未跟著放到新函式中，亦即這時你無法引用它…還是其實有辦法做到？

運用參數集合

像上例的情形，如果你有一個參數可以決定其他必要參數的內容，PowerShell 有一個很方便的功能，稱為參數集合（*parameter sets*）。各位不妨把參數集合想成一個可以讓條件邏輯控制使用者輸入參數的功能。

在本例中，我們有三個參數集合：一組是用來開通 SQL 伺服器的，另一組是開通網頁伺服器的，最後一組則是通用的預設集合。

要定義參數集合，請使用 ParameterSetName 屬性、再加上其名稱。如下例所示：

```
[Parameter(Mandatory)]
[ValidateSet('SQL', 'Web', 'Generic')]
[string]$ServerType,

[Parameter(ParameterSetName = 'SQL')]
[string]$AnswerFilePath = "C:\Program Files\WindowsPowerShell\Modules\PowerLab\
SqlServer.ini",

[Parameter(ParameterSetName = 'Web')]
[switch]$NoDefaultWebsite
```

注意此時我們並未將 ServerType 設為參數集合。不屬於參數集合的參數，可以與任何一個集合搭配運用。基於這一點，我們可以把 ServerType 和 AnswerFilePath 搭配使用，或是讓前者搭配事後新建的網頁伺服器開通專用參數：CreateDefaultWebsite。

各位可以從這裡看出來，大部份的參數都保持不變，只有最後一個參數是按照你傳給參數 ServerType 的引數內容來決定的：

```
PS> New-PowerLabServer -Name WEBSRV -DomainCredential CredentialHere -VMCredential CredentialHere
-ServerType 'Web' -NoDefaultWebsite
PS> New-PowerLabServer -Name SQLSRV -DomainCredential CredentialHere -VMCredential CredentialHere
-ServerType 'SQL' -AnswerFilePath 'C:\OverridingTheDefaultPath\SqlServer.ini'
```

如果你嘗試混搭，同時使用來自兩個參數集合的參數，就會發生問題：

```
PS> New-PowerLabServer -Name SQLSRV -DomainCredential CredentialHere -VMCredential CredentialHere
-ServerType 'SQL' -NoDefaultWebsite -AnswerFilePath 'C:\OverridingTheDefaultPath\SqlServer.ini'

New-PowerLabServer : Parameter set cannot be resolved using the specified named parameters.
At line:1 char:1
+ New-PowerLabServer -Name SQLSRV -ServerType 'SQL' -NoDefaultWebsite - ...
+ ~~~~~~~~~~~~~~~~~~~~~~~~~~~~~~~~~~~~~~~~~~~~~~~~~~~~~~~~~~~~~~~~~~~~~~
    + CategoryInfo          : InvalidArgument: (:) [New-PowerLabServer],
ParameterBindingException
    + FullyQualifiedErrorId : AmbiguousParameterSet,New-PowerLabServer
```

那要是你嘗試相反的方式，既不使用 NoDefaultWebsite 參數、也不使用 AnswerFilePath 參數呢？

```
PS> New-PowerLabServer -Name SQLSRV -DomainCredential CredentialHere -VMCredential CredentialHere
-ServerType 'SQL'
New-PowerLabServer : Parameter set cannot be resolved using the specified named parameters.
At line:1 char:1
+ New-PowerLabServer -Name SQLSRV -DomainCredential $credential...
+ ~~~~~~~~~~~~~~~~~~~~~~~~~~~~~~~~~~~~~~~~~~~~~~~~~~~~~~~~~~~~~~~~~~~~~
    + CategoryInfo          : InvalidArgument: (:) [New-PowerLabServer], ParameterBindingException
    + FullyQualifiedErrorId : AmbiguousParameterSet,New-PowerLabServer

PS> New-PowerLabServer -Name WEBSRV -DomainCredential CredentialHere -VMCredential CredentialHere
-ServerType 'Web'
New-PowerLabServer : Parameter set cannot be resolved using the specified named parameters.
At line:1 char:1
+ New-PowerLabServer -Name WEBSRV -DomainCredential $credential...
+ ~~~~~~~~~~~~~~~~~~~~~~~~~~~~~~~~~~~~~~~~~~~~~~~~~~~~~~~~~~~~~~~~~~~~~
    + CategoryInfo          : InvalidArgument: (:) [New-PowerLabServer], ParameterBindingException
    + FullyQualifiedErrorId : AmbiguousParameterSet,New-PowerLabServer
```

兩者的錯誤訊息一致，都說是無法像先前一樣解析參數集合。這是何故？因為 PowerShell 不知道要使用哪一個參數集合！早先筆者說過，你會用到三個集合，但只定義了兩個。你必須還要再設置一個預設的參數集合。如先前看到的，並未明確屬於任一參數集合的參數，都可以與任何一個參數集合搭配使用。然而要是你定義了預設的參數集合，PowerShell 就會在你未曾指定任一參數集的情況下，使用預設參數集合裡的參數。

至於預設集合的內容，既訂的 SQL 或 web 兩個參數集合都可以擔任，抑或是你可以另訂一個沒有特定內容的參數集合，像是隨便你愛叫它什麼集合，它會是由其他未曾明確屬於任一集合的參數所構成的固定集合：

```
[CmdletBinding(DefaultParameterSetName = 'blah blah')]
```

假若你不想拿既有的參數集合來擔任預設的參數集合，也可以將其設為任意事物，而 PowerShell 會在沒有指定任一參數集合中的參數這個情況下，忽略另外兩個集合。而這正符合上例所需；就算未曾引用任一既有參數集合也無所謂，因為你已經用 ServerType 參數指出是否要部署一部網頁伺服器或 SQL 伺服器。

加上這組新的參數集合，New-PowerLabServer 的參數部份看起來就會像清單 19-3 這樣。

```
function New-PowerLabServer {
    [CmdletBinding(DefaultParameterSetName = 'Generic')]
    param
    (
        [Parameter(Mandatory)]
        [string]$Name,

        [Parameter(Mandatory)]
        [pscredential]$DomainCredential,

        [Parameter(Mandatory)]
        [pscredential]$VMCredential,

        [Parameter()]
        [string]$VMPath = 'C:\PowerLab\VMs',

        [Parameter()]
        [int64]$Memory = 4GB,

        [Parameter()]
        [string]$Switch = 'PowerLab',
        [Parameter()]
        [int]$Generation = 2,

        [Parameter()]
        [string]$DomainName = 'powerlab.local',

        [Parameter()]
        [ValidateSet('SQL', 'Web')]
        [string]$ServerType,

        [Parameter(ParameterSetName = 'SQL')]
        [string]$AnswerFilePath = "C:\Program Files\WindowsPowerShell\Modules
        \PowerLab\SqlServer.ini",

        [Parameter(ParameterSetName = 'Web')]
        [switch]$NoDefaultWebsite
    )
```

清單 19-3：新寫好的 *New-PowerLabServer* 函式

注意，以上改寫過的函式在模組中仍須參照 Install-PowerLabSqlServer 這個舊函式。它和我們剛剛改寫前的原始函式（New-PowerLabSqlServer）看起來類似，也同樣令人困擾。但它既沒有建立虛擬機器、也未曾安裝作業系統，Install-PowerLabSqlServer 只是在 New-PowerLabServer 執行完畢後接手，安裝了 SQL 伺服器軟體，並進行基本設定。也許你也想對這個函式來上一次重構。當然你可以嘗試，但是只要看過 Install-PowerLabSqlServer 裡的程式碼，各位便會體會出來，與其他類型的伺服器相較，安裝 SQL 伺服器的階段幾乎沒有共通性可言。它其實是一個相對獨特的過程，其實難以「一般化」後當成部署其他伺服器時的範本。

總結

現在我們的程式碼總算變得清爽許多，也完成重構了，只剩下負責開通 SQL 伺服器的函式。那豈不是又回到起點了嗎？當然不只如此！即使我們在此未曾更改任何程式碼的功能，也已經建立了必要的基礎，可以輕而易舉地加上建置網頁伺服器的程式碼（下一章就要來完成這件事）。

正如各位在本章所完成的內容，重構 PowerShell 的程式碼並非一蹴可及的過程。了解有哪些可以重構程式碼的方式，並決定何者最適合當下的處境，是需要累積經驗才能達到的境界。但是只要心中把握住程式設計師們慣稱的 *DRY* 法則（don't repeat yourself，不要自己蠻幹），就不會走冤枉路。最重要的是，遵循 DRY 法則，就是要避免重複的程式碼和多餘的功能。當本章稍早決定要另外建立一個一般化的函式，以便新建伺服器時，就已經遵循了以上的法則，我們並沒有選擇再寫出一個 New-PowerLab*InsertServerTypeHere*Server 的函式。

各位的辛苦並未白費。下一章，我們要回到自動化的主題，加上建置 IIS 網頁伺服器所需的程式碼。

20

建立和設定 IIS 網頁伺服器

各位已經來到自動化之旅的最後一程：網頁伺服器。在本章當中，各位會以微軟內建的 Windows 服務 *IIS* 為使用者提供網頁服務。只要你從事 IT 相關工作，一定會經常遇上 IIS 這個類型的伺服器，換句話說，這正是自動化發揮作用的好地方！就像先前的章節一樣，我們先從頭開始部署一套 IIS 網頁伺服器；然後再專注在如何安裝服務、以及其他基本的設定上。

如在先前章節中的作法，首先各位必須從頭自行部署一套 IIS 網頁伺服器；然後再專心把服務安裝起來、並套用若干基本組態。

先決條件

相信各位對於如何設置虛擬機器應該已經十分熟練，所以我們不再贅述相關步驟。筆者假設各位已經有一部虛擬主機，也已裝好 Windows Server。

```
PS> New-PowerLabServer -ServerType Generic
-DomainCredential (Import-Clixml -Path C:\PowerLab\DomainCredential.xml)
-VMCredential (Import-Clixml -Path C:\PowerLab\VMCredential.xml) -Name WEBSRV
```

注意這裡指定的伺服器類型是 Generic；這是因為我們還未加上對於網頁
伺服器的支援內容之故（本章結束就會有了！）。

安裝與設定

一旦建立了 VM，就可以設置 IIS 了。IIS 屬於 Windows 功能的一種，而
且幸運的是，PowerShell 有一個內建命令可以安裝 Windows 功能，它就
是 Add-WindowsFeature。如果你只想做一次性測試，當然可以只用一行指
令來安裝 IIS，然而我們的目的是要為較大型的專案寫出自動化功能，就
要像先前安裝 SQL 那樣來安裝 IIS：寫一個函式來負責此事。我們先將函
式命名為 Install-PowerLabWebServer。

這個新函式必須遵循先前建置 Install-PowerLabSqlServer 函式時所採用
的模型。當你開始為這個專案添加其他伺服器時就會發現，建立這樣一
個函式，就算函式的內容只有一行程式碼，也會使得模組的運用和修改
方面都簡單得多！

要儘量反映 Install-PowerLabSqlServer 函式的架構，最簡單的辦法就是
把函式中原有與 SQL Server 相關的程式碼拿掉，只留下一副「骨架」。
通常筆者會建議儘量再利用既有的函式，而不要從頭寫一個新的，但是
在本例中，我們的「目標」完全不一樣：新目標是 IIS 伺服器，而不是
SQL Server。因此重新寫一個函式反而比較合理。清單 20-1 的內容就
是只複製了 Install-PowerLabSqlServer 函式的部份程式碼，但是把「內
臟」挖掉，只留下共通的參數（這裡把 AnswerFilePath 和 IsoFilePath 兩
個參數拿掉，因為 IIS 用不到）。

```
function Install-PowerLabWebServer {
    param
    (
        [Parameter(Mandatory)]
        [string]$ComputerName,

        [Parameter(Mandatory)]
```

```
        [pscredential]$DomainCredential
    )

    $session = New-PSSession -VMName $ComputerName -Credential
$DomainCredential

    $session | Remove-PSSession
}
```

清單 20-1：*Install-PowerLabWebServer* 函式的「骨架」

至於如何設置 IIS 服務，其實很簡單：只須執行一行命令，安裝 Web-
Server 功能即可。請把以下的內容加入到 Install-PowerLabWebServer 函
式當中（清單 20-2）。

```
function Install-PowerLabWebServer {
    param
    (
        [Parameter(Mandatory)]
        [string]$ComputerName,

        [Parameter(Mandatory)]
        [pscredential]$DomainCredential
    )

    $session = New-PSSession -VMName $ComputerName -Credential $DomainCredential

    $null = Invoke-Command -Session $session -ScriptBlock { Add-WindowsFeature -Name 'Web-
Server' }

    $session | Remove-PSSession

}
```

清單 20-2：*Install-PowerLabWebServer* 函式

Install-PowerLabWebServer 函式已經初具雛形了！我們再來添加一些內
容吧！

從頭建置網頁伺服器

現在有了可以安裝 IIS 的函式，該來更新一下上一章的 New-PowerLabServer 函式了。還記得我們在第 19 章時已經重構過 New-PowerLabServer 函式，當時迫於我們手邊沒有安裝網頁伺服器所需的功能函式，只好在動作部份塞入一段只有顯示文字訊息功能的程式碼，作為預留位置。也就是 Write-Host 'Web server deployments are not supported at this time' 這一段。現在我們可以把這段文字替換成剛剛寫好的 Install-PowerLabWebServer 函式了：

```
PS> Install-PowerLabWebServer -ComputerName $Name -DomainCredential $DomainCredential
```

一旦替換完畢，帶起一部網頁伺服器的方式就跟 SQL 伺服器無甚差別了！

WebAdministration 模組

網頁伺服器啟動運作之後，就可以開始進行設定了。一旦伺服器啟用 Web-Server 功能，就會順便安裝 WebAdministration 這個 PowerShell 模組。該模組內含許多處理 IIS 物件所需的命令。Web-Server 功能還會建立一個名為 IIS 的 PowerShell 磁碟機（drive），讓各位可以管理一般的 IIS 物件（像是網站、應用程式集區等等）。

所謂的 *PowerShell 磁碟機*（*PowerShellDrive drive*），可以讓我們像瀏覽檔案系統一般審視資料來源（data sources）。接下來各位就會見識到，在操作網站、應用程式集區、以及許許多多其他的 IIS 物件時，就跟以往使用 Get-Item、Set-Item 和 Remove-Item 等常見的 cmdlet 去處理檔案和資料夾一樣。

要使用 IIS 磁碟機之前，必須先匯入 WebAdministration 模組。我們先遠端連線到新建立的網頁伺服器，再稍微試用一下這個模組，看看它有何能耐。

首先必須建立一個新的 PowerShell Direct 工作階段，然後以互動方式進入。先前我們多半是用 Invoke-Command 把命令發送給 VM。現在因為我們只是想研究看看可以對 IIS 做些什麼，故而改用 Enter-PSSession，以互動方式在工作階段裡進行操作：

```
PS> $session = New-PSSession -VMName WEBSRV
-Credential (Import-Clixml -Path C:\PowerLab\DomainCredential.xml)
PS> Enter-PSSession -Session $session
[WEBSRV]: PS> Import-Module WebAdministration
```

注意最後一行提示前面的 [WEBSRV] 字樣。這意味著現在我們操作的已經是 WEBSRV 主機，因此可以動手匯入 WebAdministration 模組。一旦該工作階段匯入了模組，就可以執行 Get-PSDrive，驗證 IIS 磁碟機是否已經建立：

```
[WEBSRV]: PS> Get-PSDrive -Name IIS | Format-Table -AutoSize

Name Used (GB) Free (GB) Provider          Root     CurrentLocation
---- --------- --------- --------          ----     ---------------
IIS                      WebAdministration \\WEBSRV
```

現在你可以像使用其他的 PowerShell 磁碟機一般，使用 IIS 這個 PowerShell 磁碟機：只需將其視為檔案系統，並利用 Get-ChildItem 這類的命令來列舉磁碟機中的項目、以 New-Item 來建立新項目、以 Set-Item 來修改項目。但光是執行這些操作還稱不上是自動化；這還只是透過命令列管理 IIS 而已。別忘了我們的目標是自動化！筆者之所以要在此提及 IIS 磁碟機，理由是它可以讓稍後的自動化任務方便許多。因為事後要是自動化的內容出現問題，需要進行除錯時，先了解如何手動操作總還是有好處的。

網站與應用程式集區

透過 WebAdministration 模組裡的命令，幾乎可以完成 IIS 的所有管理和自動化。我們先來看看如何處理網站和應用程式，因為系統管理員在現實生活中會接觸到的 IIS 元件，網站和應用程式集區是其中最常見的兩種。

網站

我們先從簡單的命令開始：Get-Website，它可以查詢 IIS，取得目前網頁伺服器上存在的所有網站清單：

```
[WEBSRV]: PS> Get-Website -Name 'Default Web Site'

Name             ID   State     Physical Path              Bindings
----             --   -----     -------------              --------
Default Web Site 1    Started   %SystemDrive%\inetpub\wwwroot  http *:80:
```

各位應該已經注意到，已經有一個網站存在了。這是因為 IIS 一裝好就已設置了一個名為 Default Web Site 的預設網站。但如果各位不想要使用這個預設網站，而是想另起爐灶。就可以用管線把 Get-Website 的輸出轉給 Remove-Website 處理：

```
[WEBSRV]: PS> Get-Website -Name 'Default Web Site' | Remove-Website
[WEBSRV]: PS> Get-Website
[WEBSRV]: PS>
```

如果各位想要自建網站，只需使用 New-Website 命令：

```
[WEBSRV]: PS> New-Website -Name PowerShellForSysAdmins
-PhysicalPath C:\inetpub\wwwroot\

Name             ID    State     Physical Path           Bindings
----             --    -----     -------------           --------
PowerShellForSys 1052  Stopped   C:\inetpub\wwwroot\     http *:80:
Admins           6591
```

如果網站的繫結（bindings）是關閉的，而你想要加以更改（假設是你想改成綁定一個非標準的通訊埠吧），就可以這樣使用 Set-WebBinding 命令：

```
[WEBSRV]: PS> Set-WebBinding -Name 'PowerShellForSysAdmins'
-BindingInformation "*:80:" -PropertyName Port -Value 81
[WEBSRV]: PS> Get-Website -Name PowerShellForSysAdmins

Name             ID    State     Physical Path           Bindings
----             --    -----     -------------           --------
```

```
PowerShellForSys 1052 Started    C:\inetpub\wwwroot\        http *:81:
Admins           6591
                 05
```

各位可以看到，網站可供更改的部份五花八門。我們再來看看可以如何操作應用程式集區。

應用程式集區

應用程式集區（*Application pools*）可以讓我們區隔不同的應用程式，就算它們共用同一部伺服器也無妨。這樣一來，就算有錯誤嚴重到毀掉其中一個應用程式，也不會拖累其他的應用程式。

應用程式集區的相關命令也跟網站的相關命令類似，從以下的程式碼就可以看出來。由於筆者手邊只有一個應用程式集區，也就是 DefaultAppPool。如果各位在你自己的網頁伺服器上執行以下命令，也許看到的內容會比這裡多：

```
[WEBSRV]: PS> Get-IISAppPool

Name                Status      CLR Ver  Pipeline Mode  Start Mode
----                ------      -------  -------------  ----------
DefaultAppPool      Started     v4.0     Integrated     OnDemand

[WEBSRV]: PS> Get-Command -Name *apppool*

CommandType     Name                    Version    Source
-----------     ----                    -------    ------
Cmdlet          Get-IISAppPool          1.0.0.0    IISAdministration
Cmdlet          Get-WebAppPoolState     1.0.0.0    WebAdministration
Cmdlet          New-WebAppPool          1.0.0.0    WebAdministration
Cmdlet          Remove-WebAppPool       1.0.0.0    WebAdministration
Cmdlet          Restart-WebAppPool      1.0.0.0    WebAdministration
Cmdlet          Start-WebAppPool        1.0.0.0    WebAdministration
Cmdlet          Stop-WebAppPool         1.0.0.0    WebAdministration
```

由於各位已經建立了自己的網站，不妨試著再建立一個應用程式集區，並將兩者綁在一起。要建立應用程式集區，請執行 New-WebAppPool 命令，如清單 20-3 所示。

```
[WEBSRV]: PS> New-WebAppPool -Name 'PowerShellForSysAdmins'

Name                      State      Applications
----                      -----      ------------
PowerShellForSysAdmins    Started
```

清單 20-3：建立一個應用程式集區

可惜的是，並不是每一個 IIS 的任務都有自己的內建 cmdlet 可用。要把應用程式集區指派給某個既有的網站，必須利用 Set-ItemProperty 命令，並修改 IIS 磁碟機裡的網站 ❶（如下例）。要讓這個更改生效，必須先把網站停下 ❷、再重啟 ❸ 網站。

```
❶ [WEBSRV]: PS> Set-ItemProperty -Path 'IIS:\Sites\PowerShellForSysAdmins'
   -Name 'ApplicationPool' -Value 'PowerShellForSysAdmins'
❷ [WEBSRV]: PS> Get-Website -Name PowerShellForSysAdmins | Stop-WebSite
❸ [WEBSRV]: PS> Get-Website -Name PowerShellForSysAdmins | Start-WebSite
   [WEBSRV]: PS> Get-Website -Name PowerShellForSysAdmins |
      Select-Object -Property applicationPool

applicationPool
---------------
PowerShellForSysAdmins
```

只需再度執行 Get-Website，並挑出傳回資料中的 applicationPool 屬性，就可以看到應用程式集區是否已經如預期般更動。

為網站設定 SSL

現在各位已經看過若干操作 IIS 所需的命令了，我們回到 PowerLab 模組的作業上，準備撰寫一個可以為 IIS 安裝憑證、並將繫結通訊埠改為 443 的函式。

你當然可以去跟有效的憑證授權單位（certificate authority）申請一個「貨真價實的」憑證，或是用 New-SelfSignedCertificate 函式自行建立一個自我簽署的憑證。由於筆者在此只需進行概念的展示，因此我們就建立一個自我簽署的憑證，並在網站中使用它。

首先，把函式程式碼中所含有的參數部份列出來參考（清單 20-4）。

```
function New-IISCertificate {
    param(
            [Parameter(Mandatory)]
            [string]$WebServerName,

            [Parameter(Mandatory)]
            [string]$PrivateKeyPassword,

            [Parameter()]
            [string]$CertificateSubject = 'PowerShellForSysAdmins',

            [Parameter()]
            [string]$PublicKeyLocalPath = 'C:\PublicKey.cer',

            [Parameter()]
            [string]$PrivateKeyLocalPath = 'C:\PrivateKey.pfx',

            [Parameter()]
            [string]$CertificateStore = 'Cert:\LocalMachine\My'
    )
    ## 下文所介紹的程式碼從這裡開始植入
}
```

清單 20-4：*New-IISCertificate* 的開頭

這個函式要做的第一件事，就是建立一個自我簽署的憑證。我們需要的命令是 New-SelfSignedCertificate，它會將憑證匯入至本機電腦 LocalMachine 的憑證存放區（*certificate store*），電腦中所有的憑證都放在這裡。當呼叫 New-SelfSignedCertificate 時，可以用 Subject 參數來指定一個字串，該字串陳述了這個憑證的用途。產生憑證的同時，也會將其匯入至本機電腦當中。

清單 20-5 的命令，就是用傳入的主題說明字串（$CertificateSubject）來產生憑證的。記住我們可以用 $null 變數來儲存執行命令的結果，這樣就不會有任何訊息輸出到主控台。

```
$null = New-SelfSignedCertificate -Subject $CertificateSubject
```

清單 20-5：建立一個自我簽署憑證

產生憑證之後，接下來就要做兩件事：首先是取得憑證的指紋，並匯出憑證的私密金鑰。憑證的指紋（*thumbprint*）是一串可以唯一辨識該憑證的字串；而憑證的私密金鑰（*private key*）則是用來加密或解密送至伺服器的資料（筆者在此不詳述其運作）。

憑證的指紋可以從 **New-SelfSignedCertificate** 的輸出取得，但此處憑證的用途是放到其他電腦上使用、而不是放在產生它的電腦上使用，這才是現實中的使用方式。要處理指紋，必須先把自我簽署憑證的公開金鑰匯出來，這時就必須用到 **Export-Certificate** 命令：

```
$tempLocalCert = Get-ChildItem -Path $CertificateStore |
    Where-Object {$_.Subject -match $CertificateSubject }
$null = $tempLocalCert | Export-Certificate -FilePath $PublicKeyLocalPath
```

以上的命令會得出一個副檔名為 *.cer* 的公開金鑰檔案，把這個檔案加上一點 .NET 的魔法，就可以把憑證暫時匯入、再取出其指紋：

```
$certPrint = New-Object System.Security.Cryptography.X509Certificates.X509Certificate2
$certPrint.Import($PublicKeyLocalPath)
$certThumbprint = $certprint.Thumbprint
```

現在我們拿到憑證的指紋了，接下來是匯出私密金鑰。這個私密金鑰是要拿來掛給網頁伺服器的 SSL 繫結用的。以下就是匯出私密金鑰用的命令：

```
$privKeyPw = ConvertTo-SecureString -String $PrivateKeyPassword -AsPlainText -Force
$null = $tempLocalCert | Export-PfxCertificate -FilePath $PrivateKeyLocalPath -Password
$privKeyPw
```

一旦取得了私密金鑰，就可以把憑證匯入到網頁伺服器的憑證存放區了，這個動作要靠 **Import-PfxCertificate** 命令。然而首先我們必須先檢查該憑證是否曾經匯入過。這也是何以我們先前要取得憑證指紋的原因。靠著任一憑證獨有的指紋，就能驗證網頁伺服器上是否已經有該憑證存在。

匯入憑證必須用到一些本章稍早介紹過的命令：各位必須先建立一個 PowerShell direct 的工作階段，再匯入 WebAdministration 模組，接著檢查該憑證是否已經存在，如果不存在，便逕行匯入。目前我們暫時不管最後匯入的步驟，先把前幾個動作準備起來，如清單 20-6 所示。

```
$session = New-PSSession -VMName $WebServerName
-Credential (Import-CliXml -Path C:\PowerLab\DomainCredential.xml)

Invoke-Command -Session $session -ScriptBlock {Import-Module -Name
WebAdministration}

if (Invoke-Command -Session $session -ScriptBlock { $using:certThumbprint -in
(Get-ChildItem -Path Cert:\LocalMachine\My).Thumbprint}) {
    Write-Warning -Message 'The Certificate has already been imported.'
} else {
    # 匯入憑證的程式碼從這裡開始
}
```

清單 20-6：檢查憑證是否已經存在

各位應該對開頭兩行程式碼不陌生，但是請注意你必須在遠端的網頁伺服器上以 Invoke-Command 命令匯入模組。同理，由於各位必須在自己寫的 if 陳述式的 scriptblock 裡用到位於本機的區域變數，因此必須用到 $using: 作為變數的前置詞（prefix），以便在遠端的網頁伺服器上將變數展開（以值替入）[譯註1]。

讓我們用清單 20-7 的程式碼，把清單 20-6 中空著的 else 陳述式所需的內容填滿。要完成 IIS 憑證的設置，必須做到四件事。首先必須把私密金鑰複製到網頁伺服器。其次就是用 Import-PfxCertificate，把複製過去的私密金鑰匯入到網頁伺服器。最後則是設置 SSL 繫結 (SSL binding)，並指定它使用新匯入的私密金鑰：

```
Copy-Item -Path $PrivateKeyLocalPath -Destination 'C:\' -ToSession $session

Invoke-Command -Session $session -ScriptBlock { Import-PfxCertificate
-FilePath $using:PrivateKeyLocalPath -CertStoreLocation
$using:CertificateStore -Password $using:privKeyPw }

Invoke-Command -Session $session -ScriptBlock { Set-ItemProperty "IIS:\Sites\
PowerShellForSysAdmins" -Name bindings
-Value @{protocol='https';bindingInformation='*:443:*'} }
```

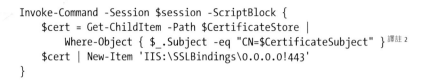

```
Invoke-Command -Session $session -ScriptBlock {
    $cert = Get-ChildItem -Path $CertificateStore |
        Where-Object { $_.Subject -eq "CN=$CertificateSubject" } 譯註 2
    $cert | New-Item 'IIS:\SSLBindings\0.0.0.0!443'
}
```

清單 20-7：把一個 SSL 憑證綁定給 IIS

筆者要強調，這段程式碼就是代表各位設置網站繫結時，使用了通訊埠 443、而不再是 80 號通訊埠。這是為了確保網站會沿用慣用的 SSL 通訊埠 443，這樣瀏覽器就能理解，這個網站的流量是經過加密的。

到此結束了！各位成功地在網頁伺服器上安裝了自我簽署的憑證，也為網站建立了 SSL 繫結，還強制 SSL 繫結必須使用我們匯入的憑證！現在就只剩下清除遠端作業用的工作階段了：

```
$session | Remove-PSSession
```

一旦工作階段清空，就可以試著瀏覽 *https://<webservername>*，這時瀏覽器會詢問是否要信任網站憑證。所有的瀏覽器都會這樣做，這是因為我們使用的憑證是自我簽署，而非由公用憑證授權單位發行的。選擇信任該憑證，就能看到預設的 IIS 網頁了。

請務必詳讀 PowerLab 模組裡 New-IISCertificate 函式的程式碼，確認以上的命令是否都已納入。

總結

本章涵蓋了另一種類型的伺服器，也就是網頁伺服器。各位學到了如何從無到有地建立網頁伺服器，就像先前建立 SQL 伺服器一樣。各位也學到了若干內建於 IIS 之 WebAdministration 模組裡的命令。還有如何以內建命令進行多項基本任務，像是觀察已經建立的 PowerShell 磁碟機 IIS。

譯註 2　和 354 頁寫法略為不同，先前 Where-Object {$_.Subject -match $CertificateSubject} 用來找出 Subject 屬性帶有 $CertificateSubject 字樣的自我簽署憑證以便匯出；這裡其實要找的是同一個已被匯入至 IIS 的憑證。

本章結束時，各位已經詳細地演練過一個真實場景，將先前所介紹的許多命令和技術結合在一起。

如果讀者們從頭讀完本書，恭喜各位！我們介紹過了很多領域，很高興各位能堅持到最後。大家所學到的內容、和建置過的專案，應該已經替大家打下良好的基礎，足以用 PowerShell 來解決問題。請記住從本書所學的一切，然後把書闔上開始寫程式碼。只管從某處著手、然後以 PowerShell 將其自動化。唯一能真正掌握本書觀念的方式，就是多動手練習。現在正是最佳時機！

PowerShell 流程自動化攻略

作　　　者：Adam Bertram

譯　　　者：林班侯

企劃編輯：莊吳行世

文字編輯：王雅雯

設計裝幀：張寶莉

發 行 人：廖文良

發 行 所：碁峰資訊股份有限公司

地　　　址：台北市南港區三重路 66 號 7 樓之 6

電　　　話：(02)2788-2408

傳　　　真：(02)8192-4433

網　　　站：www.gotop.com.tw

書　　　號：ACA026100

版　　　次：2020 年 12 月初版

　　　　　　2023 年 04 月初版六刷

建議售價：NT$500

國家圖書館出版品預行編目資料

PowerShell 流程自動化攻略 / Adam Bertram 原著；林班侯譯.
-- 初版. -- 臺北市：碁峰資訊, 2020.12
　　面；　　公分
譯自：PowerShell for Sysadmins
ISBN 978-986-502-667-7(平裝)
1.系統程式　2.電腦程式設計
312.5　　　　　　　　　　　　　　　　109017176

讀者服務

● 感謝您購買碁峰圖書，如果您對本書的內容或表達上有不清楚的地方或其他建議，請至碁峰網站：「聯絡我們」\「圖書問題」留下您所購買之書籍及問題。(請註明購買書籍之書號及書名，以及問題頁數，以便能儘快為您處理)
http://www.gotop.com.tw

● 售後服務僅限書籍本身內容，若是軟、硬體問題，請您直接與軟體廠商聯絡。

● 若於購買書籍後發現有破損、缺頁、裝訂錯誤之問題，請直接將書寄回更換，並註明您的姓名、連絡電話及地址，將有專人與您連絡補寄商品。